信息科技核心素养教育系列教程

学编程3

——动植物发现小创客

李雁翎 ◎ 丛书主编
罗娜　王红岩 ◎ 编

机械工业出版社
CHINA MACHINE PRESS

随着智能时代的来临，编程能力日渐成为基础技能。青少年信息科技教育的目的不是培养未来的程序员，而是让青少年熟悉编程原理和思维，勇于在新时代成为科技的创造者，利用技术赋能的思想来阐释自我及看待世界。本书选取 10 个有趣的与动植物有关的情境，基于图形化编程平台，让孩子通过"拖曳编程积木"创造属于自己的数字世界。通过逐步进阶的编程逻辑、沉浸式的互动编程体验，让青少年体会观察—抽象—编程—反思这一逻辑思维的形成过程，从而掌握基础的编程概念和方法，拓展信息科技知识，培养严谨认真的态度，锻炼计算思维，提升创新意识与解决问题的能力。

本书适合初学编程的青少年阅读，还可作为基础教育"信息科技课程"的参考用书。

图书在版编目（CIP）数据

学编程. 3，动植物发现小创客 / 罗娜，王红岩编. -- 北京：机械工业出版社，2025.8. --（信息科技核心素养教育系列教程 / 李雁翎主编）. -- ISBN 978-7-111-78651-1

I. TP311.1-49

中国国家版本馆 CIP 数据核字第 2025CG9057 号

机械工业出版社（北京市百万庄大街 22 号　邮政编码 100037）
策划编辑：韩　飞　　　　　　　责任编辑：韩　飞　苏　洋
责任校对：张勤思　李可意　景　飞　　封面设计：马若濛
责任印制：任维东
北京宝隆世纪印刷有限公司印刷
2025 年 8 月第 1 版第 1 次印刷
170mm×240mm・20 印张・356 千字
标准书号：ISBN 978-7-111-78651-1
定价：99.00 元

电话服务　　　　　　　　网络服务
客服电话：010-88361066　机　工　官　网：www.cmpbook.com
　　　　　010-88379833　机　工　官　博：weibo.com/cmp1952
　　　　　010-68326294　金　书　网：www.golden-book.com
封底无防伪标均为盗版　　机工教育服务网：www.cmpedu.com

丛书序

随着信息技术的快速发展和广泛应用,信息科技已经渗透到人们生活的方方面面,成为我国社会与经济发展的重要支柱,青少年信息科技教育也因此成为当今基础教育的一个重要方面,日益受到重视。

教育部印发的《义务教育信息科技课程标准(2022年版)》(简称"课标")为青少年信息科技教育确立了总目标:树立正确价值观,形成信息意识;初步具备解决问题的能力,发展计算思维;提高数字化合作与探究的能力,发扬创新精神;遵守信息社会法律法规,践行信息社会责任。

"信息科技核心素养教育系列教程"丛书是由多所师范类高校的教师根据"信息科技核心素养教育"的研究成果,以及长期从事信息基础教学的经验编写而成的。丛书确立了"树立正确的价值观、建立科学世界观、坚持以培养学生信息素养为核心的主线"的"二观一线"理念,通过编程教学,不仅可以帮助青少年学生掌握一些基本的编程知识,还可以帮助他们理解数字世界,形成信息意识,强化逻辑思维能力,提升数字化探究的能力,聚焦数据与科技问题求解要点,培养家国情怀与信息社会责任意识。

丛书以编写程序为引导,通过落实信息科技基础教育目标和知识点框架形成教学体例。

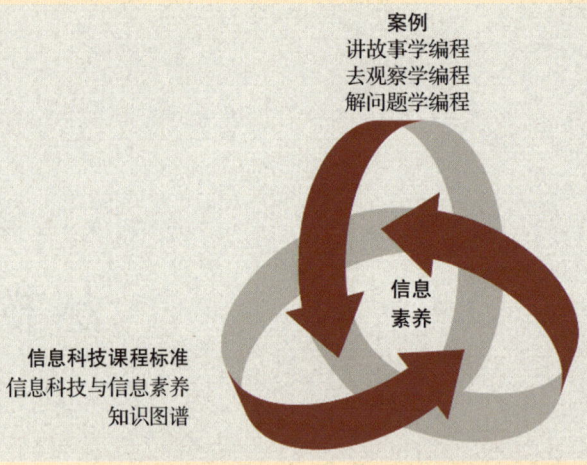

如上图所示，丛书分为"讲故事学编程""去观察学编程""解问题学编程"三类主题，共计 6 册。每册各设计 10 个案例，对应讲解和融入了课标的主要内容。

其中，"讲故事学编程"部分包括：

▶ 学编程 1：西游故事小创客（对应课标第一学段）

▶ 学编程 2：木兰故事小创客（对应课标第二学段）

丛书前两册以中国传统文化为编程背景，将《西游记》《木兰辞》拆分成小的故事情节，运用到动画程序的设计中，引导初学编程的小学生用色彩和动画的表达方式讲自己熟悉的故事，表达自己的感受，让色彩丰富的自绘图片变成自己可控制的动画，这就是对"客观世界"进行"数据抽象"感知的开始。将中国传统文化的经典故事和编程结合在一起，充分调动学生的视觉设计思维，提升他们的信息表达和设计创造能力。

"去观察学编程"部分包括：

▶ 学编程 3：动植物发现小创客（对应课标第三学段）

▶ 学编程 4：科技发明小创客（对应课标第三学段）

观察可以帮助人们了解和理解客观世界，提高思维能力。创造也源于观察。通过观察，青少年可以获得更多的信息和知识，培养自己的判断力和分析能力。观察还可以帮助青少年发现问题、解决问题和做出明智的决策，是他们认识自己和世界的重要工具。

我们在设计《学编程 3：动植物发现小创客》《学编程 4：科技发明小创客》两册的案例时，一方面向学生传递动植物的生长及变化规律，另一方面介绍了科技发明的创造原理，让学生带着思考去观察、去发现，培养学生分类、类比、抽象、构造等信息意识，这不仅有助于培养他们的认知能力，而且有益于他们开拓思维和提高想象力。

"解问题学编程"部分包括：

▶ 学编程 5：身边的人工智能（对应课标第四学段）
▶ 学编程 6：信息科技应用（对应课标第四学段）

信息科技领域不断变革创新，需要具备创造力和解决问题的能力，信息科技教育的目标则是培养青少年的创新思维和解决问题的能力。

《学编程 5：身边的人工智能》《学编程 6：信息科技应用》两册包括信息搜索、信息评估、信息利用等多个方面的技能培养，让学生能够更好地获取和利用信息，帮助他们在学习和生活中做出明智的决策。通过问题求解，学生既能学习计算思维、编程和创客等相关技能，也能锻炼创造力与对整体系统构建和处理的能力，从而提升创新思维和解决问题的能力。

通过这三类主题，丛书以"编程过程"为切入点，融汇了计算思维和信息素养的教育目标，从传统文化到现代科技，乃至信息技术应用，视野和境界不断提升，从而起到提升信息科技核心素养的作用。

丛书是信息科技课程教学的一个不同视角的教学实践，欢迎广大读者批评指正。

李雁翎

前 言

在这个日新月异的时代,科技的浪潮以前所未有的速度推动着社会的进步与发展。随着人工智能技术的蓬勃兴起,编程不再是计算机科学专业人士的专属领地。对于青少年而言,掌握编程思维就意味着拥有了一双洞察万物、创造无限可能的慧眼。

"信息科技核心素养教育系列教程"丛书由中国科学院陈国良院士倡导,著名计算机教育家谭浩强指导,东北师范大学李雁翎教授主编,东北师范大学、北京师范大学、中央民族大学的多名教师合力编写而成,用于培养青少年的计算思维和编程能力。

本书以"去观察学编程"为主题,精心策划了 10 个既贴近生活又富含深刻教育意义的编程案例——"绚烂的五彩花环""二十四节气歌""灵动的水母""动物园指示牌""勤劳的小蜜蜂""飞得更高""谁拿走了奶酪""水稻的生长""万花丛识花"以及"智能茶饮机",每个案例都旨在通过编程的视角,带领读者走进一个充满无限可能的世界。从五彩斑斓的花环到灵动飘逸的水母,从动物园里形态各异的动物到辛勤采蜜的小蜜蜂,每个案例都是对生活的细致观察和深刻感悟。希望通过这些案例,能够激发读者对周围世界的兴趣和热爱,增强他们的观察力和感知力。同时,本书案例均基于图形化编程平台,采用拖曳式的编程界面和直观易懂的图形元素，读者可以轻松上手，逐步掌握编程的基本概念和技能。在编程的过程中，读者将学会如何分析问题、设计算法、调试程序，从而锻炼逻辑思维，培养创新意识。

我们希望通过本书，不仅能够激发读者对编程的兴趣，还能够培养读者解决问题的思维方式，以及面对挑战不屈不挠的精神。在未来的日子里，愿每一位读者都能成为小小程序员，用代码编织梦想，用技术创造未来，共同书写属于这个时代的辉煌篇章。

让我们一起，开启这场充满创意与智慧的编程之旅吧！

本书涉及资源的获取方式如下：

目　录

丛书序
前　言

第 1 章　绚烂的五彩花环　/1　　第 2 章　二十四节气歌　/21

第 3 章　灵动的水母　/49　　第 4 章　动物园指示牌　/83

第 5 章　勤劳的小蜜蜂　/118

第 6 章　飞得更高　/146

第 7 章　谁拿走了奶酪　/183

第 8 章　水稻的生长　/210

第 9 章　万花丛识花　/236

第 10 章　智能茶饮机　/284

第 1 章

绚烂的五彩花环

1.1 去观察

有一天,柚子老师带着全班学生来到公园参观花展。这场花展展示了很多来自不同地区的花卉,无论是色彩缤纷的郁金香、百合花,还是芬芳扑鼻的玫瑰和牡丹,抑或华丽多姿的兰花和菊花,那优美的形态、鲜明的色彩和迷人的芳香都让人深深感受到大自然的无限魅力。在这里,他们不仅可以欣赏到各种各样的花儿,还可以了解到花儿的生长环境和养护方案。此外,公园还准备了一些有趣的活动,例如DIY花盆、制作花环等,让孩子们在欣赏美景的同时能够学到更多知识。

这时柚子老师问:"同学们,我知道大家都对这次花展非常期待,那么你们觉得花展的意义是什么呢?"

程程回答道:"我觉得花展不仅可以让人们欣赏各种美丽的花卉和园艺作品,还可以让人们增加对自然的关注和增强对环境的保护意识。"

明明说:"我觉得花展还可以促进城市绿化和生态建设,同时也为相关行业提供了一个展示自己的产品和技术的平台。"

柚子老师:"非常好,希望大家在参观花展时可以收获愉快和有意义的体验。"

同学们纷纷跑向了自己喜欢的展台。程程和明明来到了制作花环的地方,他们在缤纷绚烂的花篮中挑选了一些花朵,一起学习如何编织花环。在园艺老师的指导下,程程和明明成功地编织出独属于自己的五彩花环,他们开心极了。

接下来,让我们一起利用积木来编写一个制作花环的程序。同学们,快来动手试试吧!

1.2 看程序

扫描二维码,按以下方法操作,可以看到本案例的呈现效果(注:不同平台的界面、程序积木和按钮设计会有

差异，本书案例均使用华为云·人工智能教育开放平台完成）。

1）单击 运行 按钮，启动程序，如图1-1所示。

图1-1　单击"运行"按钮

2）观察到程序要求用户输入循环次数，如图1-2所示。

3）观察到当接收到消息时，五色花旋转，最终形成一个花环，如图1-3所示。

图1-2　输入循环次数

图1-3　花环造型

1.3　设计思路

此程序包括"自己画"和"编程"两个模块，具体实现方法如下。

1）利用画笔工具绘制出一朵五色花。

2）程序运行时，执行以下动作：

①询问循环次数并等待用户输入；

②广播消息。

3）当收到广播时：

①每隔0.5秒克隆一朵五色花，共执行用户输入的次数。

②克隆体面向五色花，进行随机旋转。

1.4 动手编程

1.4.1 动动手：角色创作

让我们先用画笔工具来创作一朵五色花吧。

1）新建作品。进入图形化编程环境（具体访问地址及环境介绍可扫描前言二维码，详见"编程环境说明"文档），单击"文件"菜单，选择"新建作品"命令新建项目，如图1-4所示。

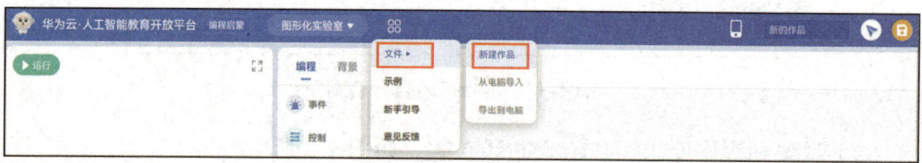

图1-4　新建作品

2）单击角色背景区右下方的"自己画"按钮，如图1-5所示。

图1-5　单击"自己画"按钮

3）绘制花盘的操作方法如下。

①在画布左侧的工具栏里选择圆圈画笔工具 ○，长按键盘上的〈Shift〉键，同时在画布区拖曳鼠标，画出一个圆形，如图1-6所示。

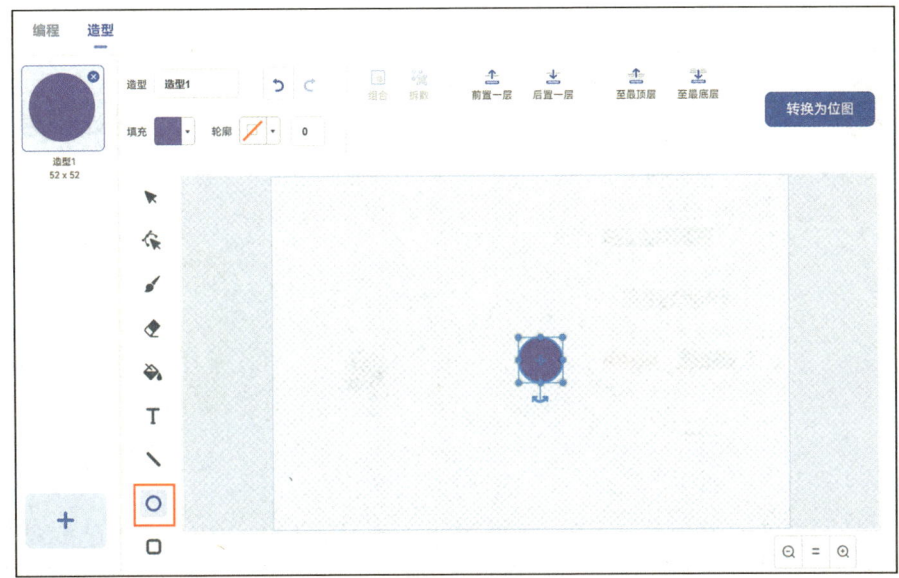

图1-6 绘制花盘

②单击 ▶ 图标选中角色,单击"填充"标签右侧的向下箭头,出现颜色选择界面,选择褐色(颜色0,饱和度78,亮度58),如图1-7所示。单击"轮廓"标签右侧的向下箭头,出现颜色选择界面,选择深褐色(颜色0,饱和度100,亮度50),如图1-8所示。接着修改轮廓粗细为6,如图1-9所示。

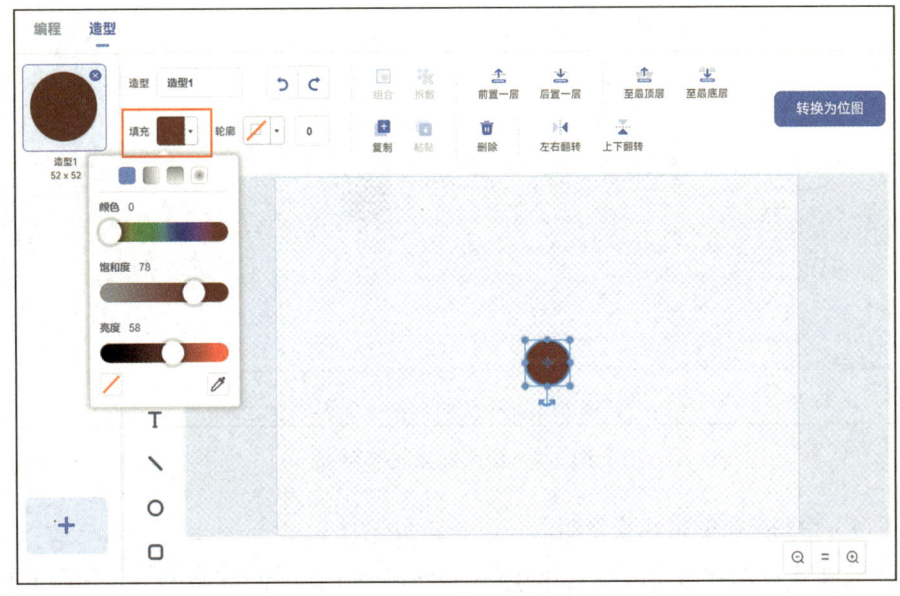

图1-7 修改花盘填充颜色

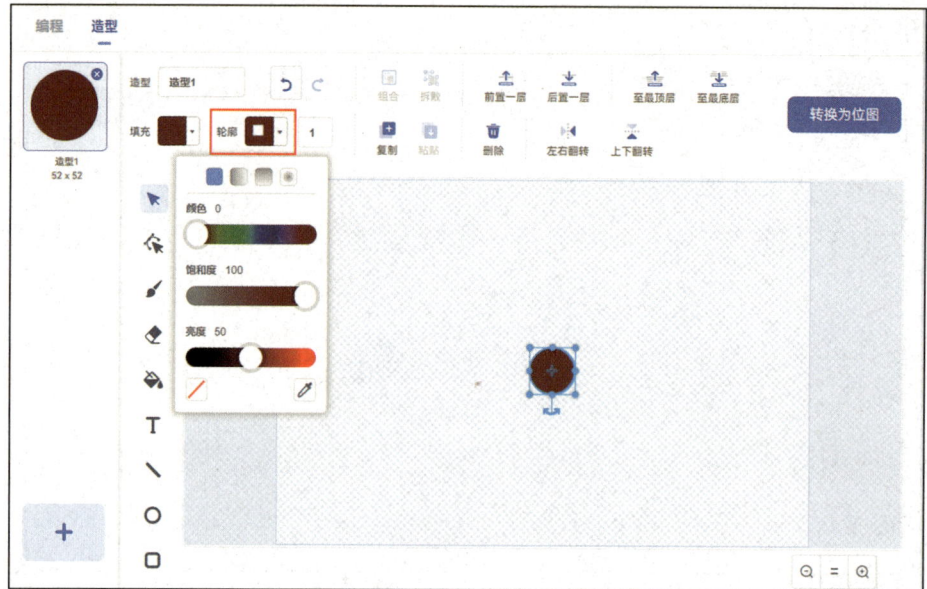

图 1-8　修改花盘轮廓颜色

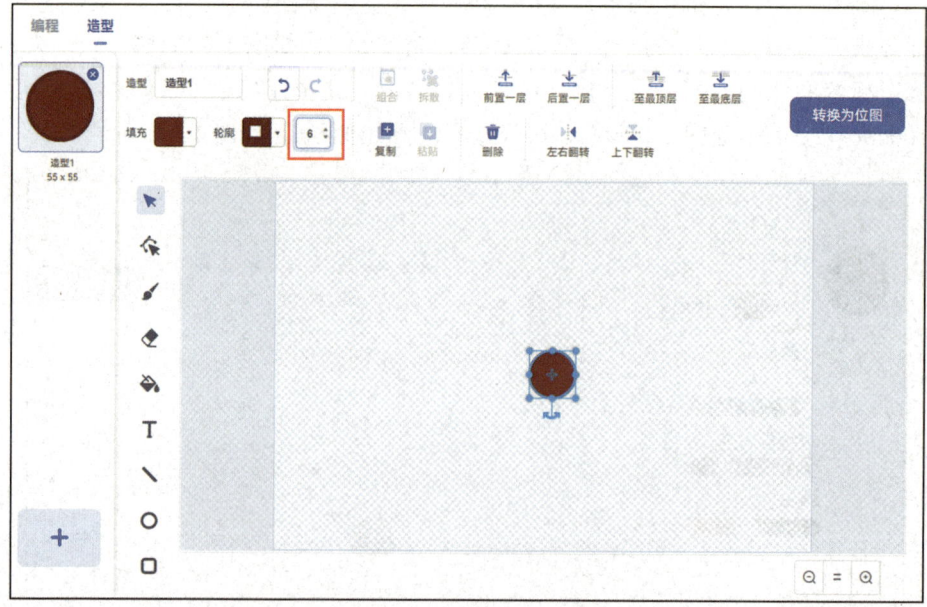

图 1-9　修改花盘轮廓粗细

4）绘制花瓣的操作步骤如下。

①单击圆圈画笔工具 ◯，在画布区域拖曳鼠标，画一个椭圆形，如图 1-10 所示。

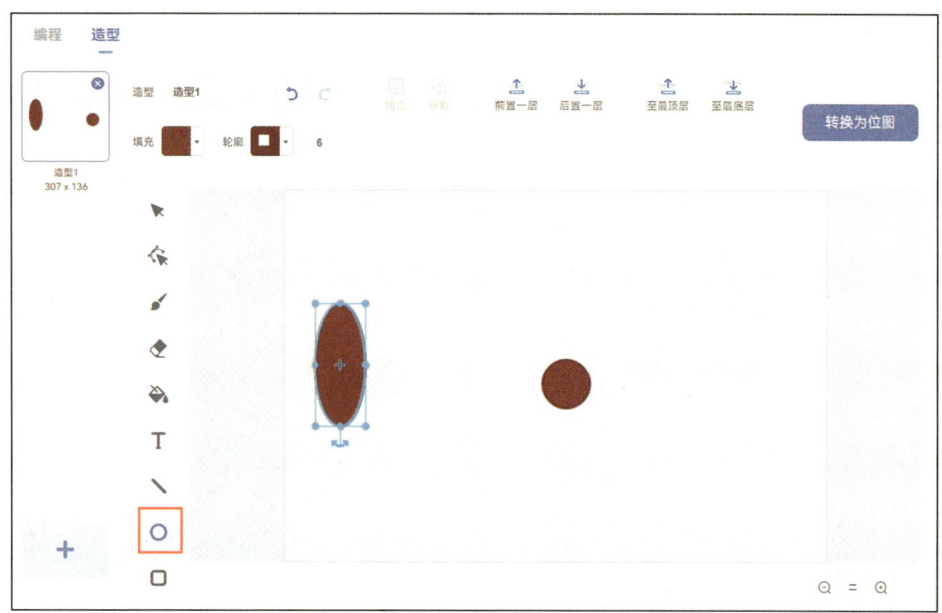

图 1-10 绘制花瓣形状

②单击 ▶ 图标选中花瓣，单击"填充"标签右侧的向下箭头，出现颜色选择界面，选择红色（颜色 0，饱和度 82，亮度 100），如图 1-11 所示。单击"轮廓"标签右侧的向下箭头，出现颜色选择界面，单击 ╱ 按钮，如图 1-12 所示。

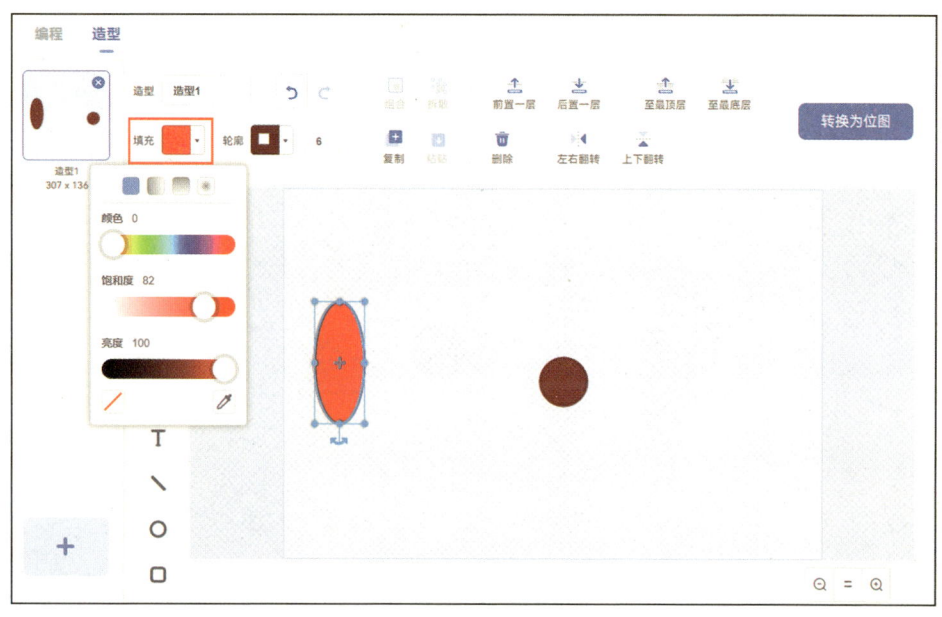

图 1-11 修改花瓣填充颜色

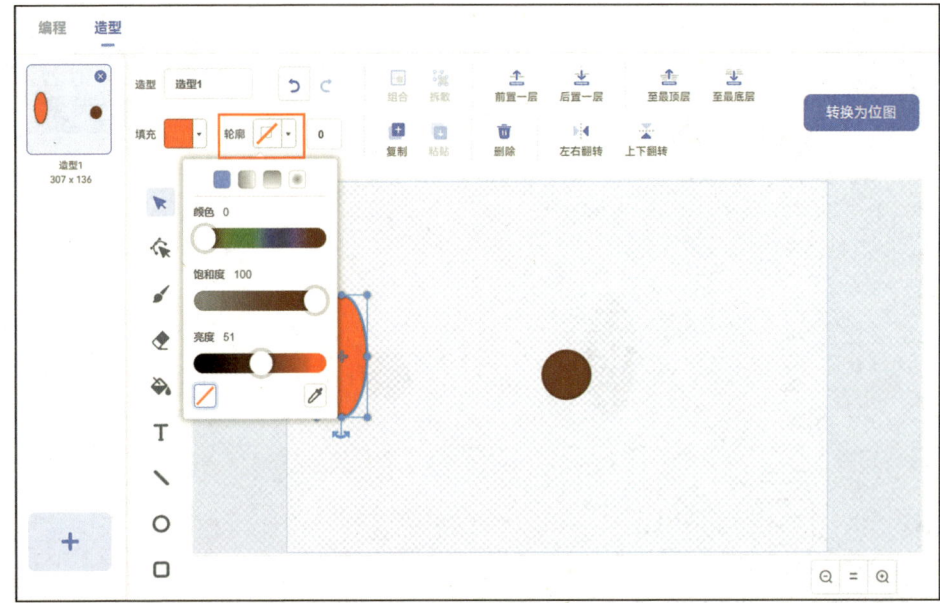

图 1-12　修改花瓣轮廓颜色

③利用画好的第一片花瓣制作其他花瓣。选中花瓣，单击画板中的 图标，接着单击 4 次 图标，这样就完成了花瓣的复制和粘贴，如图 1-13 所示。

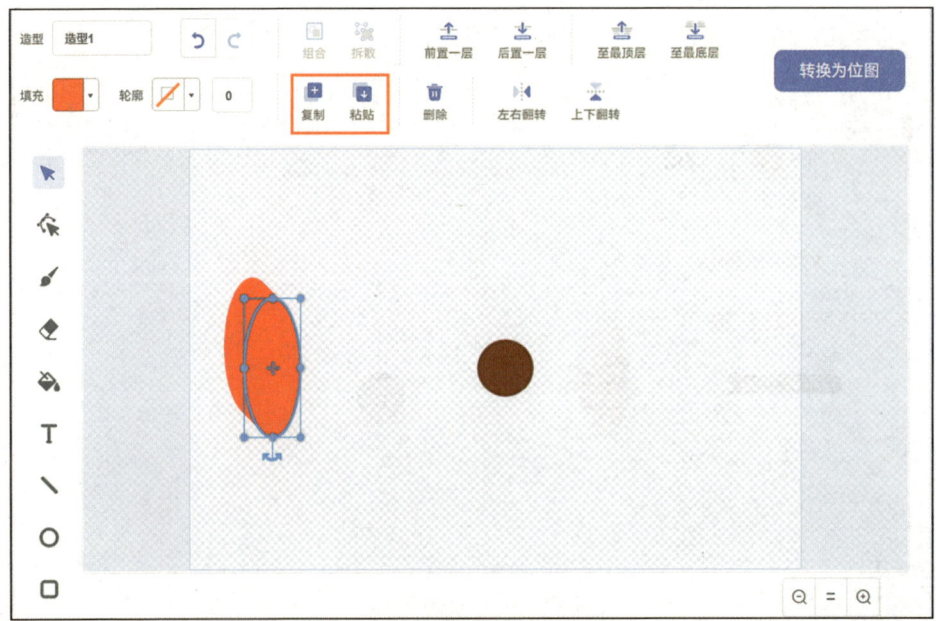

图 1-13　复制和粘贴花瓣

注意到花瓣下方的弧形小箭头了吗？当你用鼠标按住 ↻，就可以围绕图片中心任意旋转啦。

5）形成花朵的操作步骤如下。

①选中之前绘制的花盘，单击画板中的 图标，将花盘置于最顶层；接着依次选中花瓣，拖曳鼠标将花瓣调整到合适的位置，如图1-14所示。

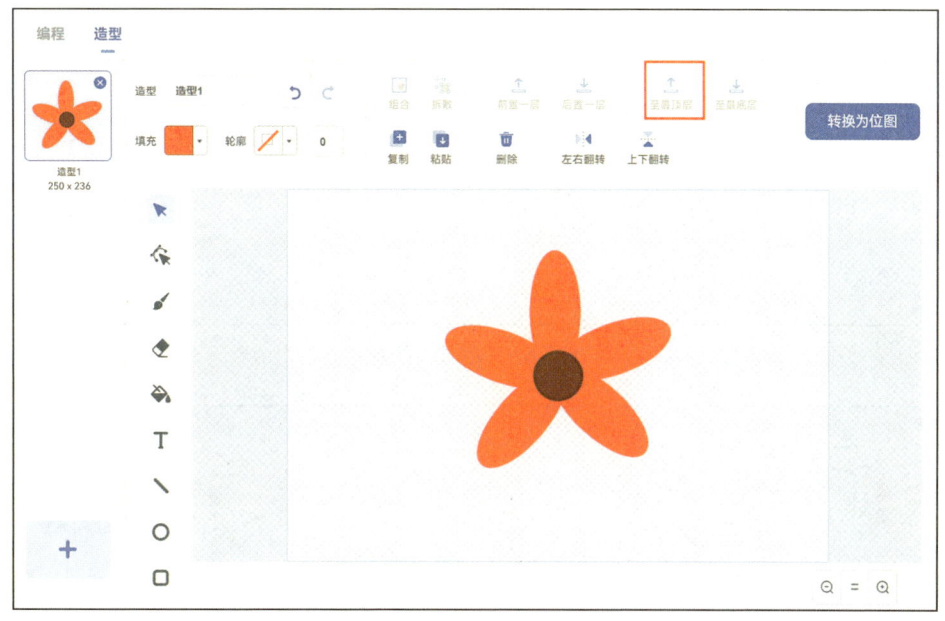

图1-14 调整花瓣位置

②修改花瓣的颜色。选中其中一片花瓣，单击"填充"标签右侧的向下箭头，出现颜色选择界面，选择黄色（颜色16，饱和度63，亮度100）。接着单击"轮廓"标签右侧的向下箭头，出现颜色选择界面，单击 ╱ 图标，如图1-15所示。

仿照上面的操作，小朋友可以将剩余的花瓣修改成自己喜欢的颜色，快来动手试试吧！这里给出样例的颜色参数：橙色（颜色12，饱和度100，亮度100）；绿色（颜色36，饱和度100，亮度100）；蓝色（颜色58，饱和度66，亮度100）。改好颜色的五色花如图1-16所示。

③选中之前绘制的五色花，单击画板中的 图标，将花盘和花瓣组合在一起，如图1-17所示，这样它们就可以作为一个整体来使用啦！

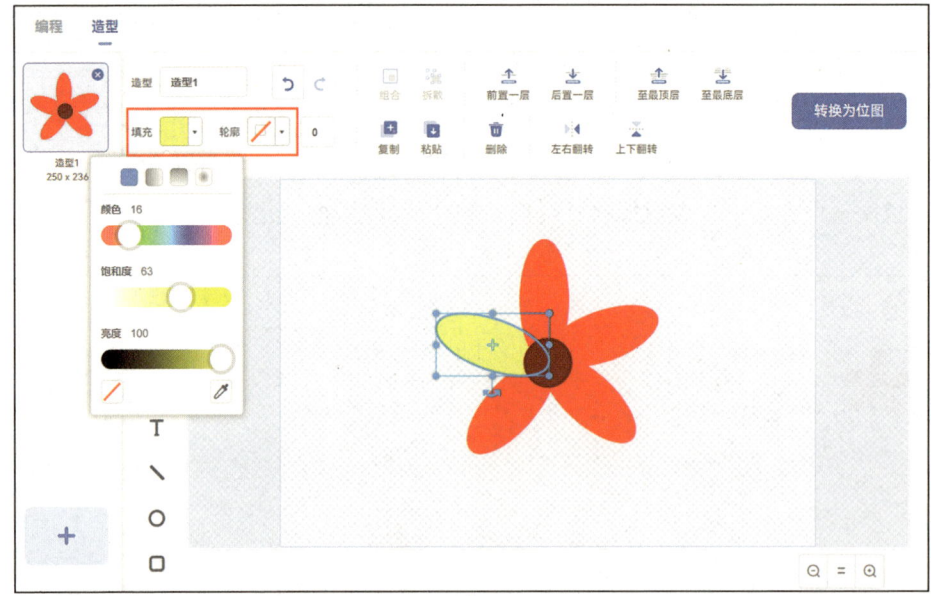

图 1-15 修改花瓣与轮廓颜色

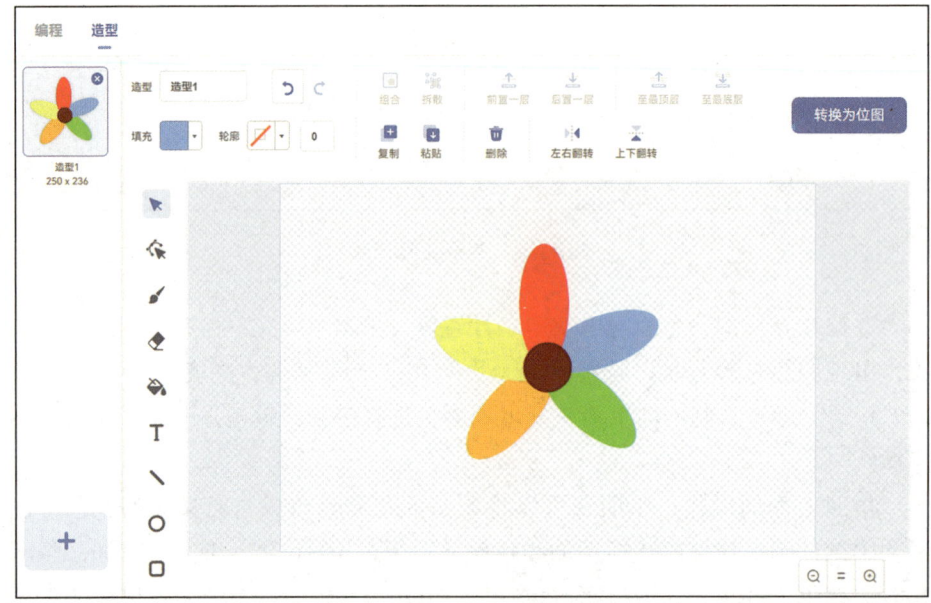

图 1-16 五色花

④为了使最终形成的花环更加美观，我们将绘制好的五色花缩小，并把它移动到距离中心点较远的位置。选中五色花，将鼠标移动到蓝色方框右下角的位置，按下鼠标左键并移动鼠标来进行缩放与移动，如图 1-18 所示。

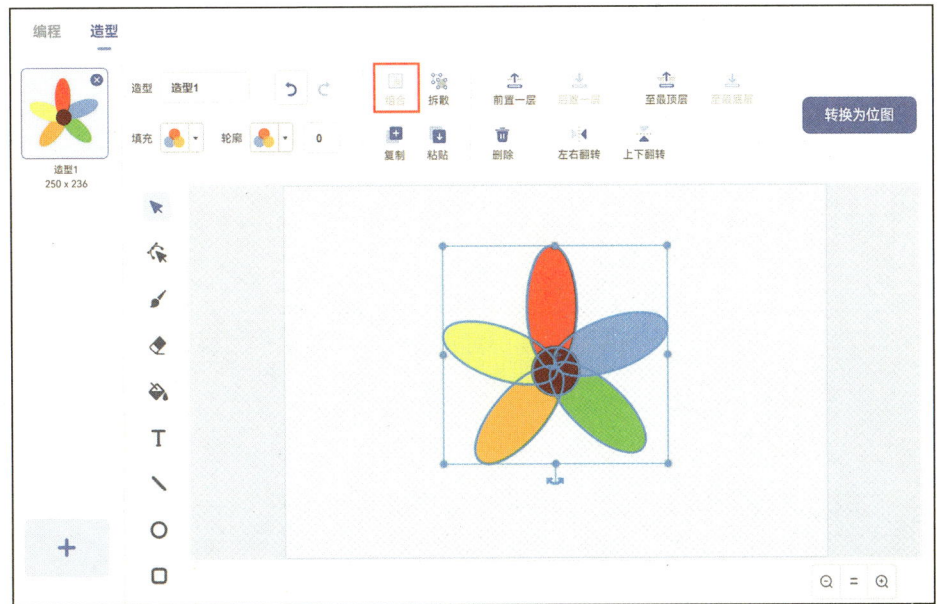

图 1-17 组合花盘与花瓣

图 1-18 缩放与移动五色花

⑤为组合好的角色修改名字。在角色背景区找到角色素材，单击角色左上角的椭圆框，启动重命名功能，输入文字"五色花"，如图 1-19 所示。

学编程3：动植物发现小创客

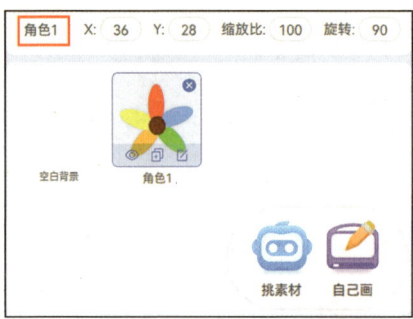
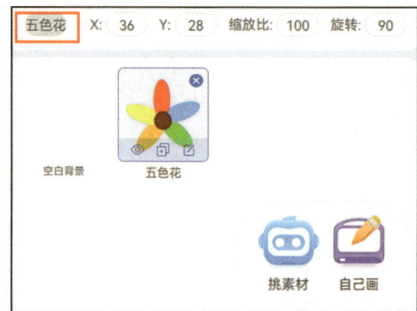

图1-19　修改角色名字

1.4.2　动动手：搭积木

"搭积木"实际上是"编写操作指令"，操作步骤如下。

1. 请求用户输入循环次数，广播消息

1）单击积木区中的"编程"，切换到"编程"选项卡。点选"角色背景区"的"五色花"角色，在"事件"类积木中找到 当▶被点击 并把它拖曳到编程区，如图1-20所示。

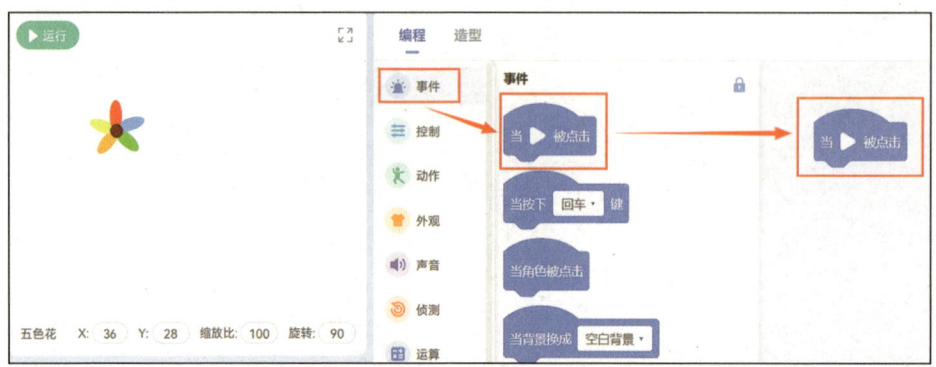

图1-20　拼接"当运行被点击"积木

2）在"侦测"类积木中找到 询问 你叫什么名字？ 并等待 并把它拖曳到编程区 当▶被点击 的下方。将白框里的内容修改为"请输入循环次数"，同时勾选下方的 ☑ 回答 ，如图1-21所示。这样用户的回答就可以在屏幕上显示啦!

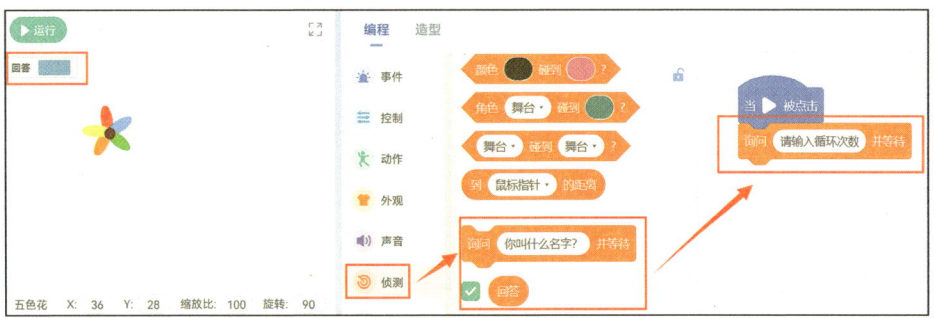

图 1-21　拼接"询问并等待"积木

3）在"事件"类积木中找到 广播 消息1，并把它拖曳到编程区 询问 请输入循环次数 并等待 的下方，如图 1-22 所示。

图 1-22　拼接"广播消息"积木

2. 每隔 0.5 秒克隆一朵五色花，执行用户输入的次数

1）在"事件"类积木中找到 当接收到 消息1，并把它拖曳到编程区，如图 1-23 所示。

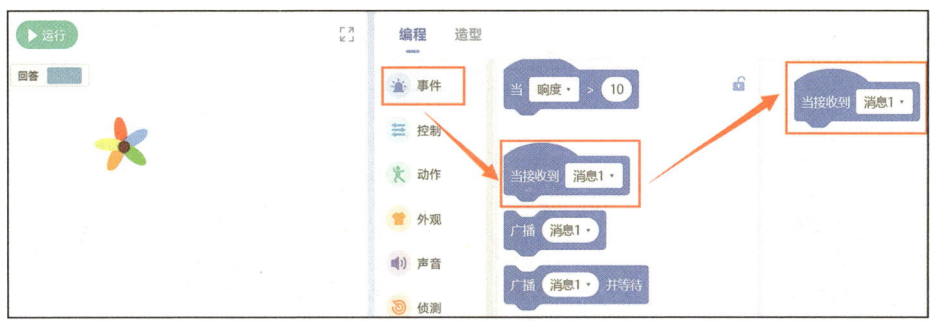

图 1-23　拼接"接收消息"积木

2）在"控制"类积木中找到 等待 1 秒 并把它拖曳到编程区 当接收到 消息1· 的下方，如图1-24所示。

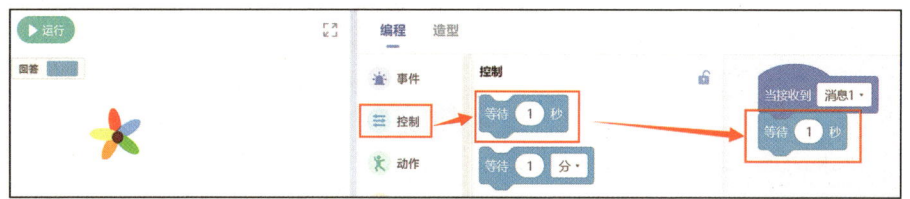

图1-24 拼接"等待"积木

3）在"控制"类积木中找到 重复执行 10 次 并把它拖曳到编程区 等待 1 秒 的下方，如图1-25所示。

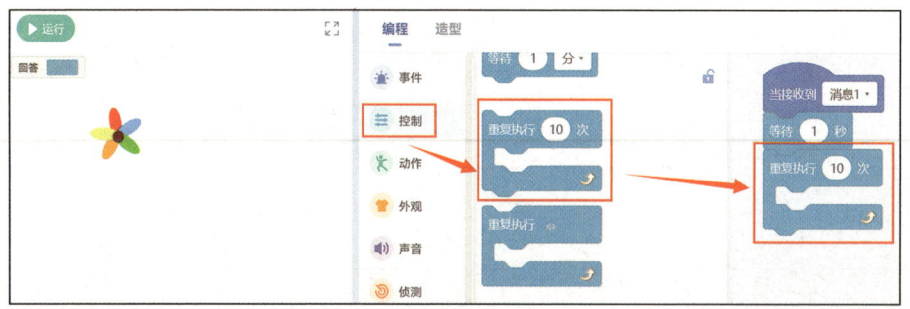

图1-25 拼接"重复执行"积木

4）在"侦测"类积木中找到 回答 并把它拖曳到编程区 重复执行 10 次 的白色椭圆框中，如图1-26所示。

图1-26 拼接"回答"积木

5）在"控制"类积木中找到 等待 1 秒 并把它拖曳到编程区 重复执行 10 次 的中间，单击白框将数字改为"0.5"，如图1-27所示。

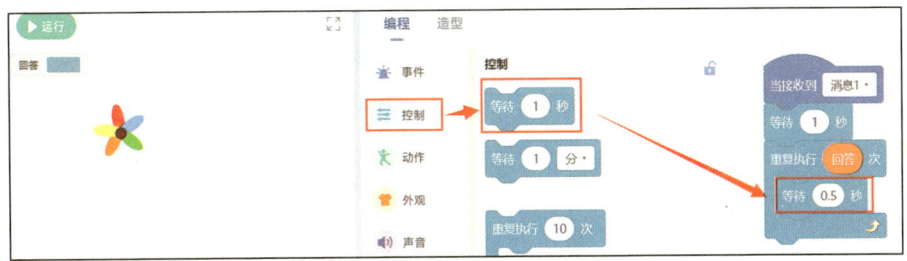

图1-27 拼接"等待"积木

6）在"控制"类积木中找到 克隆 自己 并把它拖曳到编程区 等待 0.5 秒 的下方，如图1-28所示。

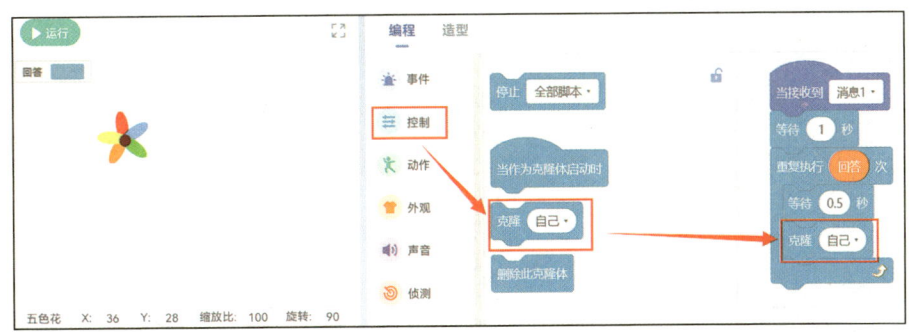

图1-28 拼接"克隆"积木

3. 克隆体面向五色花，进行随机旋转

1）在"控制"类积木中找到 当作为克隆体启动时 并把它拖曳到编程区，如图1-29所示。

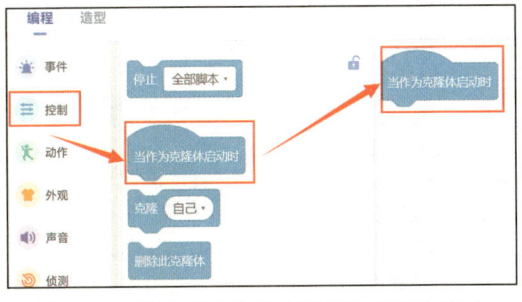

图1-29 拼接"当作为克隆体启动时"积木

2）在"动作"类积木中找到 `面向 鼠标指针▼`，并把它拖曳到编程区 `当作为克隆体启动时` 的下方。接着单击白框右侧的向下箭头，选择"五色花"，如图1-30所示。

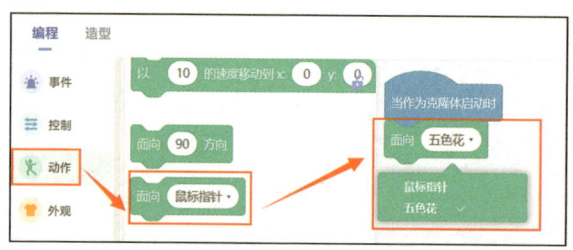

图1-30　拼接"面向角色"积木

3）在"动作"类积木中找到 `左转 15 度`，并把它拖曳到编程区 `面向 五色花▼` 的下方，如图1-31所示。

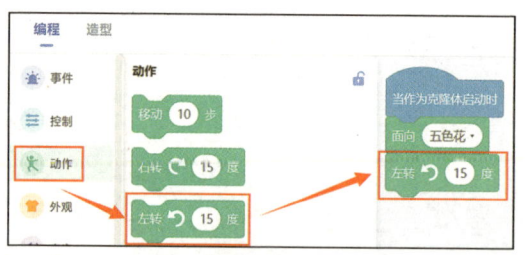

图1-31　拼接"左转"积木

4）在"运算"类积木中找到 `在 1 和 10 之间取随机数`，并把它拖曳到编程区 `左转 15 度` 的白框里，这样可以让复制出来的五色花随机旋转。单击 `在 1 和 10 之间取随机数` 中的白框，将数字分别修改为"0"和"360"，这就是五色花旋转的角度范围，如图1-32所示。

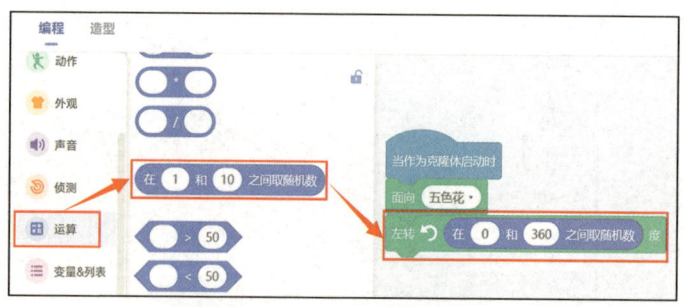

图1-32　拼接"取随机数"积木

完成以上所有步骤后，我们得到的完整程序如图 1-33 所示。

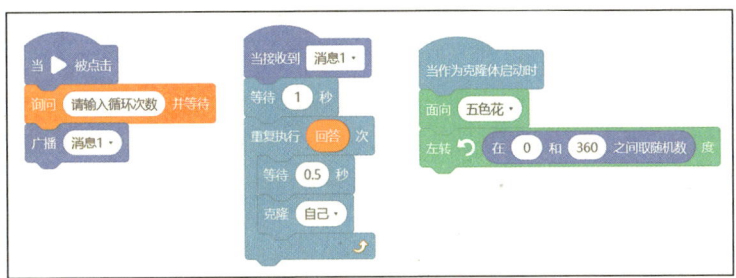

图 1-33　绚烂的五彩花环完整程序

1.4.3　动动手：保存作品

保存作品有两种方法。

1. 导出到电脑

单击"文件"菜单，选择"导出到电脑"命令，刚刚完成的作品就下载到电脑中了，如图 1-34 所示。可以将这个新作品保存到一个专属文件夹中。

图 1-34　导出到电脑

2. 将作品保存至个人中心

单击菜单栏右侧的"登录"按钮，登录图形化实验室。登录成功后，单击菜单栏中的"保存"按钮，可以将作品保存至个人中心，如图 1-35 所示。

图 1-35　将作品保存至个人中心

1.5　理一理：编程思路

"绚烂的五彩花环"程序的编写思路如图 1-36 所示。

学编程 3：动植物发现小创客

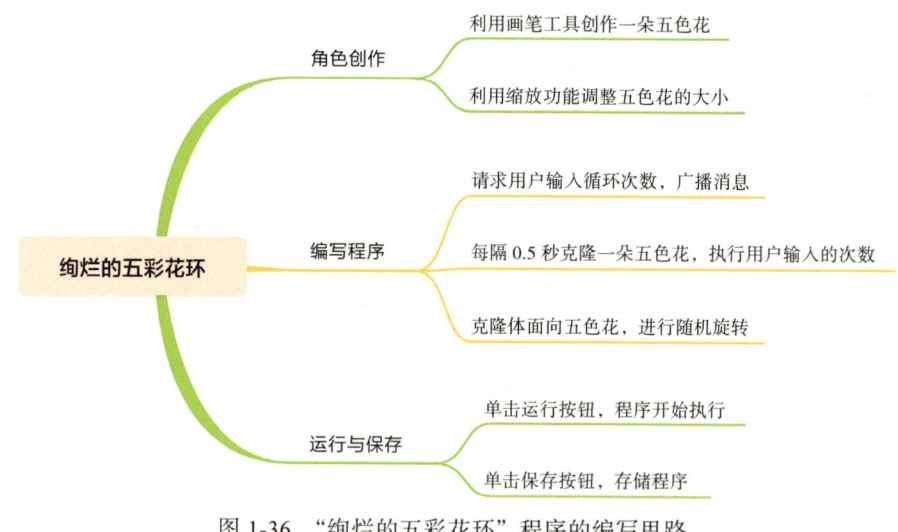

图 1-36 "绚烂的五彩花环"程序的编写思路

1.6 学做小小程序员

通过本案例，我们获得了以下图形化编程创作的基本知识。

1. 输入与输出（编程能力等级 GESP 三级）

输入与输出的作用是通过交互方式与用户进行信息交流。这种交互可以通过键盘、鼠标等外部设备将输入数据提供给程序，通过显示文本、声音等方式将程序的输出呈现给用户。

本案例中，程序接收用户从键盘输入的数据，用作循环次数，接着重复执行克隆五色花的动作。

2. 画笔（编程能力等级 GESP 二级）

画笔工具可以绘制形状和图案。使用画笔工具选择不同的颜色、粗细和样式，在舞台上绘制所需形状、图案或线条，用于实现创意、艺术和图形设计项目。

在本案例中，我们利用画笔工具画出圆形和椭圆形，并对其进行颜色填充，调整轮廓的粗细，形成了五色花的花盘和花瓣。之后再对花瓣进行了旋转和移动，把它们调整到了合适的位置，最终形成了一朵五色花。

3. 克隆（编程能力等级 GESP 二级）

克隆工具是一种重要的工具，它可以复制并创建多个角色。通过克隆工具，可以将一个角色克隆成多个，然后让它们执行相同的动作和行为，从而实现群体效应。

本案例中，我们利用克隆工具复制出多片相同的五色花花瓣，并通过控制使克隆体执行相同的左转随机一个度数的动作，最终形成一个五彩花环。

4. 随机数（编程能力等级 GESP 二级）

随机数工具带来了一定程度的随机性和变化性，使程序更加有趣、具有挑战性和互动性。我们可以通过生成随机数来确定角色的初始位置、目标位置或者移动速度和方向，使程序每次运行都有不同的元素排列和路径。

本案例中，我们通过在 0 ~ 360 之间生成随机数，使得每次克隆体启动时，五色花都左转一个随机的度数，这样重复多次就形成了花环。

1.7 走近信息科技

本章我们学习了一些信息科技内容，下面借助学习和生活中的实例，培养同学们的科学精神和科技伦理，从而提升数字素养与能力。

1. 人机交互

人机交互是指人类用户与计算机系统之间进行信息交流和操作的过程，旨在使人们能够以自然、高效和有意义的方式与计算机系统进行沟通和互动。

智能手机是一种典型的人机交互设备，它的人机交互可以通过触摸屏和语音识别技术实现。例如，用户想要发送一条信息时，可以通过轻触手机屏幕打开消息应用程序。接着，他可以使用虚拟键盘输入文字。智能手机会立即响应用户的触摸动作，显示输入的字符，并根据需要提供自动完成或纠正拼写错误的建议。此外，用户还可以使用语音功能，只需按住语音录入按钮，直接讲话以替代键盘输入。手机会利用语音识别技术将用户的语音转换为文字，然后显示在屏幕上。这种灵活多样的人机交互方式使得智能手机的操作更加便捷和高效，提供了更好的用户体验。

本案例中，我们使用工具创作出一朵五色花，使其呈现在舞台上。同时，在使用积木编程的过程中，通过键盘输入重复执行的次数来控制程序执行的次数，数字越大，程序重复执行的次数越多，克隆的五色花就越多，这样就更容易形成五彩花环。这些都利用了人机交互的功能。

2. 循环结构

循环结构是编程语言中一种可以反复执行特定代码块的控制结构。它允许我们重复执行一段代码多次，直到满足特定条件或达到预设的次数。

我们在超市购物时，通常会推着购物车逛遍各个货架，在每个货架上浏览不同的商品。可以将在一个货架上浏览商品的过程视为一个循环结构，其中执行了多次循环。每当我们经过一个货架时，就会检查是否还有需要购买的商品，如有就将它们放入购物车中。然后继续浏览下一个货架，直到浏览完所有货架或者购物清单中的物品已经全部添加到购物车中。这种循环过程可以帮助我们高效地浏览和选择商品，同时也确保没有漏掉需要购买的物品。

本章中，我们使用循环结构实现多次克隆五色花的动作。使用循环结构可以使整个程序变得更加简洁、有序和高效。

第 2 章

二十四节气歌

2.1 去观察

在古代中国，人们为了更好地了解天文气象，发明了二十四节气。这些节气与农业生产、渔业捕捞、矿山开采和旅游观光等活动密切相关。于是，人们将这些重要的节气编成了一首歌谣来记忆和传承。

    春雨惊春清谷天，夏满芒夏暑相连。
    秋处露秋寒霜降，冬雪雪冬小大寒。
    每月两节不变更，最多相差一两天。
    上半年来六廿一，下半年是八廿三。

为了引领大家深入探索并更好地领悟中国悠久的二十四节气文化，柚子老师带领同学们来到了一片郁郁葱葱的草坪上，进行了一场别开生面的转盘游戏。

大家兴致勃勃地围拢过来，看着老师手中的转盘，充满了好奇和期待。老师微笑着说："这个转盘上有二十四个区域，每一个区域都代表一个节气。我们可以通过旋转转盘来选取一个节气，然后一起探索它的内容。"

明明迫不及待地问："老师，第一个节气是什么？"

老师回答："第一个节气是立春，它标志着春天的开始。在立春之后，春天就要到来了，大家会感受到阳光变得温暖，万物开始复苏。你们知道为什么要庆祝立春吗？"

程程举起手说："因为立春代表着新的一年开始了，农民伯伯们可以开始种植作物，期待丰收。"

老师点头赞许地说："非常棒！还有很多有趣的节气等着我们去探索，比如惊蛰、清明、小满等。每个节气都有自己特殊的意义和传统活动。"

小朋友们听得津津有味，纷纷表示对二十四节气非常感兴趣。他们迫不及待地要求老师开始转动转盘，展开一场奇妙的节气之旅。

2.2 看程序

扫描二维码，按以下方法操作，可以看到本案例的呈现效果。

1）点击 ▶运行 按钮，启动程序。

2）观察到明明询问"小朋友，你想要了解哪个节气呢？"，如图 2-1 所示，然后用户输入回答（以芒种为例）。

图 2-1　询问并等待回答

3）接着观察到背景变为相应的节气图片，明明在讲解该节气的相关知识，如图 2-2 所示。

图 2-2　切换背景并讲解

2.3 设计思路

此程序包括"列表创建"和"变量应用"2个功能模块,具体实现方法如下。

1)布置舞台背景,导入二十四节气对应的背景图片,导入明明、节气转盘等角色。

2)创建"二十四节气""节气介绍"两个列表,并向其中加入节气名称和每个节气相应的介绍数据项。

3)当"运行"被点击时,明明发出询问,并等待用户回答。

4)创建变量"编号"来存储用户所回答节气在"二十四节气"列表中的所在位置编号,获取"节气介绍"列表中的第"编号"项内容。

5)将背景变为用户所回答节气的背景,并讲解该节气的相关知识。

2.4 动手编程

实现让明明讲解指定节气的功能的具体方法如下。

2.4.1 动动手:布置舞台

准备好本章所需的素材"二十四节气歌",如图2-3所示。

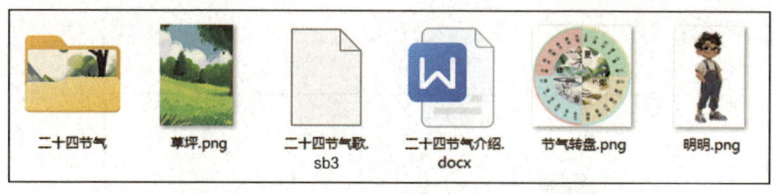

图2-3 案例素材

有两种方法布置"舞台背景"并添加"故事角色及造型"。

1.导入包含背景、角色及造型的工程文件

1)进入图形化编程环境,单击"文件"菜单,选择"从电脑导入"命令,如图2-4所示。

2)在弹出的"打开文件"对话框中,找到编程资源"二十四节气歌"文件夹的位置,选中二十四节气歌.sb3,单击"打开"按钮,如图2-5所示。

图 2-4 从电脑导入

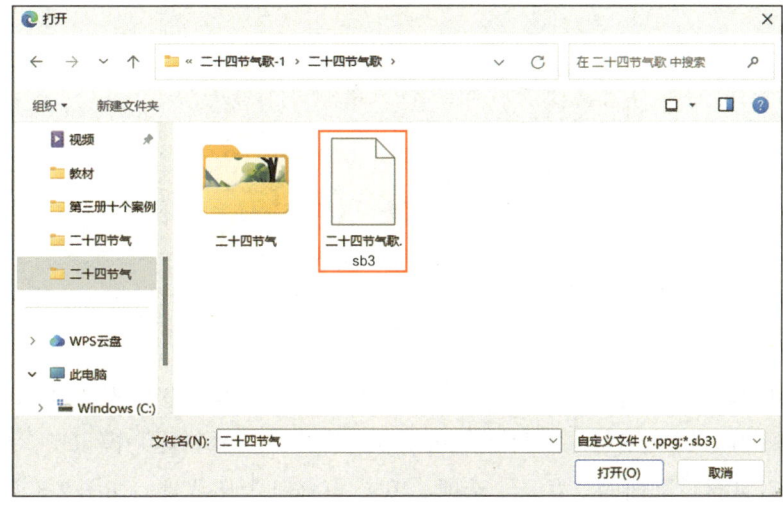

图 2-5 打开文件夹

2. 手动导入背景、角色及造型

1）进入图形化编程环境，单击"文件"菜单，选择"新建作品"命令新建项目，如图 2-6 所示。

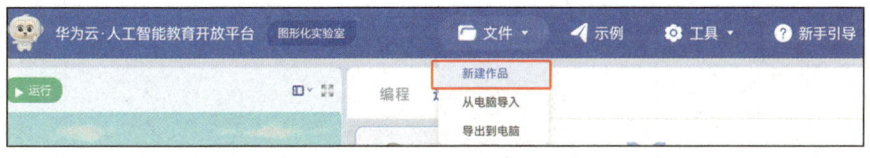

图 2-6 新建作品

2）添加背景。新建作品默认为空白背景。将背景图修改为"二十四节气歌"文件夹中的"草坪"图片并添加"二十四节气"背景。

①在角色背景区，单击"空白背景"图标，然后单击"背景"按钮，切换到背景选项卡。接着单击最下方的➕按钮，出现两种增加背景的方法——"新建造型"和"素材库"，如图2-7所示。

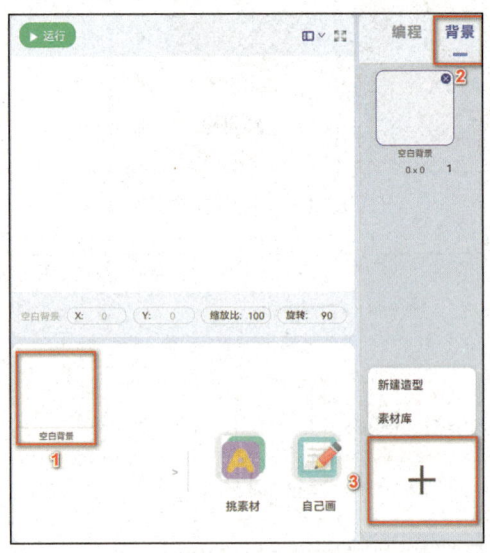

图2-7　添加背景

②选择"新建造型"选项后可以手动绘制背景，而这里需要添加本书附带资源的图片，因此选择"素材库"选项。在弹出的"素材库"窗口中，选择左侧"自有素材"下面的"背景"选项，单击➕按钮上传背景，如图2-8所示。

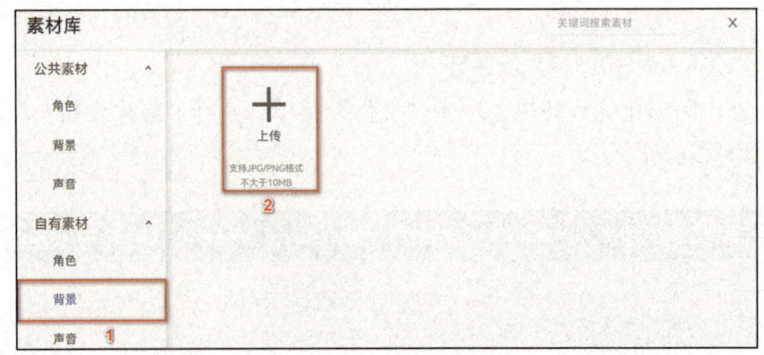

图2-8　背景上传界面

③选中"草坪"图片，单击"打开"按钮进行上传，如图2-9所示。

图 2-9 上传"草坪"图片

④稍等片刻就可以在"历史上传素材"中看到上传的图片。选中"草坪"图片，单击"添加"按钮即可完成添加，如图 2-10 所示。

图 2-10 添加"草坪"背景

⑤接着上传"二十四节气歌"文件夹中"二十四节气"子文件夹内的 24 张节气图片。按照步骤①~②打开"二十四节气"文件夹，选中"立春"图片，单击"打开"按钮进行上传，如图 2-11 所示。按上述步骤继续上传"二十四节气"文件夹中其余的 23 张节气图片。

学编程3：动植物发现小创客

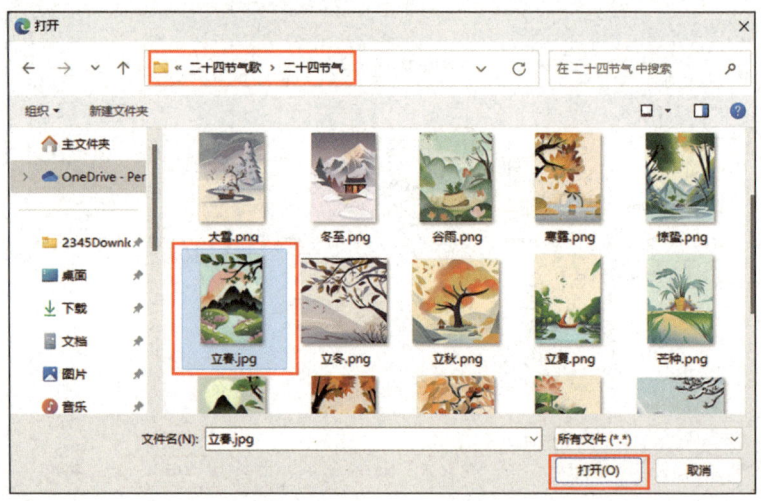

图 2-11　上传"立春"图片

⑥在"自有素材"中选中要添加的图片，单击"添加"按钮完成添加，如图 2-12 所示。

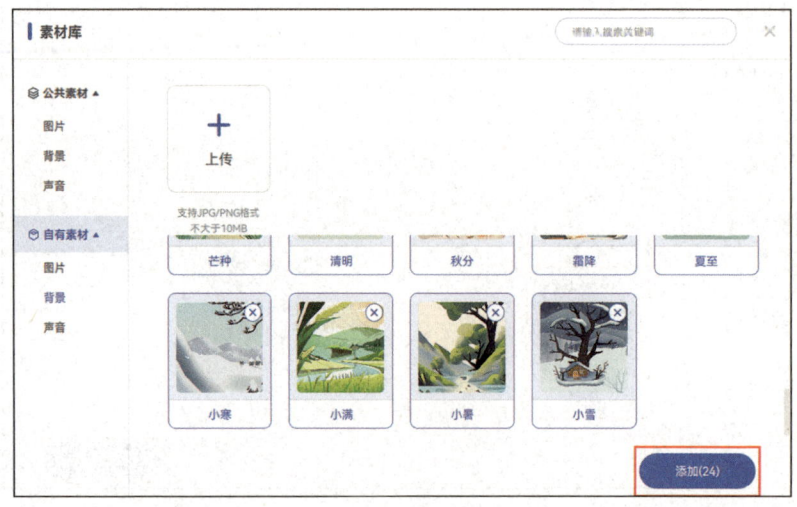

图 2-12　添加节气图片

⑦将默认的空白背景删除，如图 2-13 所示。

3）按以下步骤添加角色。

①新建"明明"角色。单击角色背景区右下方的"挑素材"按钮，在"自有素材"下的"图片"中，上传"二十四节气歌"文件夹中的"明明"图片，

如图 2-14 和图 2-15 所示。上传成功后选中新上传的素材，单击"添加"按钮即可添加角色，如图 2-16 所示。

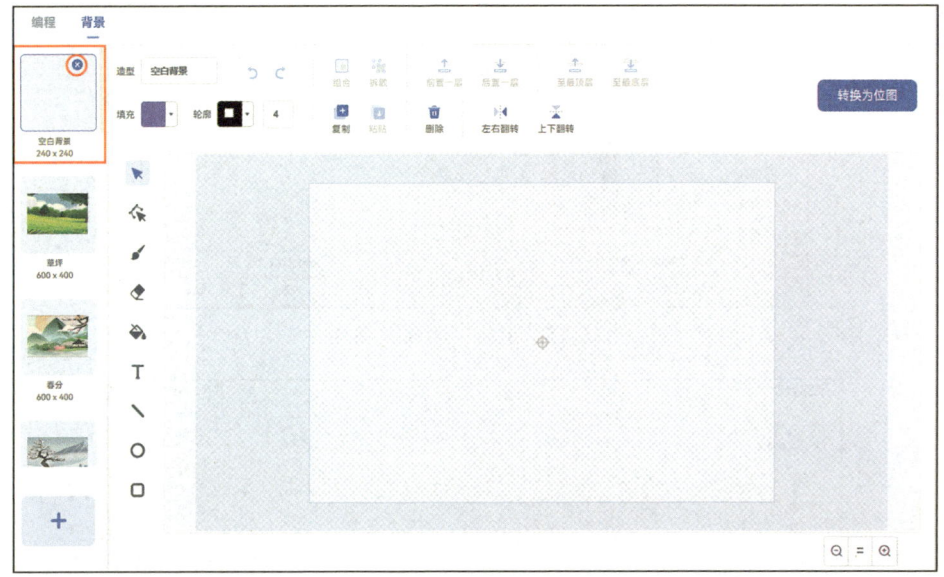

图 2-13　删除空白背景

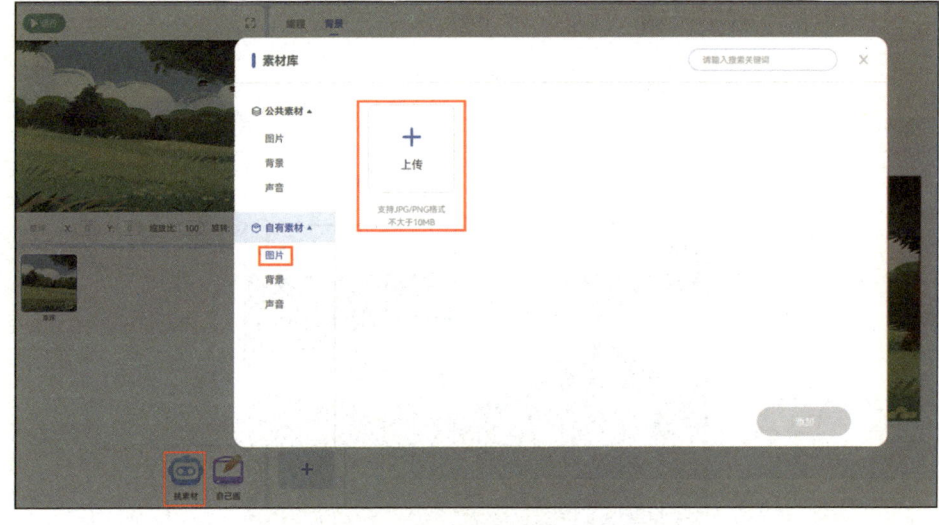

图 2-14　图片上传界面

调整角色的位置与大小。将"明明"角色的位置坐标修改为 X：–180，Y：–40，将缩放比修改为 20，如图 2-17 所示。

学编程 3：动植物发现小创客

图 2-15　上传"明明"图片

图 2-16　添加"明明"角色

图 2-17　调整"明明"角色的位置与大小

②新建"节气转盘"角色。单击角色背景区右下方的"挑素材"按钮,在"自有素材"下的"图片"中上传"二十四节气歌"文件夹中的"节气转盘"图片,如图 2-18 和图 2-19 所示。上传成功后选中新上传的素材,单击"添加"按钮即可添加角色,如图 2-20 所示。

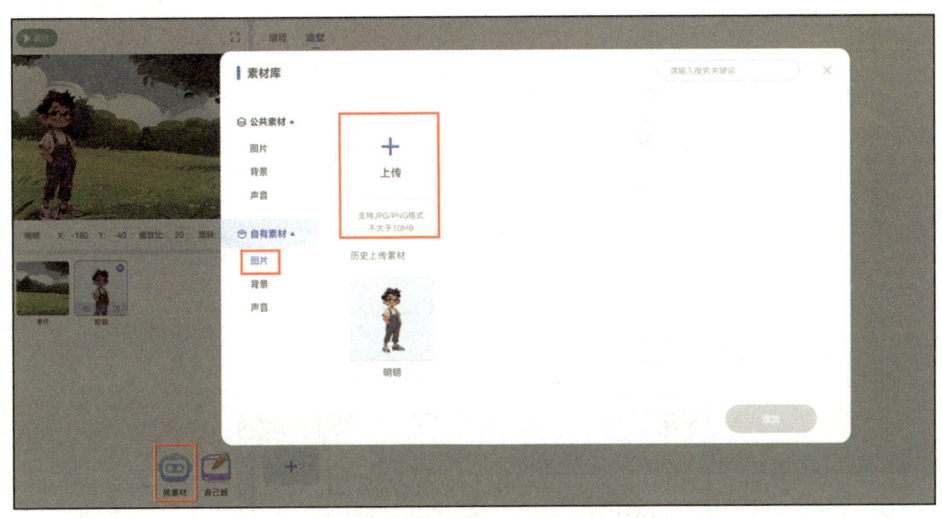

图 2-18　图片上传界面

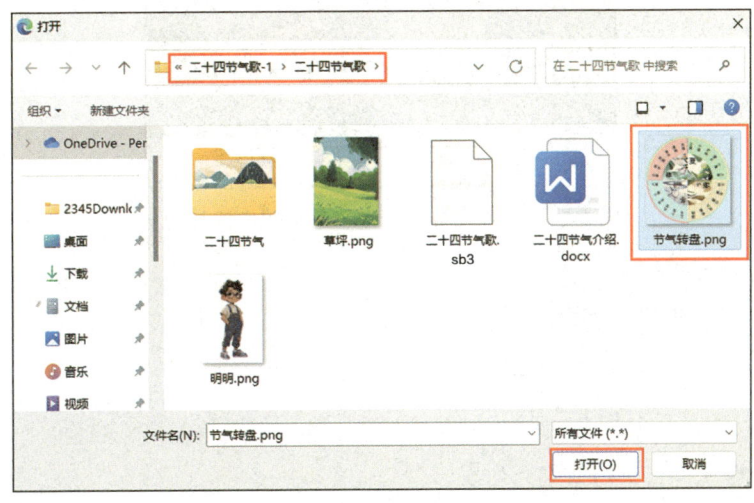

图 2-19　上传"节气转盘"图片

调整角色的位置与大小。将"节气转盘"角色的位置坐标设置为 X: 70,Y: 20,将缩放比设置为 120,如图 2-21 所示。

图 2-20 添加"节气转盘"角色

图 2-21 修改"节气转盘"角色的位置与大小

2.4.2 动动手：搭积木

"搭积木"实际上是"编写操作指令"，操作步骤如下。

1. 创建"二十四节气""节气介绍"两个列表以及"编号"变量

1）建立"二十四节气"列表。

①单击积木区中的"编程"，切换到"编程"选项卡。点选"角色背景区"的"明明"角色图标，在"事件"类积木中找到 当 ▶ 被点击 并把它拖曳到编程区，如图 2-22 所示。

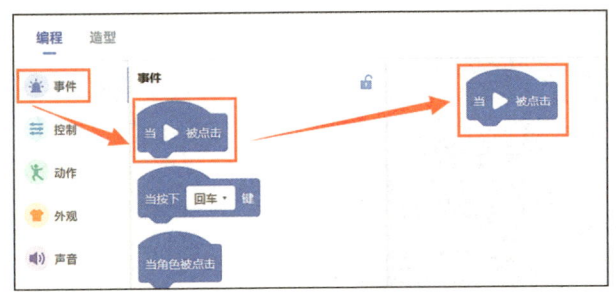

图 2-22 拼接"当运行被点击"积木

②在"变量 & 列表"类积木中找到 建立一个列表 ，单击该积木后输入新建列表的名称"二十四节气"，勾选"适用于所有角色"选项后单击"确定"按钮即可，如图 2-23 所示。

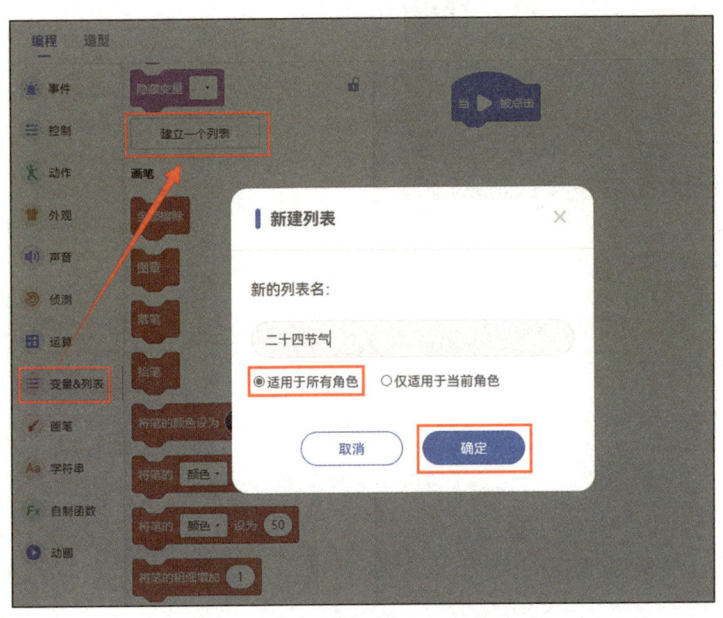

图 2-23 新建"二十四节气"列表

③在"变量 & 列表"类积木中找到 将 东西 加入 二十四节气 ，并把它拖曳到编程区。单击椭圆形白框，将文字修改为"立春"，如图 2-24 所示。

④按上述步骤将其余 23 个节气名称加入"二十四节气"列表中，如图 2-25 所示。

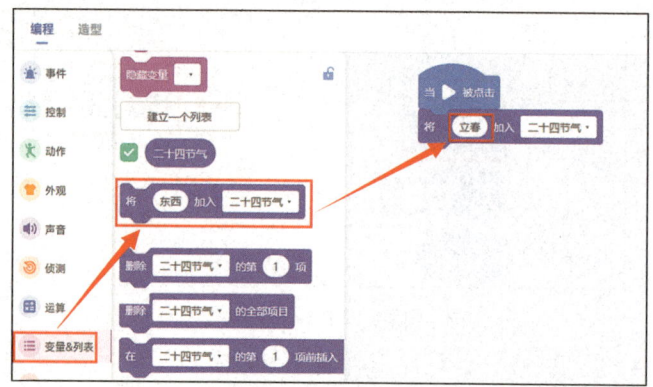

图 2-24　添加数据

图 2-25　将剩余节气名称加入列表

⑤在"变量&列表"类积木中找到 [删除 二十四节气▼ 的全部项目] 并把它拖曳到 [当 ▶ 被点击] 的下方。这样保证每次重新运行时，列表中的数据只有24项，如图 2-26 所示。

2）建立"节气介绍"列表。

①单击积木区中的"编程"，切换到"编程"选项卡。点选"角色背景区"的"明明"角色图标，在"事件"类积木中找到 [当 ▶ 被点击] 并把它拖曳到编程区，如图 2-27 所示。

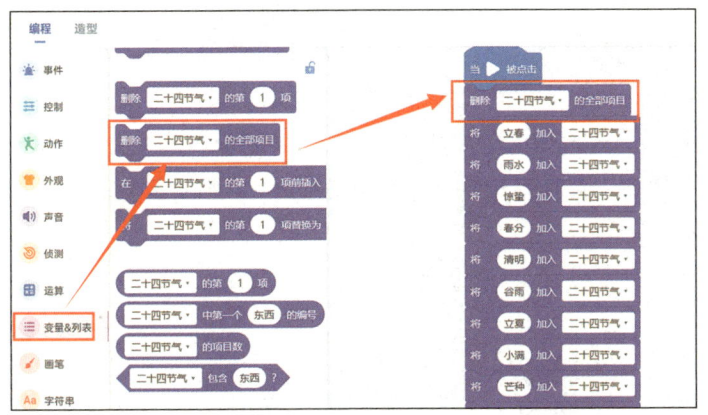

图 2-26 拼接"删除列表中的全部项目"积木

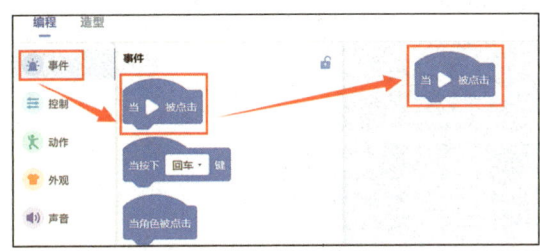

图 2-27 拼接"当运行被点击"积木

②在"变量 & 列表"类积木中找到 建立一个列表 ，单击该积木后输入新的列表名"节气介绍"，勾选"适用于所有角色"选项后单击"确定"按钮即可，如图 2-28 所示。

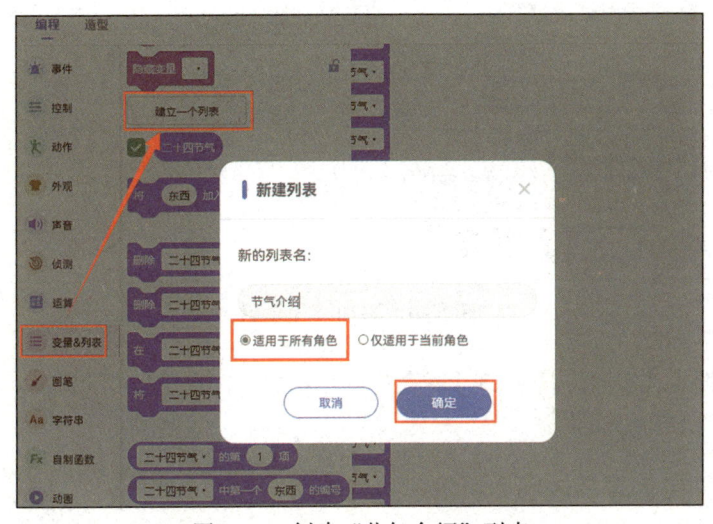

图 2-28 创建"节气介绍"列表

③在"变量&列表"类积木中找到 将 东西 加入 二十四节气· 并把它拖曳到编程区。单击"二十四节气"白框中的向下箭头,选择"节气介绍"列表,如图2-29所示。单击积木上的椭圆形白框,将文字修改为立春节气的介绍(具体的节气介绍在"二十四节气歌"文件夹中的"二十四节气介绍"文档中),如图2-30所示。

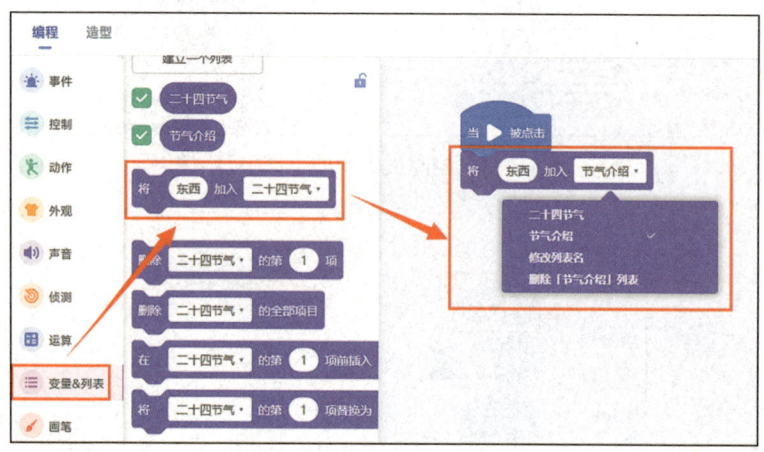

图2-29 向列表中添加数据

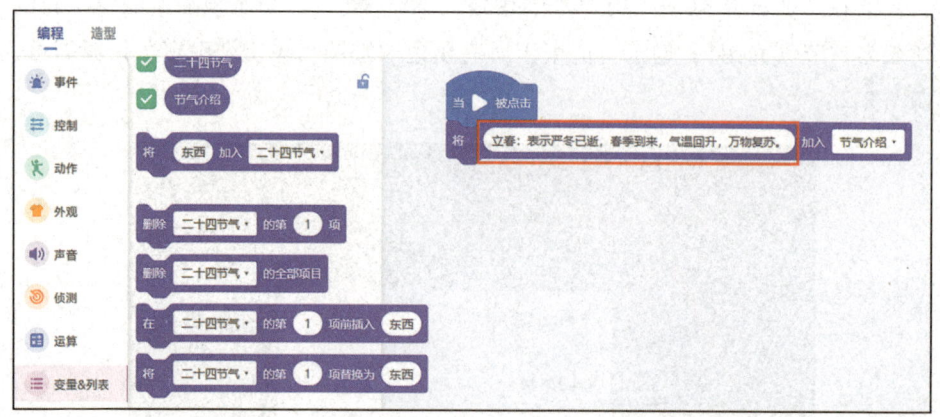

图2-30 添加节气介绍

④按照上述步骤将其余23个节气的介绍都加入"节气介绍"列表,如图2-31所示。

⑤在"变量&列表"类积木中找到 删除 二十四节气· 的全部项目 ,并把它拖曳到

当 [被点击] 的下方。单击"二十四节气"白框中的向下箭头,选择"节气介绍"列表。这样保证每次重新运行时,"节气介绍"列表中的数据只有24项,如图2-32所示。

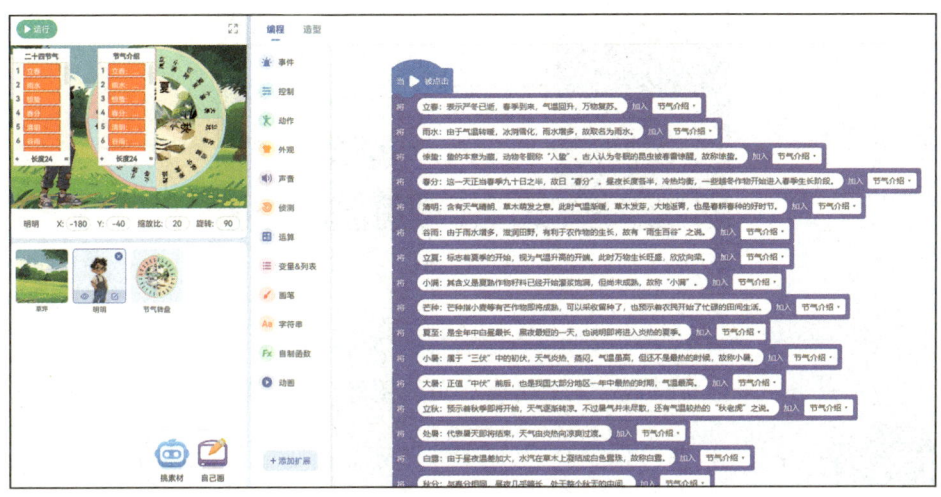

图2-31 添加剩余节气介绍

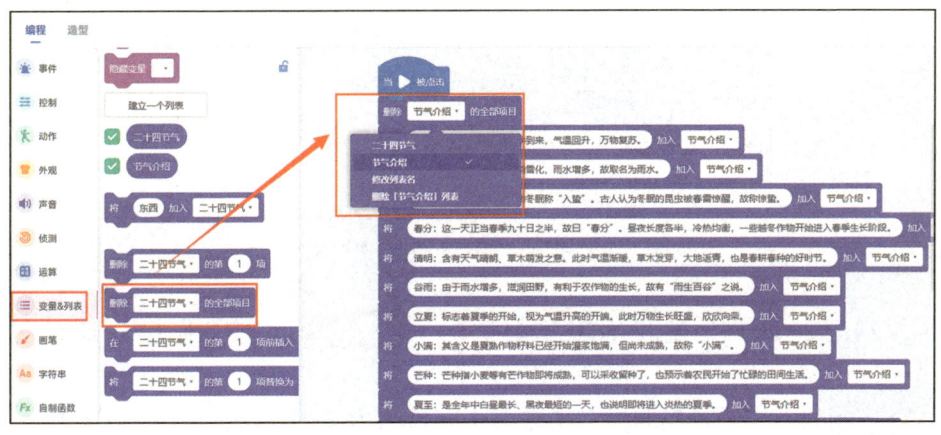

图2-32 拼接"删除列表中的全部项目"积木

3)建立"编号"变量。

在"变量&列表"类积木中找到 [建立一个变量],输入新建变量名称"编号"。勾选"适用于所有角色"选项后单击"确定"按钮即可,如图2-33所示。

学编程 3：动植物发现小创客

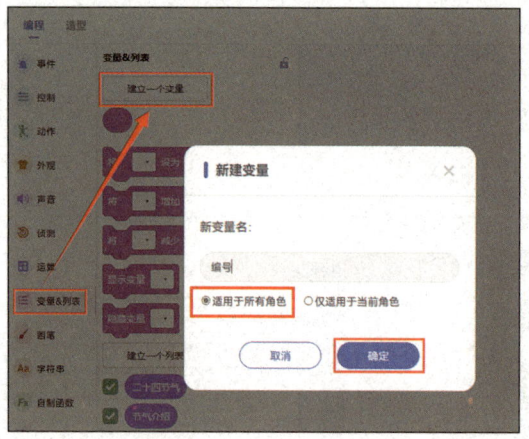

图 2-33 建立"编号"变量

2. "明明"发出询问，并根据用户回答讲解节气知识

1）点击"角色背景区"的"明明"角色图标，在"事件"类积木中找到 ![当被点击] ，并把它拖曳到编程区，如图 2-34 所示。

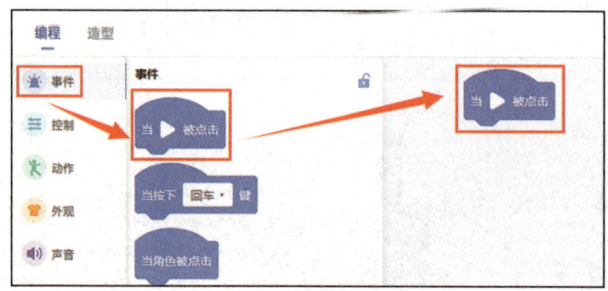

图 2-34 拼接"当运行被点击"积木

2）在"侦测"类积木中找到 ![询问你叫什么名字？并等待] 并把它拖曳到编程区 ![当被点击] 的下方。将椭圆形白框中的文字修改为"小朋友，你想要了解哪个节气呢？"，如图 2-35 所示。

3）在"控制"类积木中找到 ![等待1秒] 并把它拖曳到编程区 ![询问小朋友，你想要了解哪个节气呢？并等待] 的下方，如图 2-36 所示。

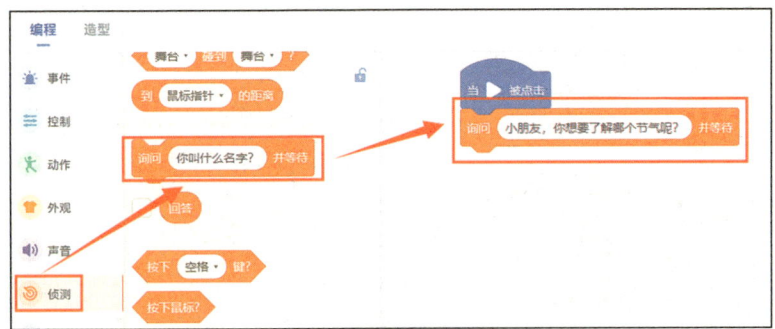

图 2-35 拼接"询问"积木

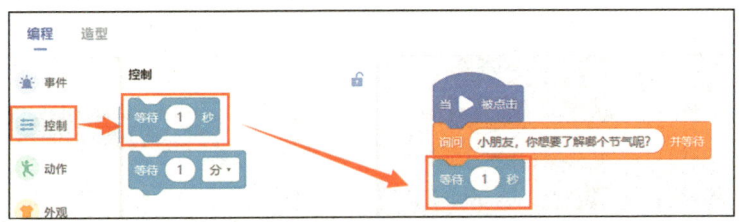

图 2-36 拼接"等待"积木

4）在"事件"类积木中找到 广播 消息1· 并把它拖曳到编程区 等待 1 秒 的下方，广播消息让"节气转盘"角色隐藏，如图 2-37 所示。

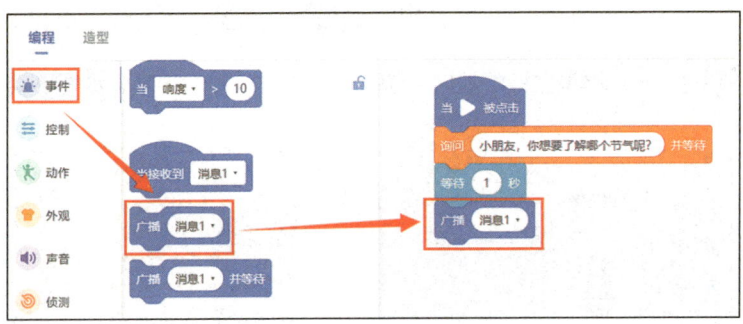

图 2-37 拼接"广播消息"积木

5）在"外观"类积木中找到 换成 立春· 背景 并把它拖曳到编程区 广播 消息1· 的下方，如图 2-38 所示。

6）在"侦测"类积木中找到 回答 并把它拖曳到编程区 换成 立春· 背景 中白框的位置，如图 2-39 所示。

学编程 3：动植物发现小创客

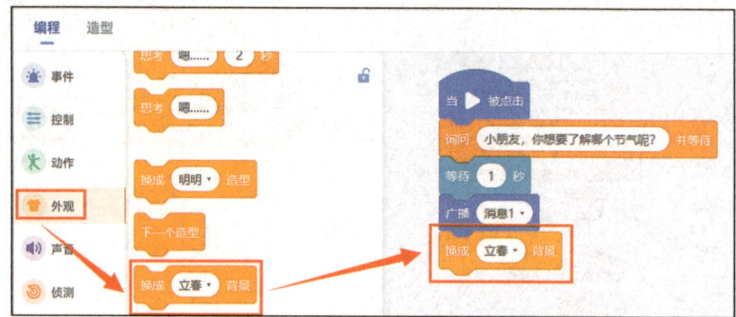

图 2-38 拼接"切换背景"积木

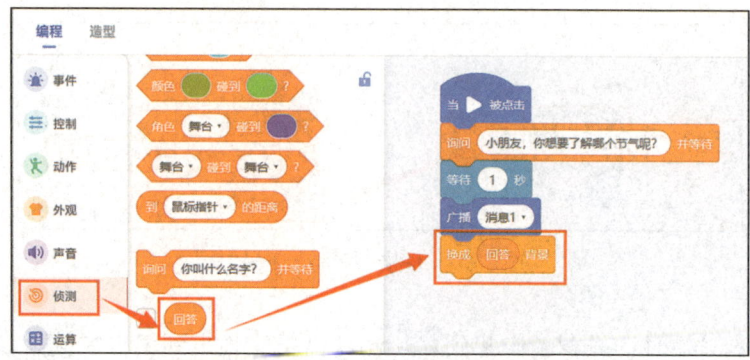

图 2-39 拼接"回答"积木

7）在"变量 & 列表"类积木中找到 并把它拖曳到编程区 的下方，单击白框中的向下箭头，选择"编号"选项，如图 2-40 所示。

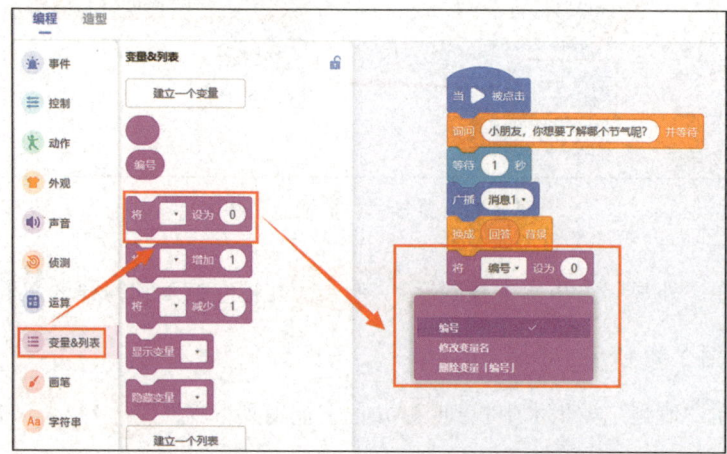

图 2-40 拼接"设置变量"积木

8）在"变量&列表"类积木中找到 `二十四节气▼ 中第一个 东西 的编号` 并把它拖曳到编程区 `将 编号▼ 设为 0` 中"0"的位置，如图 2-41 所示。

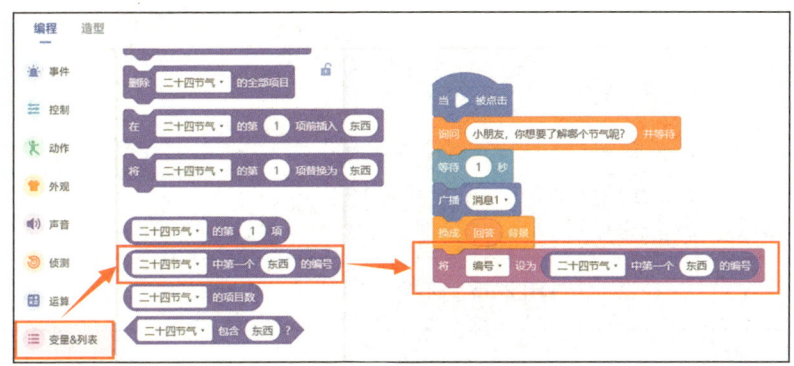

图 2-41 拼接"节气编号"积木

9）在"侦测"类积木中找到 `回答` 并把它拖曳到编程区 `二十四节气▼ 中第一个 东西 的编号` 中椭圆形白框内，如图 2-42 所示。

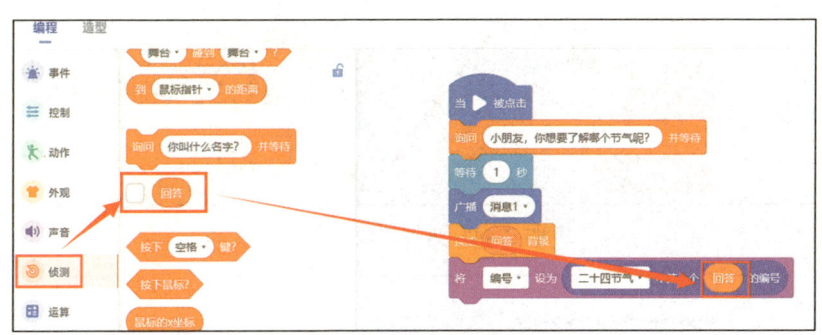

图 2-42 拼接"回答"积木

10）在"控制"类积木中找到 `等待 1 秒` 并把它拖曳到编程区 `将 编号▼ 设为 二十四节气▼ 中第一个 回答 的编号` 的下方，如图 2-43 所示。

11）在"外观"类积木中找到 `说 你好! 2 秒` 并把它拖曳到编程区 `等待 1 秒` 的下方，如图 2-44 所示。

12）在"变量&列表"类积木中找到 `二十四节气▼ 的第 1 项` 并把它拖曳到编程区 `说 你好! 2 秒` 中"你好!"的位置，单击"二十四节气"白框中的向下箭头，选择"节气介绍"列表，如图 2-45 所示。

学编程 3：动植物发现小创客

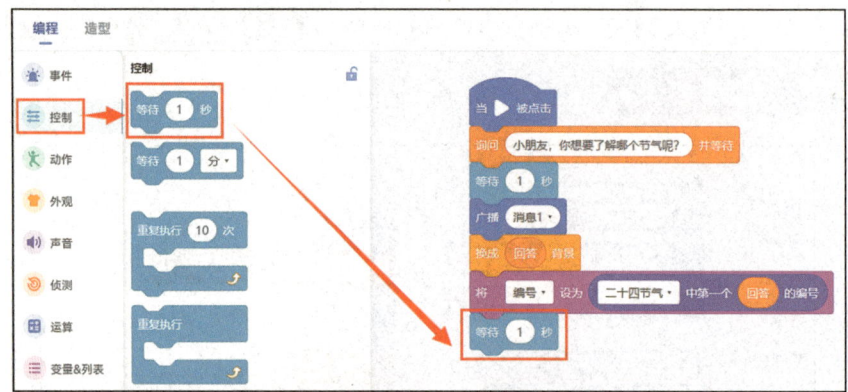

图 2-43 拼接"等待"积木

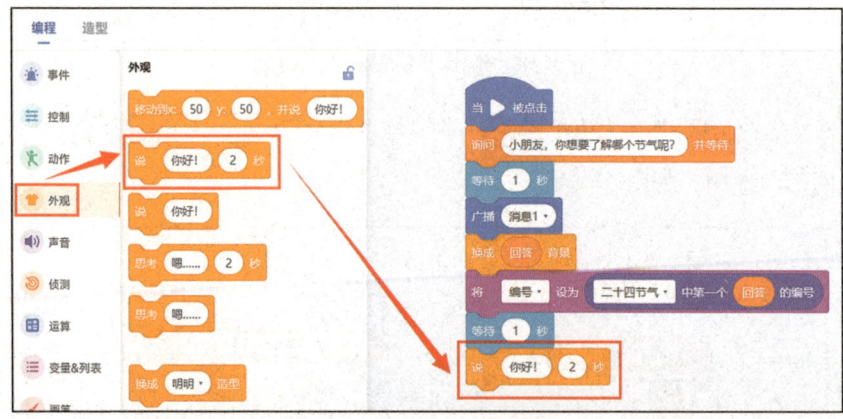

图 2-44 拼接"说"积木

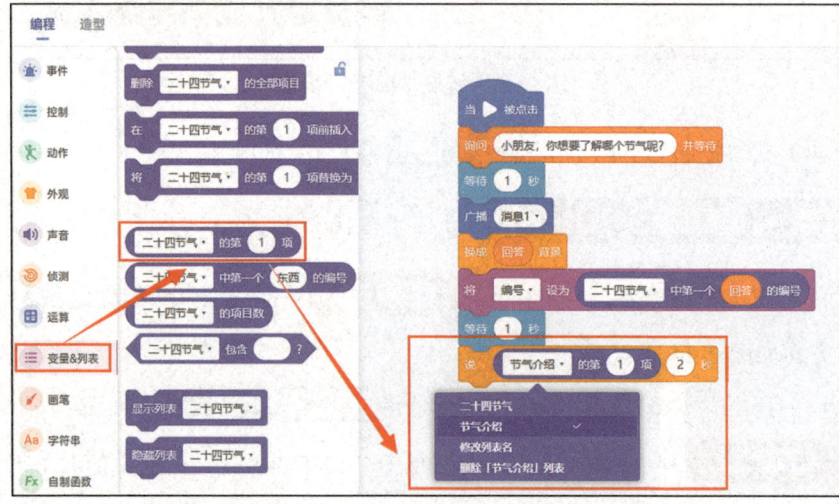

图 2-45 拼接"列表第 x 项"积木

13）在"变量&列表"类积木中找到 编号 并把它拖曳到编程区中"1"的位置，并把右边椭圆形白框中的"2"修改为"10"，如图 2-46 所示。

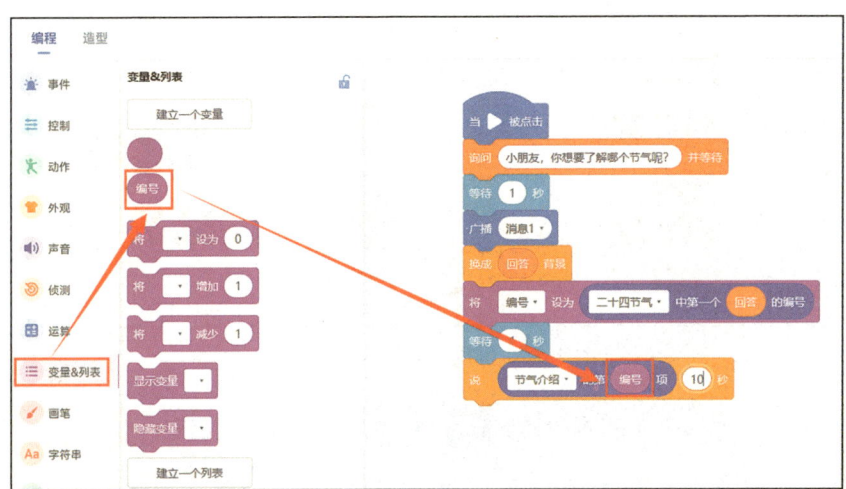

图 2-46　拼接"编号"积木

14）在"控制"类积木中找到 等待 1 秒 并把它拖曳到编程区

 的下方，如图 2-47 所示。

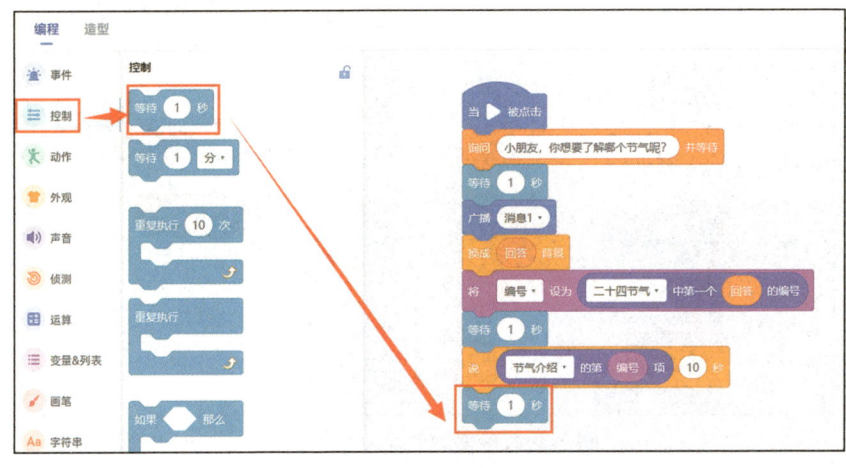

图 2-47　拼接"等待"积木

15）在"外观"类积木中找到 换成 立春 背景 并把它拖曳到编程区 等待 1 秒 的下方，将"立春"背景修改为"草坪"背景，如图 2-48 所示。

学编程 3：动植物发现小创客

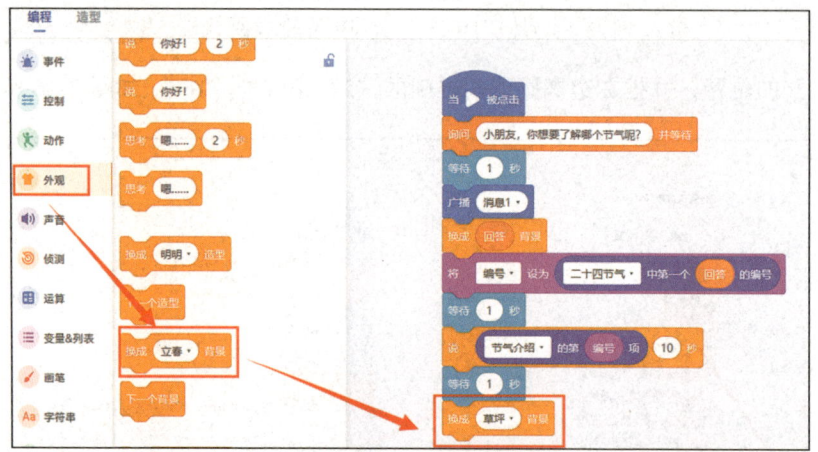

图 2-48　拼接"切换背景"积木

16）在"事件"类积木中找到 广播 消息1 并把它拖曳到编程区 换成 草坪 背景 的下方，单击"消息 1"白框右边的向下箭头，选择"新消息"，在弹出窗口中输入新消息的名称"消息 2"，使"节气转盘"显示出来，如图 2-49 和图 2-50 所示。

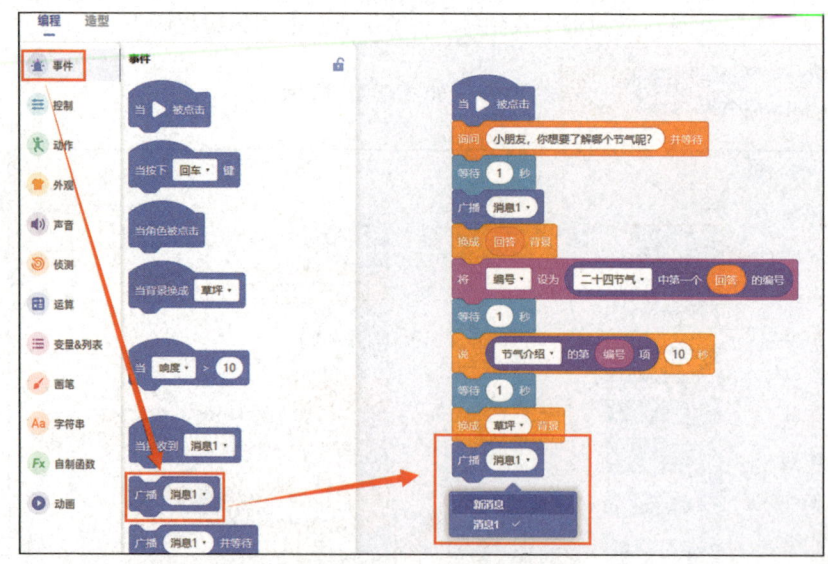

图 2-49　拼接"广播消息"积木

3．"节气转盘"在收到消息时可以显示或隐藏

1）单击"角色背景区"的"节气转盘"角色图标，在"事件"类积木中找到 当接收到 消息1 并把它拖曳到编程区，如图 2-51 所示。

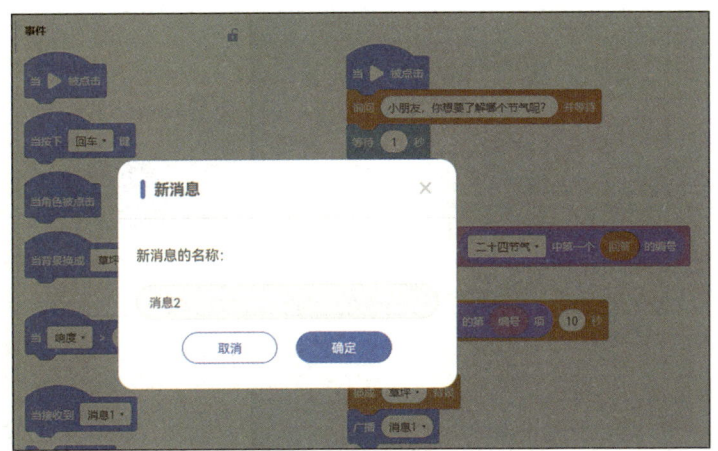

图 2-50　新建"消息 2"

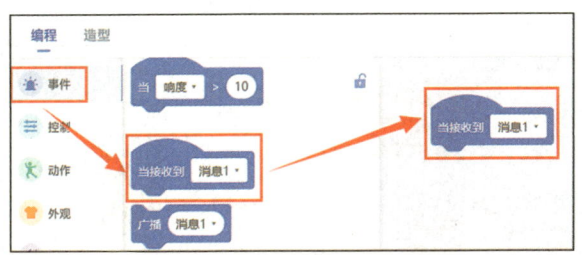

图 2-51　拼接"收到消息"积木

2）在"外观"类积木中找到 隐藏 并把它拖曳到编程区 当接收到 消息1▼ 的下方，如图 2-52 所示。

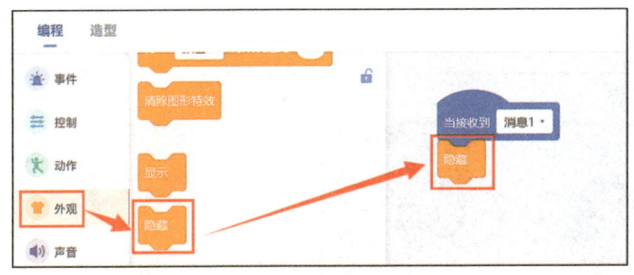

图 2-52　拼接"隐藏"积木

3）在"事件"类积木中找到 当接收到 消息1▼ 并拖曳到编程区。单击"消息 1"旁边的向下箭头，选择"消息 2"，如图 2-53 所示。

学编程 3：动植物发现小创客

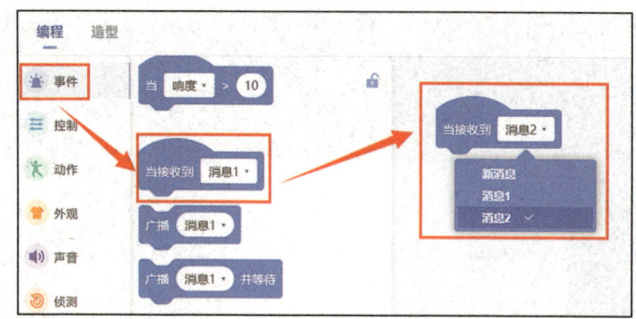

图 2-53　拼接"收到消息"积木

4）在"外观"类积木中找到 显示 并把它拖曳到编程区 当接收到 消息2 的下方，如图 2-54 所示。

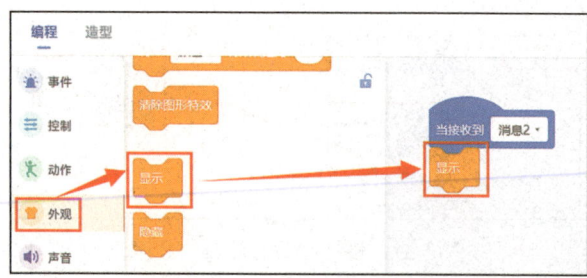

图 2-54　拼接"显示"积木

4. 隐藏"二十四节气""节气介绍"列表

为了使程序在运行时更加美观，隐藏"二十四节气""节气介绍"列表，如图 2-55 所示。

图 2-55　隐藏列表

46

2.4.3 动动手：保存作品

单击"文件"菜单，选择"导出到电脑"命令，刚刚完成的作品就下载到电脑中了。可以将这个新作品保存到专属文件夹中，如图2-56所示。

图2-56 导出到电脑

2.5 理一理：编程思路

"二十四节气歌"程序的编写思路如图2-57所示。

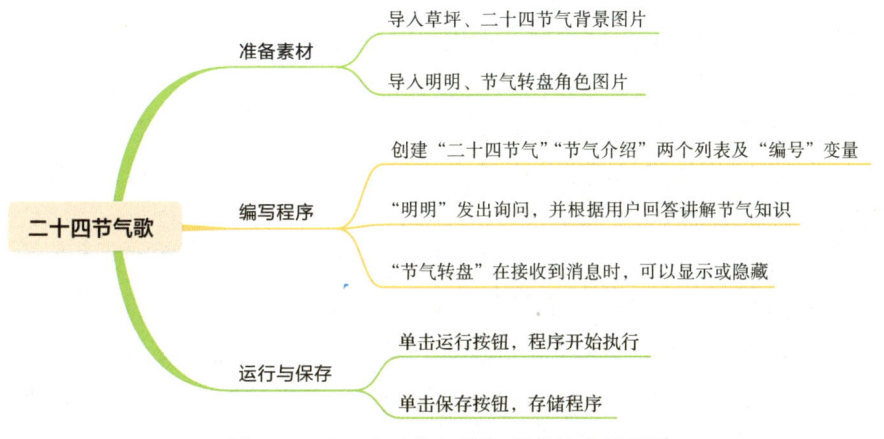

图2-57 "二十四节气歌"程序的编写思路

2.6 学做小小程序员

1. 列表的创建（编程能力等级 GESP 三级）

列表是由一系列按特定顺序排列的元素组成的，它是有序集合，相当于一些高级程序设计语言中的数组。列表可以存储很多个元素。

本案例中，我们创建了两个列表，第一个列表存储二十四节气的名称，第二个列表存储二十四节气的介绍。如图2-58所示，二十四节气就是我们创建的列表，而立春、雨水、惊蛰等就是该列表中的数据项。

图2-58 列表的创建

2. 变量的创建（编程能力等级 GESP 二级）

变量来源于数学，在计算机语言是中能存储计算结果或能表示值的抽象概念。变量可以通过变量名访问。在程序设计语言中，变量通常是可变的。

本案例中，我们创建变量"编号"来存储用户回答节气在"二十四节气"列表中所在位置的编号，获取"节气介绍"列表中第"编号"项内容。这样完成"问"与"答"之间的对应关系。

2.7 走近信息科技

本章我们学习了消息的传递。在计算机科学中，消息传递是一种在计算机上调用行为（即运行程序）的技术。调用程序向一个参与者或者一个对象发送消息，并依赖现有的程序及其支持的基础结构，然后选择并运行一些适当的代码。在本案例中，程序向某一个对象发送消息，而在传统编程中，消息的传递通过进程、子例程或函数直接通过名称调用。更广泛的消息传递是某些并发模型和面向对象编程的关键。

消息传递在现代计算机软件中无处不在。它既被用作程序内部对象之间的一种协作方式，也被用作运行在不同计算机上的对象和系统之间的一种交互方式。消息传递可以通过多种机制（包括信道等）实现。消息传递的本质是通过传输媒介实现信息的转移。在当今的技术条件下，信息传输主要通过电信网络、计算机网络、广播电视网络等方式实现。

消息传递分为两大类：同步消息传递和异步消息传递。同步消息传递发生在同时运行的对象之间，被面向对象的编程语言广泛使用。然而，同步消息传递依赖同时运行的对象之间的实时交互，因而存在弊端。假设老师在机房中向 100 台计算机使用同步消息传递的方式发送电子邮件，如果一名同学关闭了自己的计算机，这会导致其他 99 台计算机陷入等待状态，直到那名同学重新打开计算机并处理电子邮件。相比之下，异步消息传递就更为灵活，当请求对象发送消息时，接收对象可能已关闭或处于忙碌状态。异步消息传递就像一个立即返回的函数调用，不需要等待被调用的函数完成。消息会被发送到一个队列中存储，直到接收进程准备好处理它们。

第 3 章

灵动的水母

3.1 去观察

今天,学生们一起兴奋地跟随着柚子老师来到了海洋馆,迎面而来的咸味让他们仿佛置身于海边。他们走进一个巨大的透明玻璃观察室,透过一片蔚蓝的水幕,看到了一个神秘而壮丽的海洋世界。

在观察室的中央,一片宽敞而华丽的水母展区吸引了学生们的目光。水母们如同优美的舞者,在水中轻盈地摇摆着。明明忍不住问道:"老师,水母为什么会漂浮在水中呢?"

柚子老师微笑着回答:"好问题!水母之所以能够漂浮在水中,是因为它们有一种特殊的构造。水母的身体主要由水分和一些胶质组成,类似于一个柔软、半透明的气囊。水母通过调节体内的离子浓度来改变身体的密度,从而控制浮力和下沉力,保持在水中的平衡状态。一些水母还具有气腺,可以分泌气体辅助调节浮力。"

程程接着问道:"水母是如何移动的呢?它们没有腿也没有鳍,看起来好神奇。"

柚子老师耐心地解释说:"水母移动的方式被称为'浮游',它们利用自身的身体结构和周围海水的流动来移动。水母的外形像一个伞状的圆盘,边缘布满了触手。它们通过收缩和舒张伞状体,将海水从伞状体下方排出,从而将自己推向前方。此外,水母还可以根据需要改变自己的姿势和速度,以适应不同的环境。"

明明惊奇地指着水母展区内的一只特别大的水母,小声地问:"老师,那只水母为什么会发出橙色的光?"

老师微笑着回答:"这只水母可能属于发光物种中的一种。它们具有一种叫作'生物发光'的能力。当受到外界刺激或处于特定状态时,水母体内的发光细胞会通过化学反应产生明亮的光芒,形成美丽的闪光效果。这种生物发光现象是水母的特征之一,也是它们在海洋中适应环境和吸引猎物的重要方式。"

同学们兴致勃勃地观察着水母,他们被这些神秘而美丽的生物所折服。在老师引导下,他们认真观察着水母的每一个细节,体验着探索海洋奥秘的乐趣。

通过这次参观，他们深刻地感受到了大自然的魅力和生物多样性，对海洋生物产生了更深的兴趣。

3.2 看程序

扫描二维码，按以下方法操作，可以看到本案例的呈现效果。

1）单击 运行 按钮，启动程序。

2）观察到水母克隆自己，同时克隆体依次报数，如图 3-1 所示。

图 3-1 水母克隆并报数

3）观察到自由移动的水母在不同灯光的照射下发出不同颜色的光，如图 3-2 所示。

图 3-2 水母变换颜色

3.3 设计思路

这个程序主要涉及"克隆的私有变量"与"循环—选择结构的嵌套",具体实现方法如下。

1)当运行按钮被单击时,设置私有变量,克隆角色。
2)设置克隆体变量,实现克隆体的随机移动,并依次报数。
3)当"手"移动到某种颜色的灯光时,水母变换相应的造型,灯光也变成相应的颜色。

3.4 动手编程

3.4.1 动动手:布置舞台

需要准备好本章所需素材"灵动的水母",如图3-3所示。

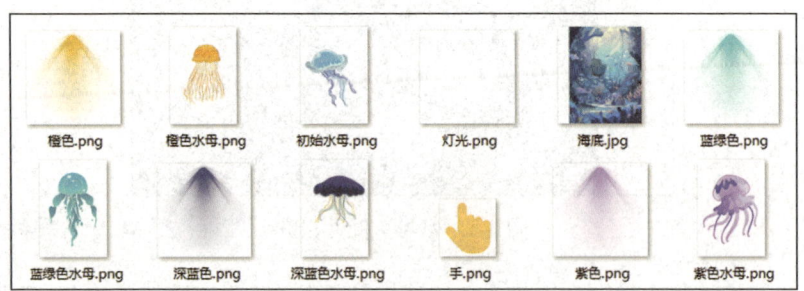

图3-3 "灵动的水母"素材

1. 手动导入背景、水母角色及造型

1)进入图形化编程环境,单击"文件"菜单,选择"新建作品"命令,新建项目,如图3-4所示。

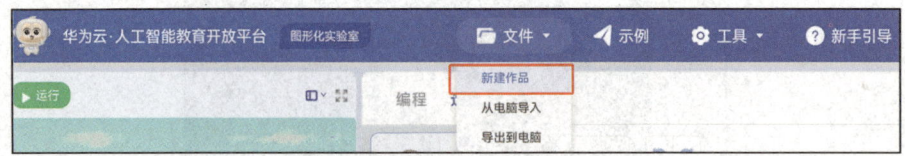

图3-4 新建作品

2)添加背景。新建作品默认为空白背景。将背景图修改为"灵动的水母"

文件夹中的"海底"图片。

①在角色背景区，单击"空白背景"图标，然后单击"背景"，切换到"背景"选项卡。单击最下方的➕按钮，出现两种增加背景的方法——"新建造型"和"素材库"，如图 3-5 所示。

图 3-5　添加背景

②选择"素材库"选项，在弹出的"素材库"窗口中选择左侧"自有素材"下的"背景"选项，单击➕上传背景图片，如图 3-6 所示。

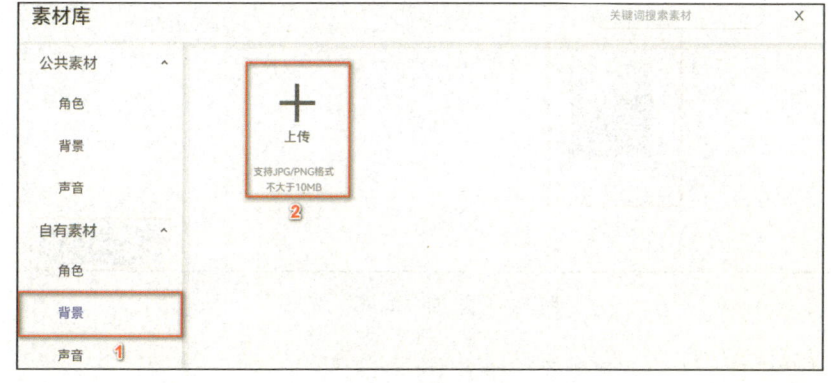

图 3-6　背景上传界面

③选中"海底"图片,单击"打开"按钮进行上传,如图3-7所示。

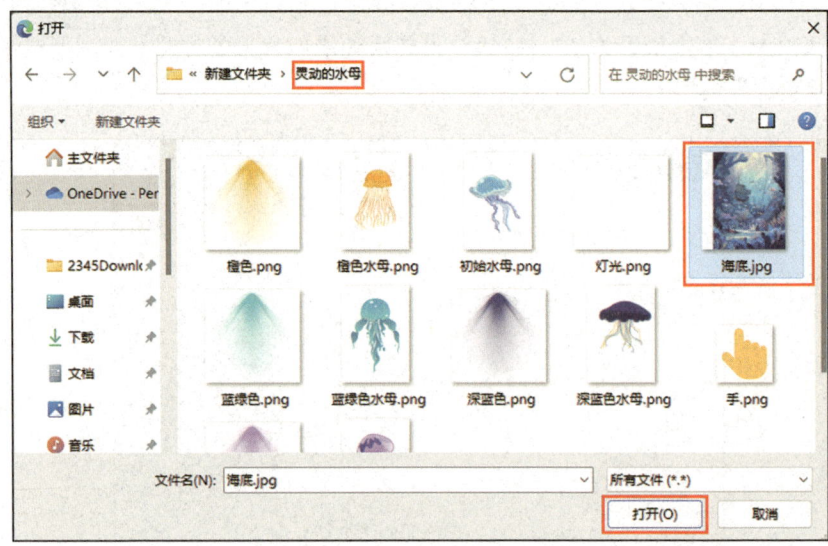

图3-7 上传"海底"图片

④稍等片刻就可以在"历史上传素材"中看到已经上传的图片。选中要添加的图片,单击"添加"按钮即可完成添加,如图3-8所示。

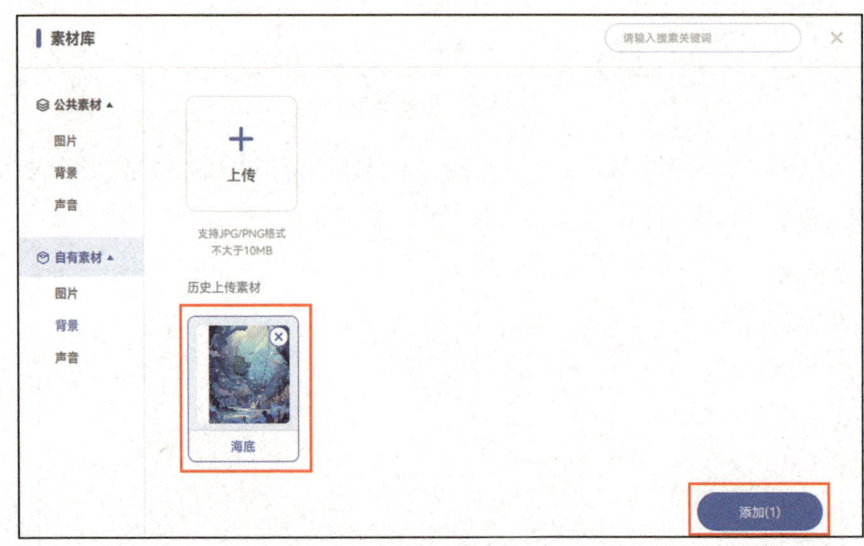

图3-8 添加"海底"背景

⑤将默认的空白背景删除,如图3-9所示。

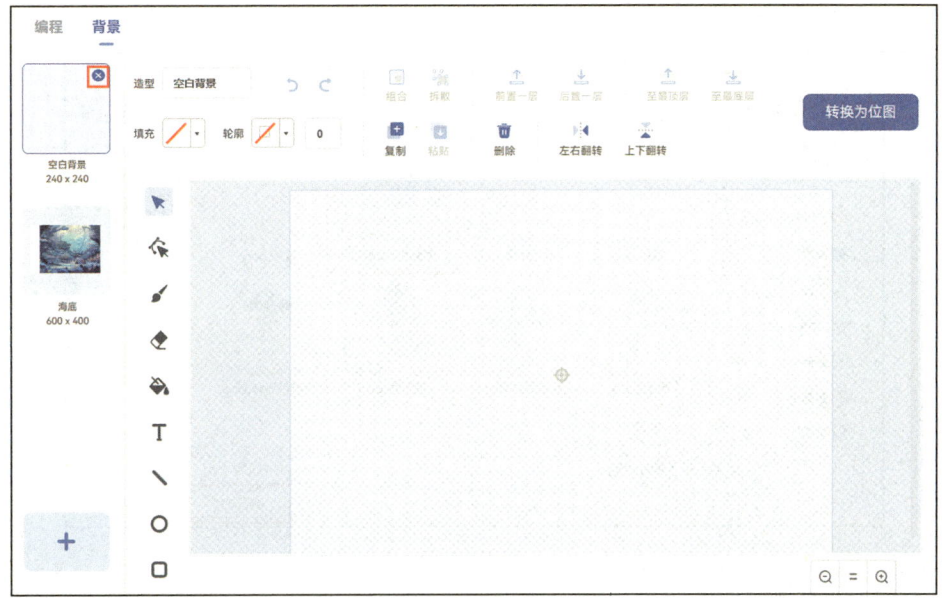

图 3-9 删除空白背景

3）按以下步骤添加角色。

①新建"水母"角色。单击角色背景区右下方的"挑素材"按钮。在"素材库"窗口"自有素材"下的"图片"中，上传"灵动的水母"文件夹中的"初始水母"图片，如图 3-10 和图 3-11 所示。之后选择新上传的素材，单击"添加"按钮即可添加角色，如图 3-12 所示。

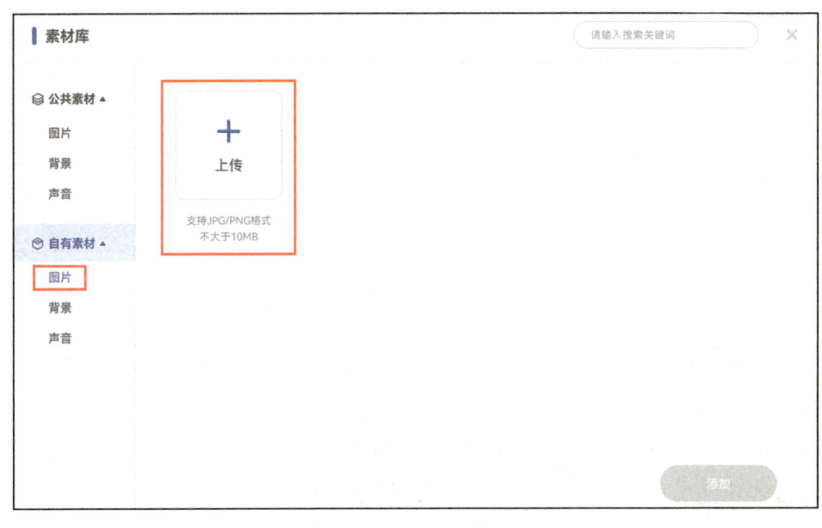

图 3-10 图片上传界面

学编程3：动植物发现小创客

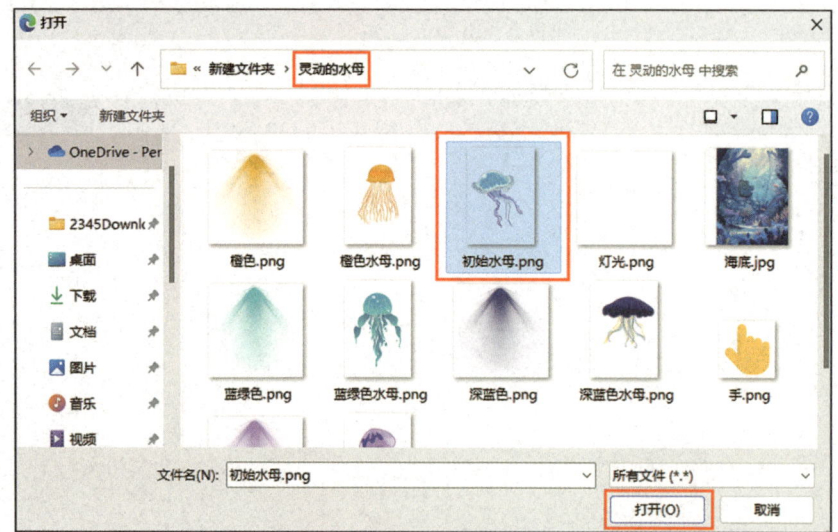

图 3-11　上传"初始水母"图片

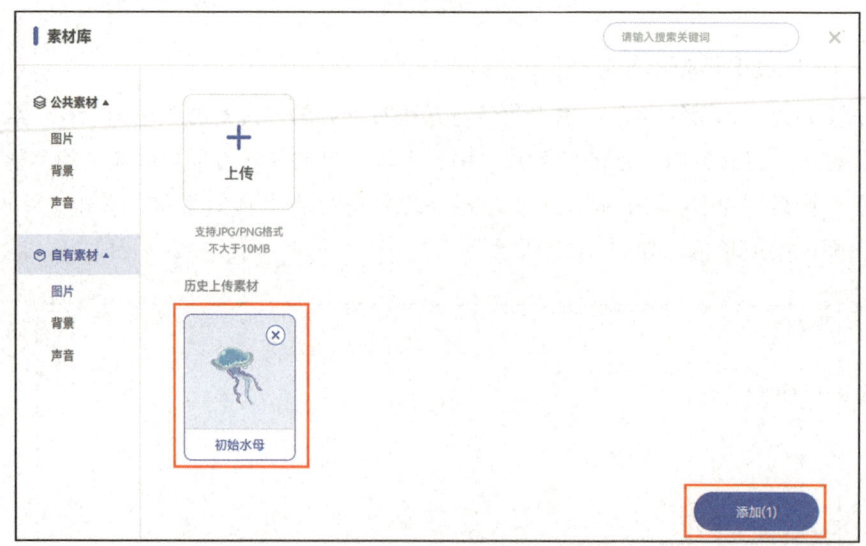

图 3-12　添加"初始水母"角色

②调整角色位置与大小。将"初始水母"角色的坐标值修改为 X: –100, Y: –100，将缩放比修改为 10，如图 3-13 所示。

③修改角色名字。在角色背景区找到角色素材，单击角色左上角的椭圆框，启动重命名功能，输入文字"水母"，如图 3-14 所示。

图 3-13　调整"初始水母"角色的位置与大小　　图 3-14　修改角色名字

4）按以下步骤添加造型。

①在角色背景区，选择希望添加造型的"水母"角色图标，单击积木区中的"造型"，切换到"造型"选项卡。单击最下方的➕按钮，出现两种添加造型的方法——"新建造型"和"素材库"，如图 3-15 所示。

图 3-15　添加造型界面

②选择"素材库"选项，在弹出的窗口中选择"自有素材"下的"图片"，依次上传其他"水母"图片，如图3-16和图3-17所示。上传成功之后单击"添加"按钮即可添加造型，如图3-18所示。

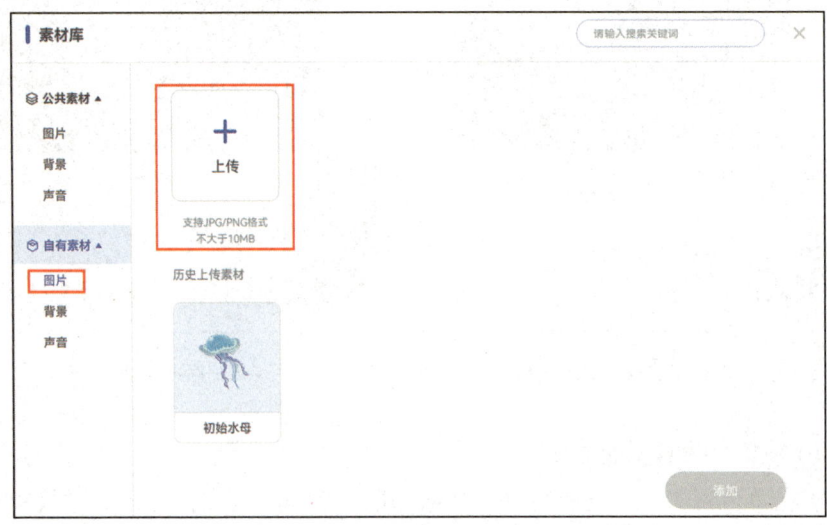

图3-16　图片上传界面

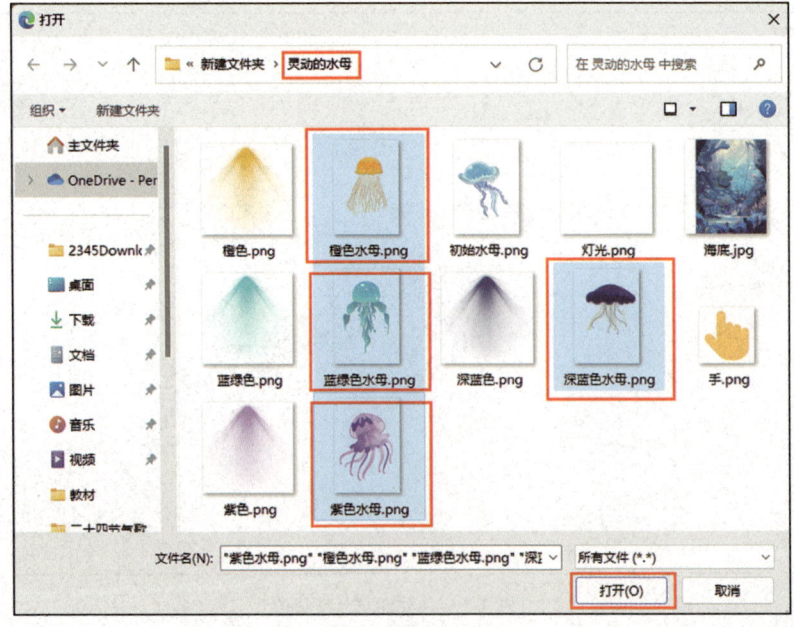

图3-17　上传多张水母图片

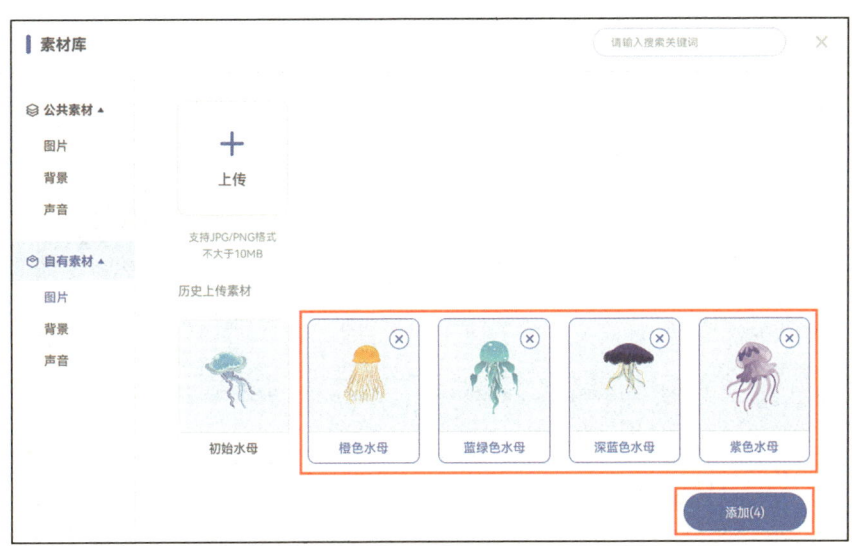

图 3-18　添加多个造型

2. 导入"灯光"角色及造型

1）按以下步骤添加"灯光"角色。

①单击角色背景区右下方的"挑素材"按钮。之后选择"素材库"选项，在"自有素材"下的"图片"中，上传"灵动的水母"文件夹中的"灯光"图片，如图 3-19 和图 3-20 所示。之后选中新上传的素材，单击"添加"即可完成添加，如图 3-21 所示。

图 3-19　图片上传界面

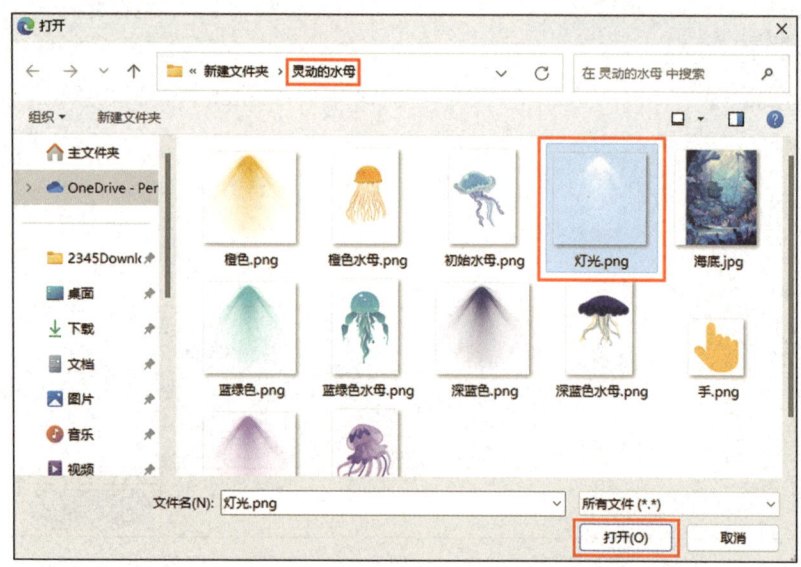

图 3-20 上传"灯光"图片

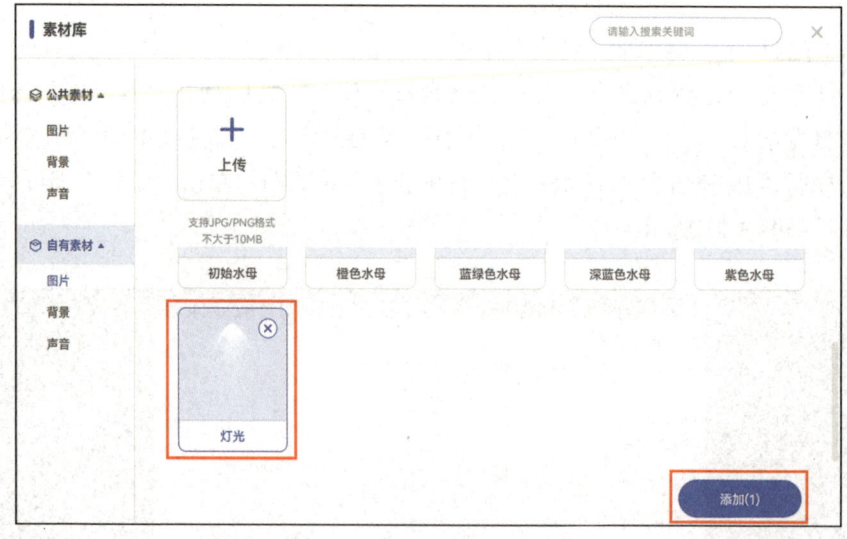

图 3-21 添加"灯光"角色

②调整角色的位置。将"灯光"角色的位置修改为 X: 240, Y: 190, 如图 3-22 所示。

2）按以下步骤添加灯光造型。

①在角色背景区，选择要增加造型的"灯光"角色图标，单击"造型"，切

换到"造型"选项卡。单击最下方的 ✚，出现两种增加造型的方法——"新建造型"和"素材库"，如图 3-23 所示。

图 3-22　调整"灯光"角色的位置

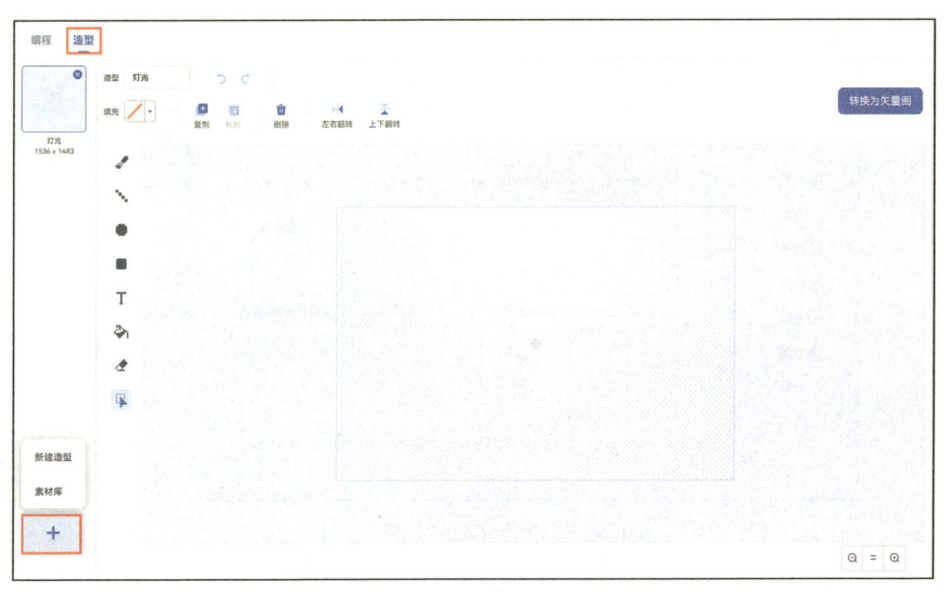

图 3-23　添加造型界面

②选择"素材库"选项，在弹出窗口中，选择"自有素材"下的"图片"，依次上传其他的"灯光"图片，如图 3-24 和图 3-25 所示。上传成功之后单击"添加"即可完成添加如图 3-26 所示。

学编程 3：动植物发现小创客

图 3-24　图片上传界面

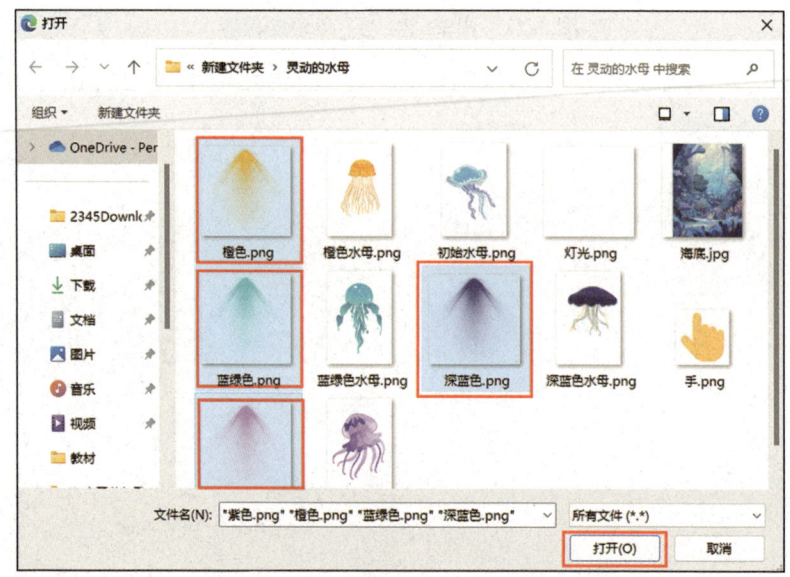

图 3-25　上传多张"灯光"图片

3）新建不同灯光角色。

①单击角色背景区右下方的"挑素材"按钮。之后选择"素材库"选项，在"自有素材"下的"图片"中，选择"橙色"图片，单击"添加"按钮即可添加角色，如图 3-27 所示。

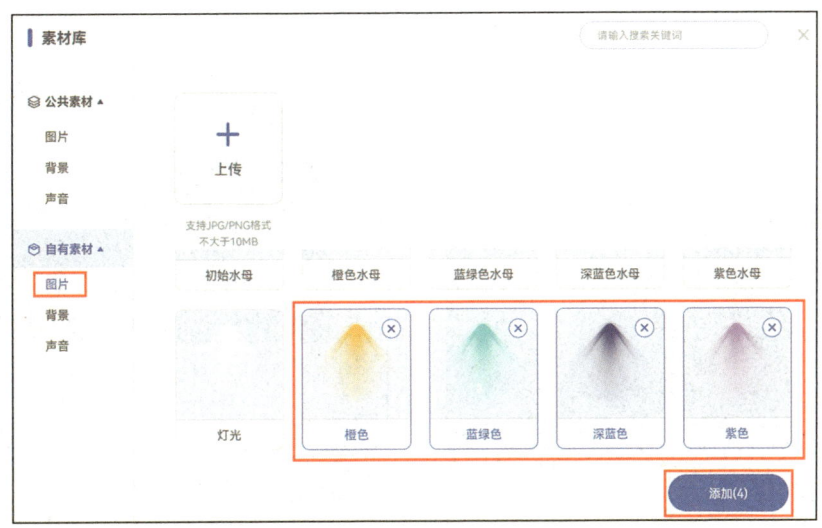

图 3-26 添加多个素材

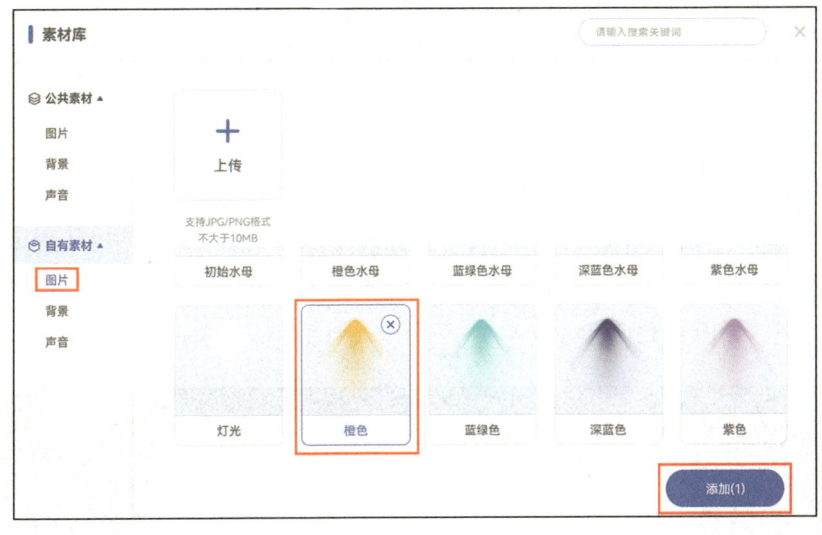

图 3-27 添加"橙色"灯光角色

②调整角色的位置与大小。将"橙色"灯光的位置修改为 X：–260，Y：120，将缩放比修改 10，如图 3-28 所示。

③按上述步骤依次添加"蓝绿色""深蓝色""紫色"角色，如图 3-29 所示，并调整角色的大小和位置。具体坐标值如下。蓝绿色：X：–260，Y：60，缩放比：10。深蓝色：X：–260，Y：0，缩放比：10。紫色：X：–260，Y：–60，缩放比：10。小朋友也可以通过拖动具体角色来调整它们的位置。

图 3-28 调整"橙色"灯光的位置与大小

图 3-29 添加其他颜色灯光角色

4）新建"手"角色。

①单击角色背景区右下方的"挑素材"按钮。选择"素材库"选项，在"自有素材"下的"图片"中，上传"灵动的水母"文件夹中的"手"图片，如图 3-30 和图 3-31 所示。上传成功后选中新上传的素材，单击"添加"按钮即可添加角色，如图 3-32 所示。

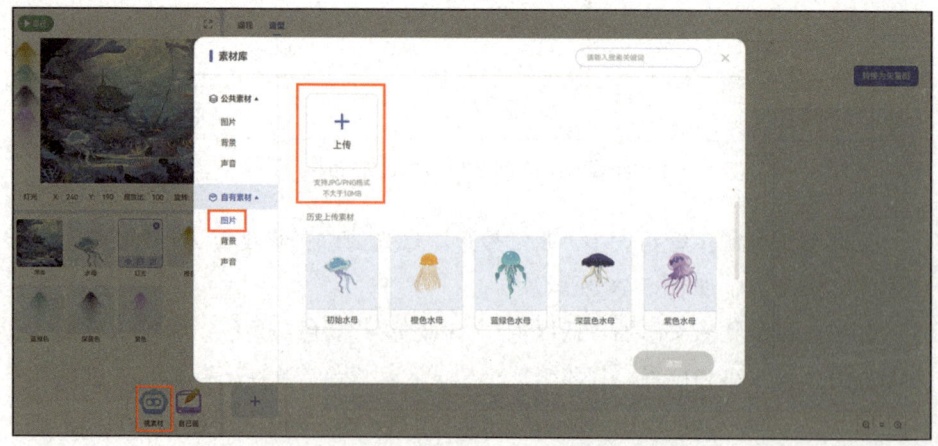

图 3-30 图片上传界面

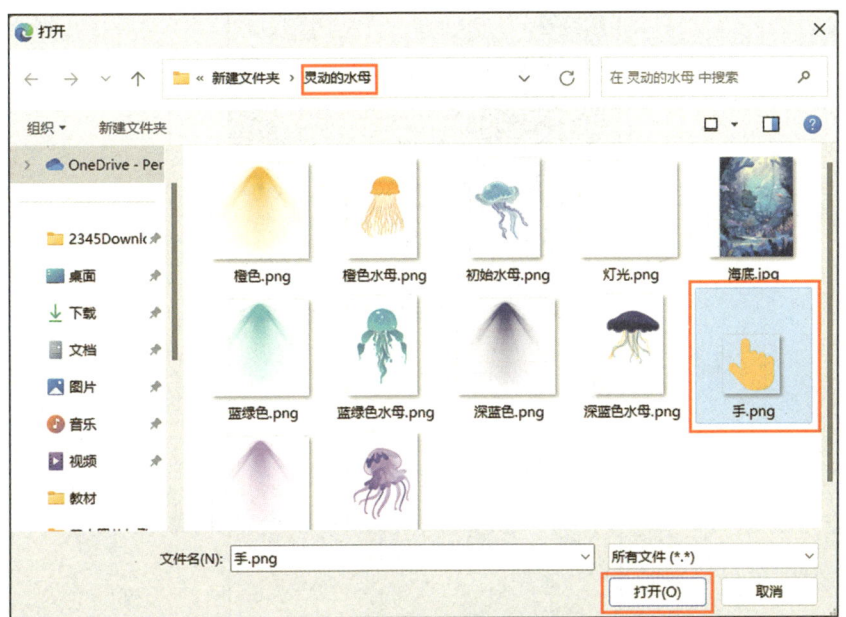

图 3-31 上传"手"图片

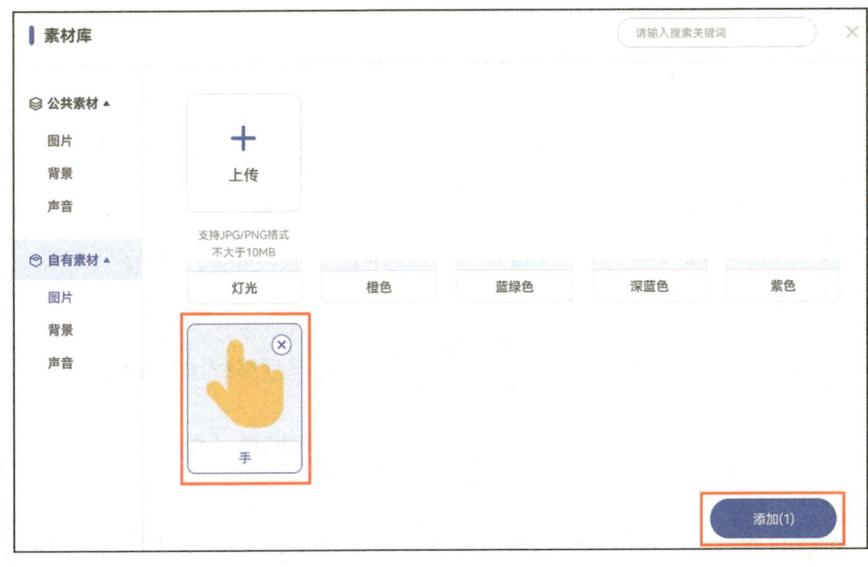

图 3-32 添加"手"角色

②调整角色的位置。将"手"的位置修改为 X: –260, Y: –150, 如图 3-33 所示。

学编程 3：动植物发现小创客

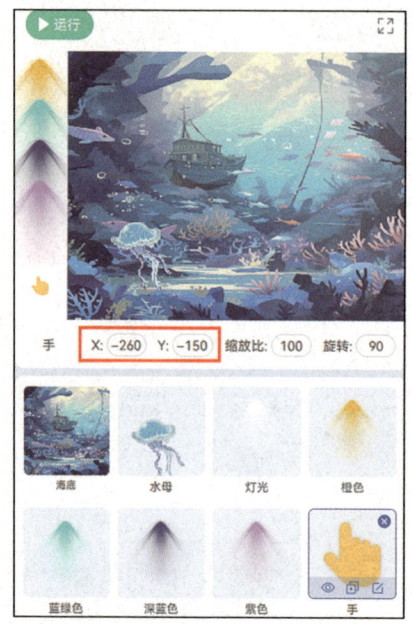

图 3-33　调整"手"的位置

3.4.2　动动手：搭积木

"搭积木"实际上是"编写操作指令"，操作步骤如下。

1. 当运行被单击时，设置私有变量，克隆角色

1）单击积木区中的"编程"，切换到"编程"选项卡。选择"角色背景区"的"水母"角色图标，在"变量＆列表"类积木中找到 [建立一个变量]，将名称设置为"私有变量"，勾选"仅适用于当前角色"后，单击"确定"按钮，如图 3-34 所示。

2）在"事件"类积木中找到 [当▶被点击] 并把它拖曳到编程区，如图 3-35 所示。

3）在"变量＆列表"类积木中找到 [将 ▼ 设为 0] 并把它拖曳到编程区 [当▶被点击] 的下方。单击白框中的向下箭头，选择"私有变量"，如图 3-36 所示。

4）在"控制"类积木中找到 [重复执行 10 次] 并把它拖曳到编程区 [将 私有变量▼ 设为 0] 的下方，单击椭圆形白框，将数字改为"5"，如图 3-37 所示。

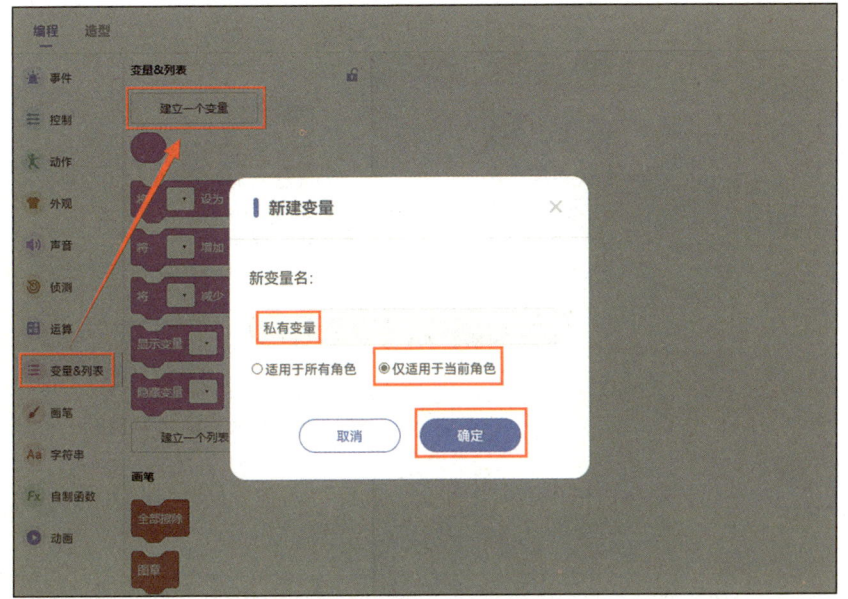

图 3-34 新建私有变量

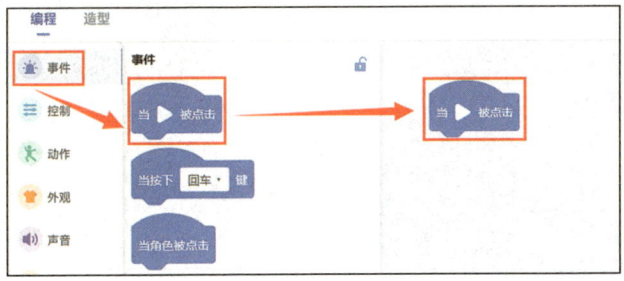

图 3-35 拼接"当运行被点击"积木

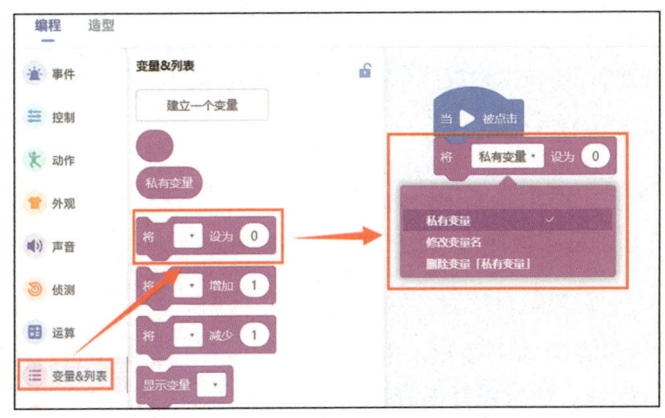

图 3-36 拼接"将变量设为"积木

第 3 章 灵动的水母

学编程3：动植物发现小创客

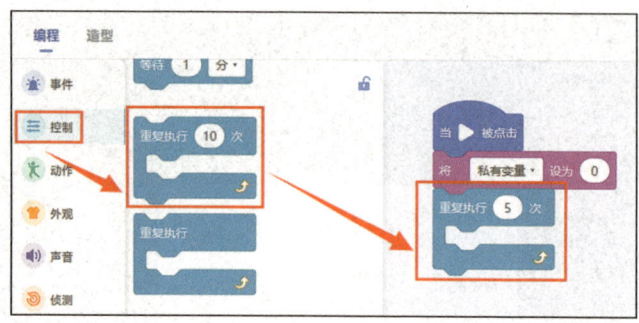

图3-37 拼接"重复执行"积木

5）在"变量&列表"类积木中找到 将 ▼ 增加 1 并把它拖曳到编程区 重复执行 5 次 的中间，单击白框中的向下箭头，选择"私有变量"，如图3-38所示。

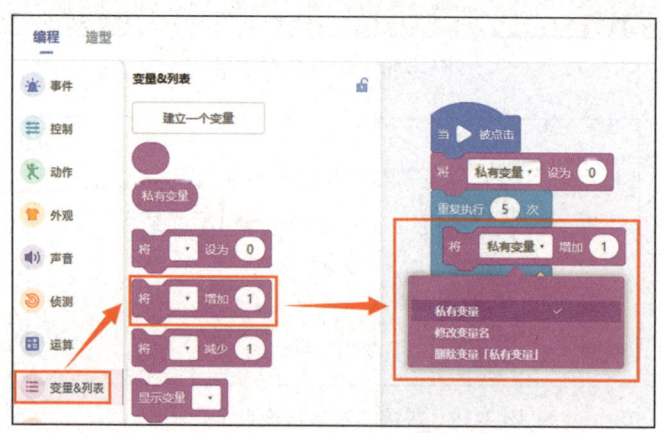

图3-38 拼接"变量自增"积木

6）在"控制"类积木中找到 克隆 自己▼ 并把它拖曳到编程区 将 私有变量 ▼ 增加 1 的下方，如图3-39所示。

7）在"动作"类积木中找到 移动 10 步 并把它拖曳到编程区 克隆 自己▼ 的下方，将椭圆形白框里的数字修改为"60"，如图3-40所示。

2. 设置克隆体变量，克隆体随机移动并依次报数

1）在"变量&列表"类积木中找到 建立一个变量 并单击它，在弹出的"新建变量"窗口中输入新变量的名称"克隆体变量"，勾选"仅适用于当前角色"后单击"确定"按钮，如图3-41所示。

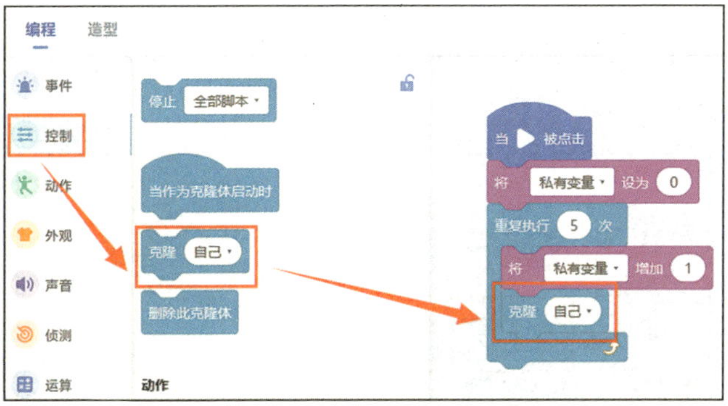

图 3-39 拼接"克隆"积木

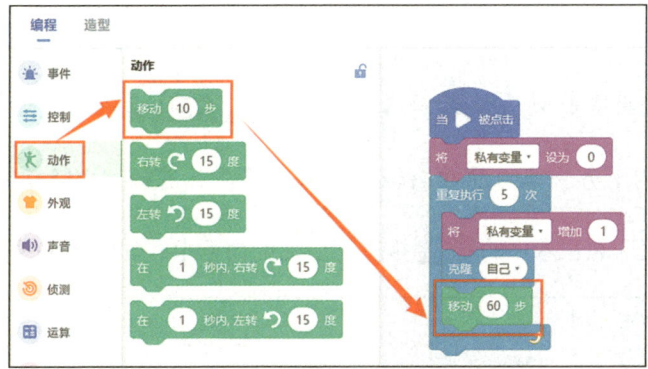

图 3-40 拼接"移动"积木

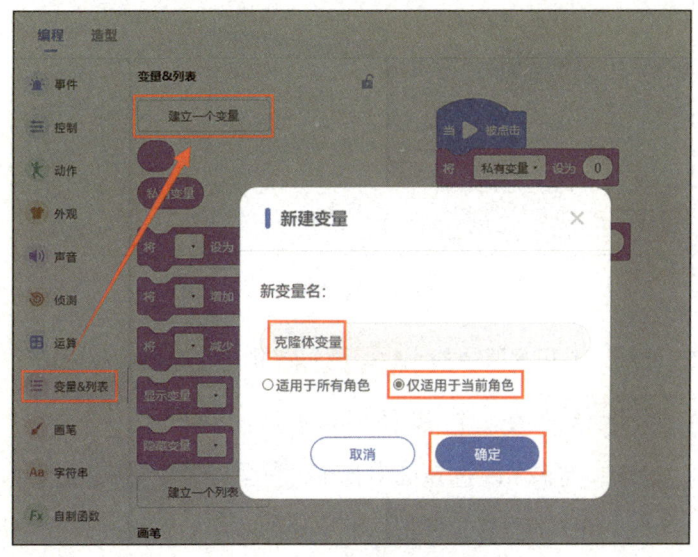

图 3-41 新建"克隆体变量"

学编程 3：动植物发现小创客

2）在"控制"类积木区中找到 ![当作为克隆体启动时] 并把它拖曳到编程区，如图 3-42 所示。

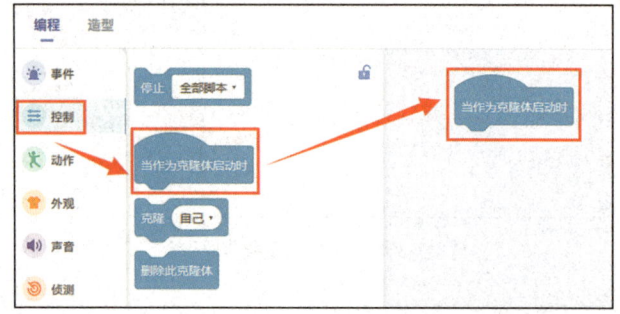

图 3-42 拼接"当作为克隆体启动时"积木

3）在"变量＆列表"类积木中找到 ![将 设为 0] 并把它拖曳到编程区 ![当作为克隆体启动时] 的下方。单击前面白框中的向下箭头，选择"克隆体变量"，再将"变量＆列表"类积木中的 ![私有变量] 拖曳到后面的白框中，如图 3-43 所示。

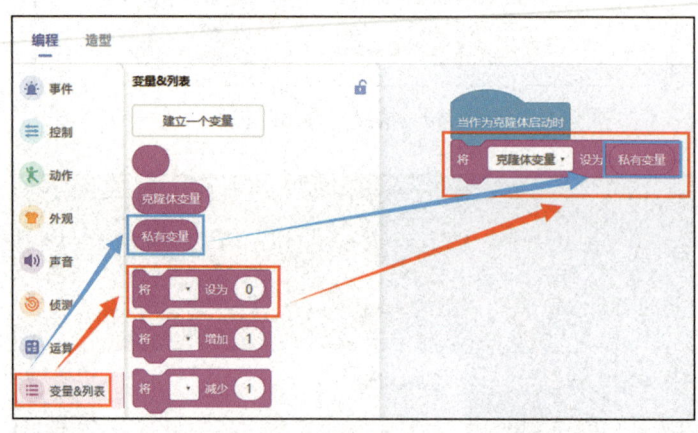

图 3-43 拼接"将变量设为"积木

4）在"外观"类积木区中找到 ![将大小增加 10] 并把它拖曳到编程区 ![将 克隆体变量 设为 私有变量] 的下方，如图 3-44 所示。

5）在"运算"类积木块选择区中找到 ![在 1 和 10 之间随机数] 并把它拖曳到编程区 ![将大小增加 10] 中"10"的位置，并把白框里面的数字分别修改为"-5"和"0"，如图 3-45 所示。

70

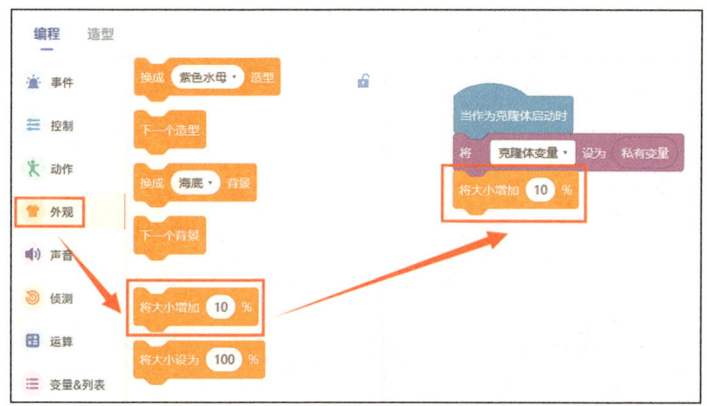

图 3-44 拼接"增加大小"积木

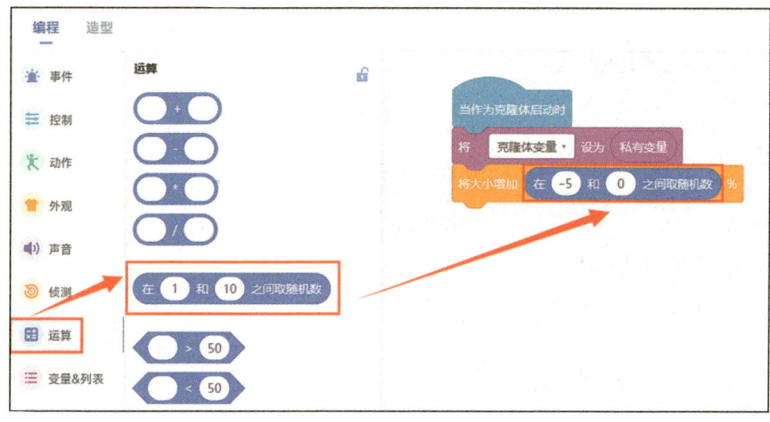

图 3-45 拼接"取随机数"积木

6)在"外观"类积木中找到 说 你好! 并把它拖曳到编程区 将大小增加 在 -5 和 0 之间取随机数 % 的下方,如图 3-46 所示。

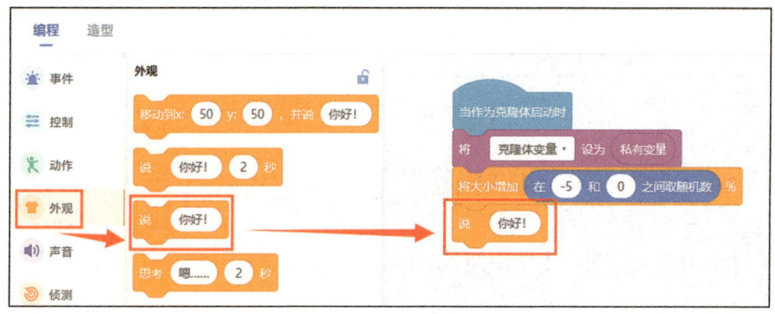

图 3-46 拼接"说"积木

第 3 章 灵动的水母

71

7）在"变量&列表"类积木中找到 克隆体变量 并把它拖曳到编程区中"你好！"的位置，如图3-47所示。

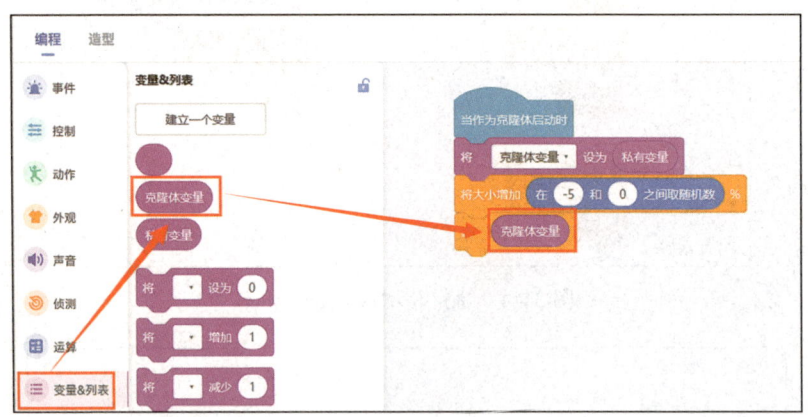

图3-47 拼接"克隆体变量"积木

8）在"控制"类积木中找到 重复执行 ，并把它拖曳到编程区 说 克隆体变量 的下方，如图3-48所示。

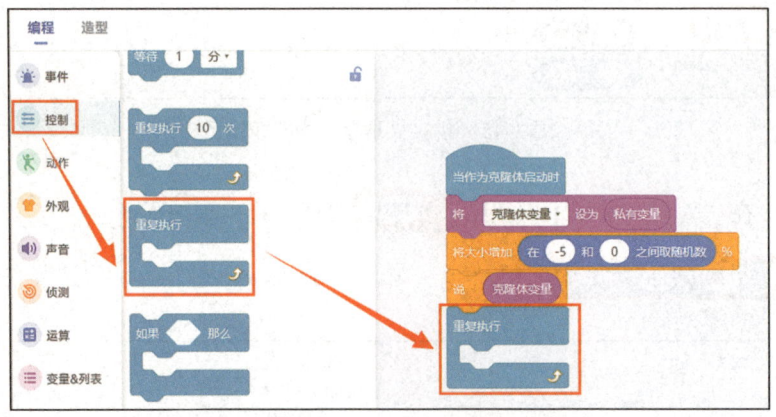

图3-48 拼接"重复执行"积木

9）在"动作"类积木中找到 在 1 秒内滑行到 x: -100 y: -100 并把它拖曳到编程区 重复执行 的中间，并将"1"修改为"3"，如图3-49所示。

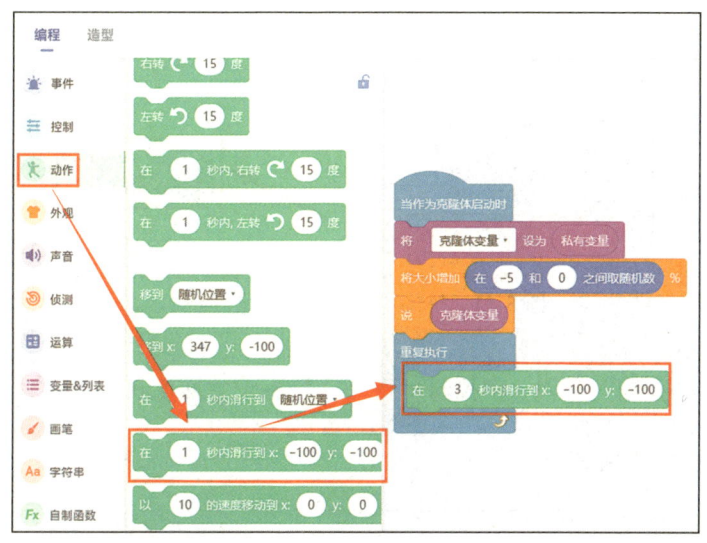

图 3-49 拼接"滑行"积木

10）在"运算"类积木中找到 在 1 和 10 之间取随机数 并把它拖曳到编程区 在 1 秒内滑行到 x: -100 y: -100 中"x："右侧的白框内，并将其中的数字分别修改为"–200"和"260"。再按同样的方式将 在 1 和 10 之间取随机数 拖拽到"y："右侧的白框内，并将其中的数字分别修改为"–150"和"0"，如图 3-50 所示。

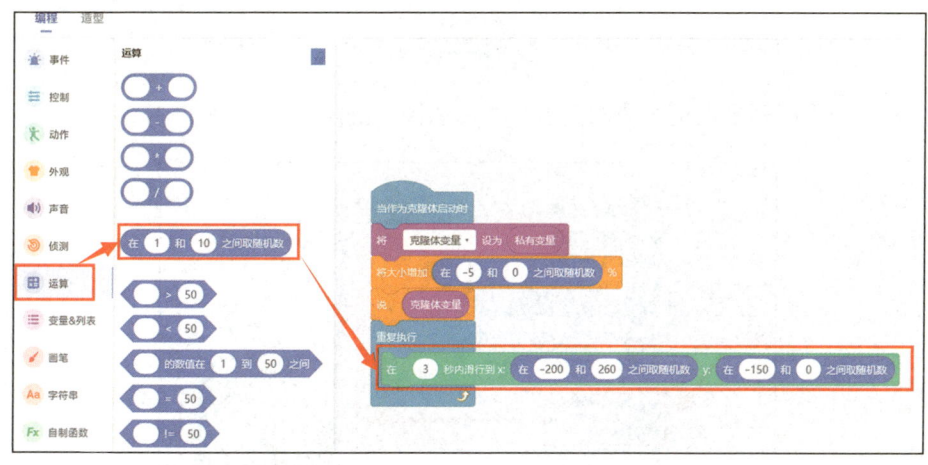

图 3-50 拼接两次"取随机数"积木

3. 当"手"移动到某种颜色的灯光时，水母变换相应的造型

1）点选"角色背景区"的"手"角色图标，在"事件"类积木中找到

并把它拖曳到编程区，如图3-51所示。

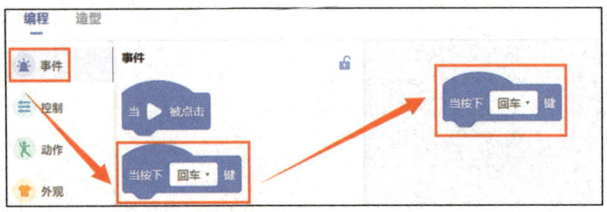

图3-51 拼接"当按下回车键"积木

2）在"控制"类积木中找到 重复执行 并把它拖曳到编程区 当按下回车键 的下方，如图3-52所示。

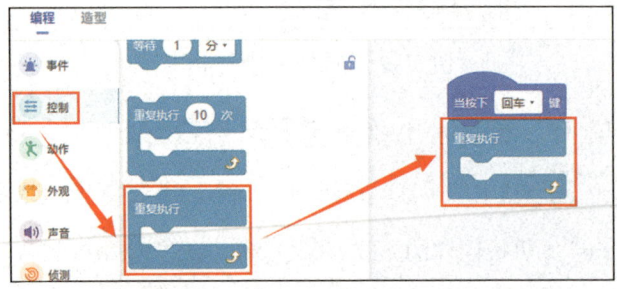

图3-52 拼接"重复执行"积木

3）在"动作"类积木中找到 移到随机位置 并把它拖曳到编程区 重复执行 的中间，单击椭圆形白框旁边的向下箭头并选择"鼠标指针"，如图3-53所示。

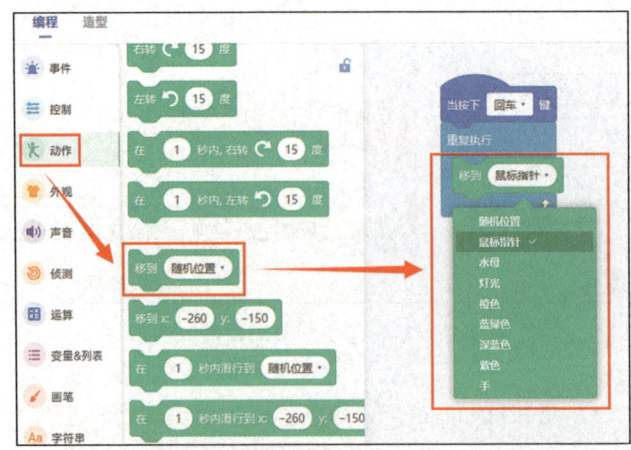

图3-53 拼接"移到鼠标指针"积木

4)在"控制"类积木中找到  并把它拖曳到编程区  的下方,如图 3-54 所示。

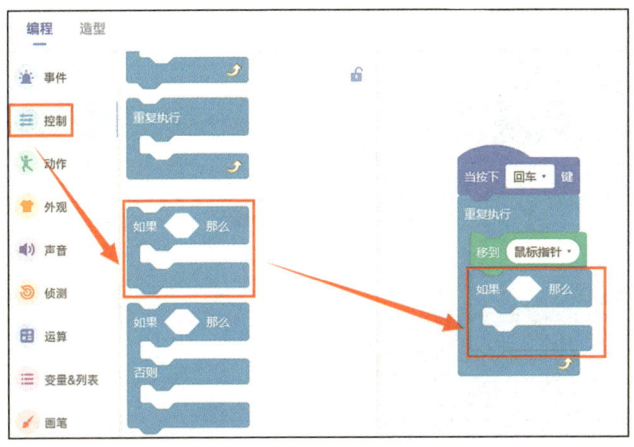

图 3-54 拼接"如果那么"积木

5)在"侦测"类积木中找到 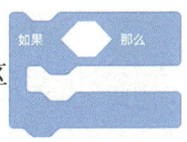 并把它拖曳到编程区的六边形框中,如图 3-55 所示。

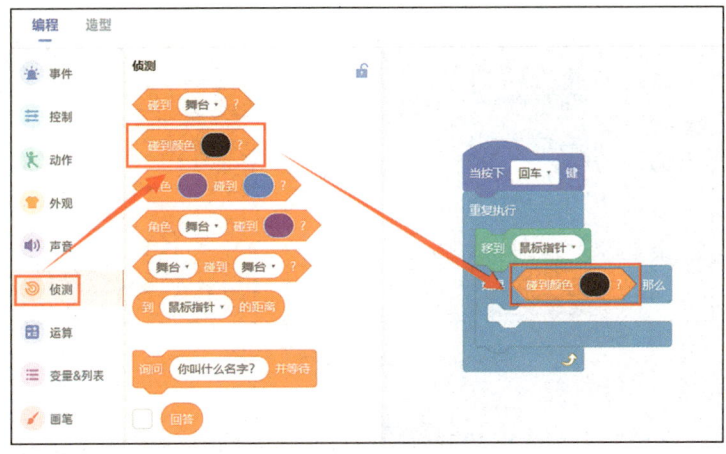

图 3-55 拼接"碰到颜色"积木

学编程 3：动植物发现小创客

6）单击积木 中的 ，单击取色笔 ，然后在第一个灯光上点一下，这样积木中的颜色就变成了第一个灯光的颜色，如图 3-56 所示。

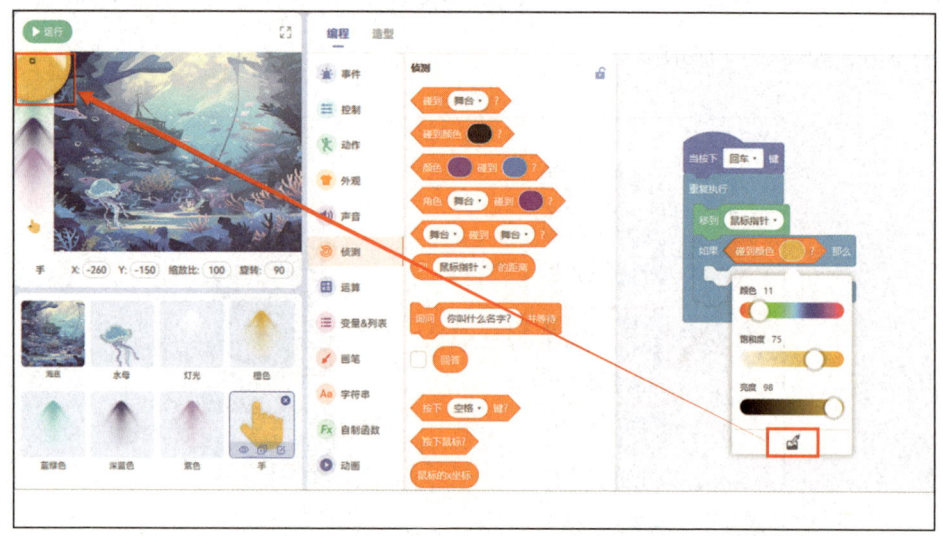

图 3-56 吸取颜色

7）在"控制"类积木中找到 并把它拖曳到编程区的中间，如图 3-57 所示。

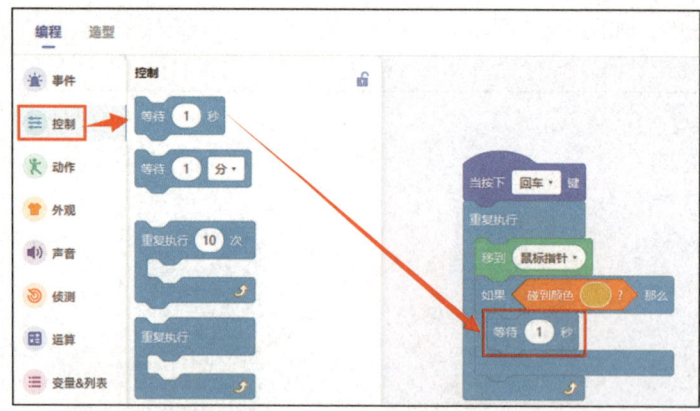

图 3-57 拼接"等待"积木

8）在"事件"类积木中找到 并把它拖曳到编程区 的下

方。单击白框右侧的向下箭头,选择"新消息",将消息名称设置为"橙色",如图 3-58 和图 3-59 所示。

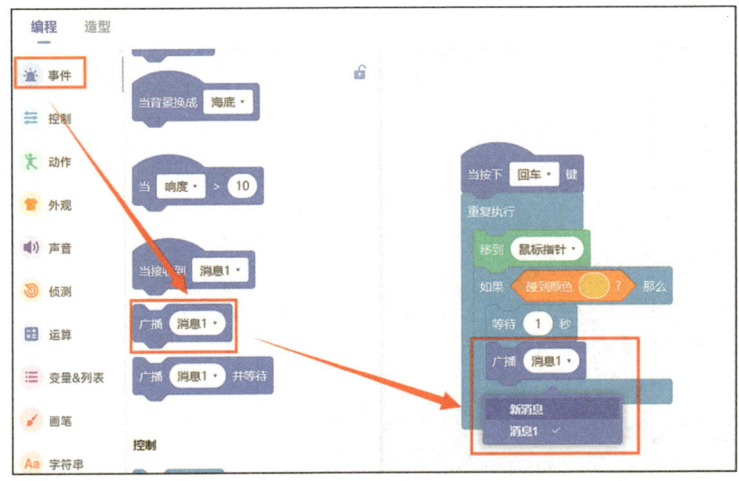

图 3-58　拼接"广播消息"积木

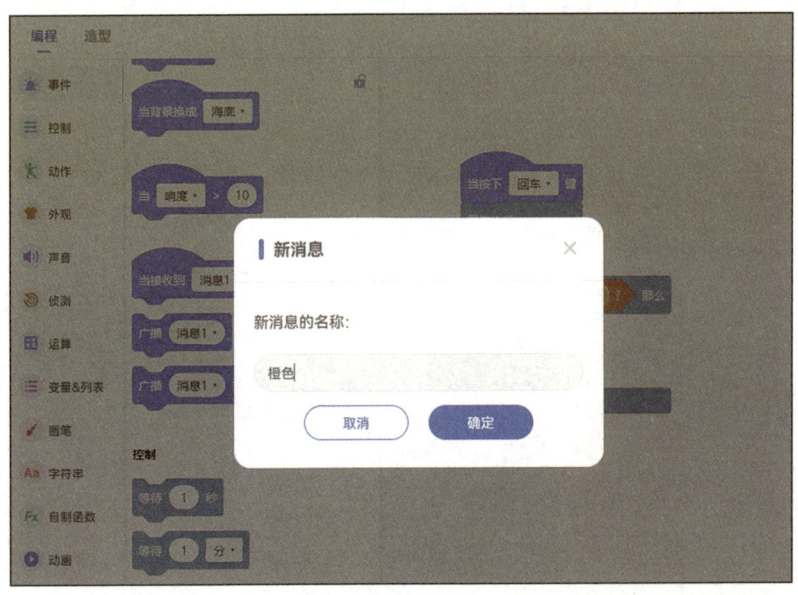

图 3-59　设置新消息名称

9）按照步骤 4～8 设置碰到其他颜色灯光时的广播消息,完成后积木如图 3-60 所示。

学编程3：动植物发现小创客

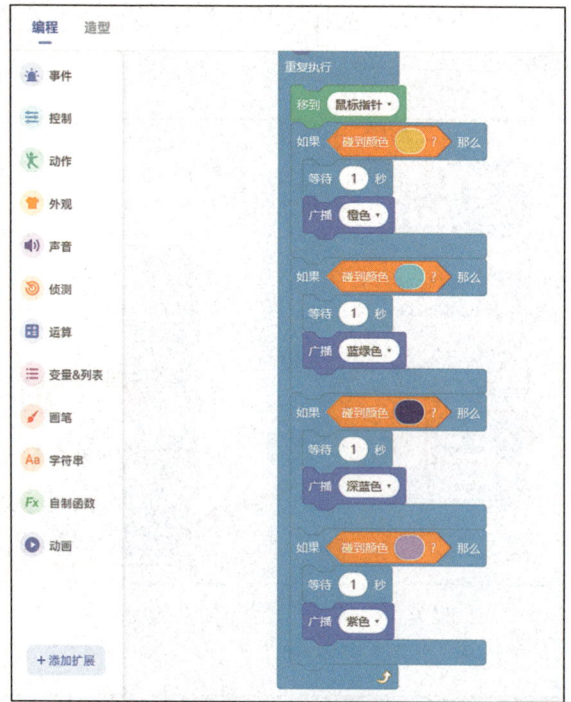

图3-60　拼接碰到其他颜色的积木

4.当收到广播时,"灯光"角色变换相应的造型

1）点选"角色背景区"的"灯光"角色图标,在"事件"类积木中找到 并把它拖曳到编程区,如图3-61所示。

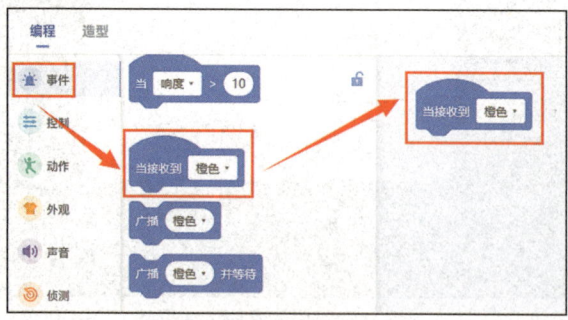

图3-61　拼接"收到广播"积木

2）在"外观"类积木中找到 并把它拖曳到编程区 的下方,单击白框中的向下箭头,选择"橙色",如图3-62所示。

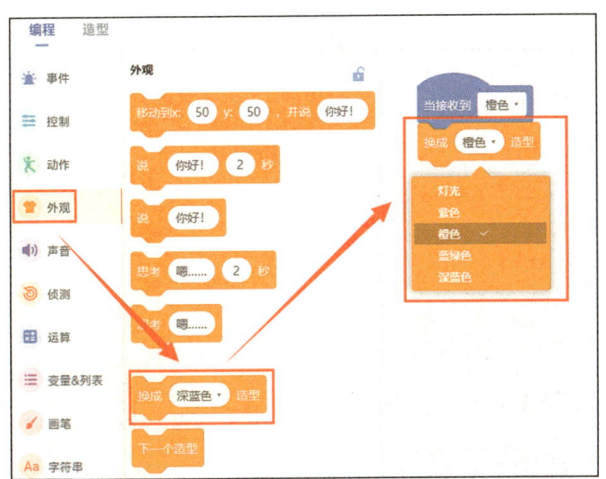

图 3-62 拼接"切换造型"积木

3）按照上述步骤拼接其余变换造型的代码积木，如图 3-63 所示。

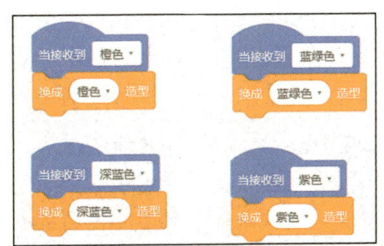

图 3-63 拼接其余变换造型的代码积木

5. 当收到广播时，"水母"角色变换相应的造型

1）点选"角色背景区"的"水母"角色图标，在"事件"类积木中找到 并把它拖曳到编程区，如图 3-64 所示。

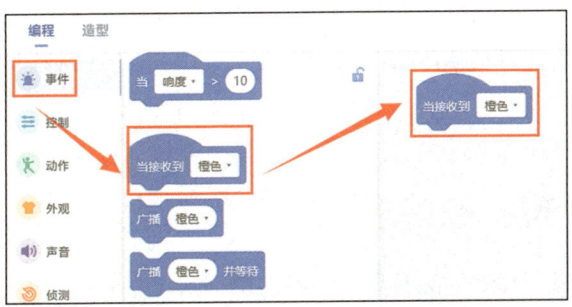

图 3-64 拼接"接收消息"积木

2）在"外观"类积木中找到 ![换成紫色水母造型] 并把它拖曳到编程区 ![当接收到橙色] 的下方，单击白框中的向下箭头，选择"橙色水母"，如图 3-65 所示。

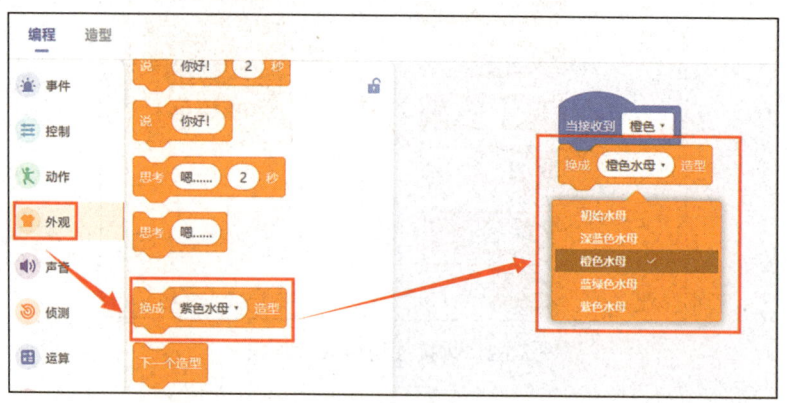

图 3-65　拼接"造型变换"积木

3）按照上述步骤拼接其余变换造型的代码积木，如图 3-66 所示。

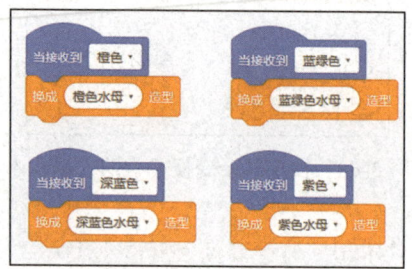

图 3-66　拼接其余变换造型的代码积木

3.4.3　动动手：保存作品

参考前两章保存作品的方式，将这个新作品导出到计算机的专属文件夹中。

3.5　理一理：编程思路

"灵动的水母"程序的编写思路如图 3-67 所示。

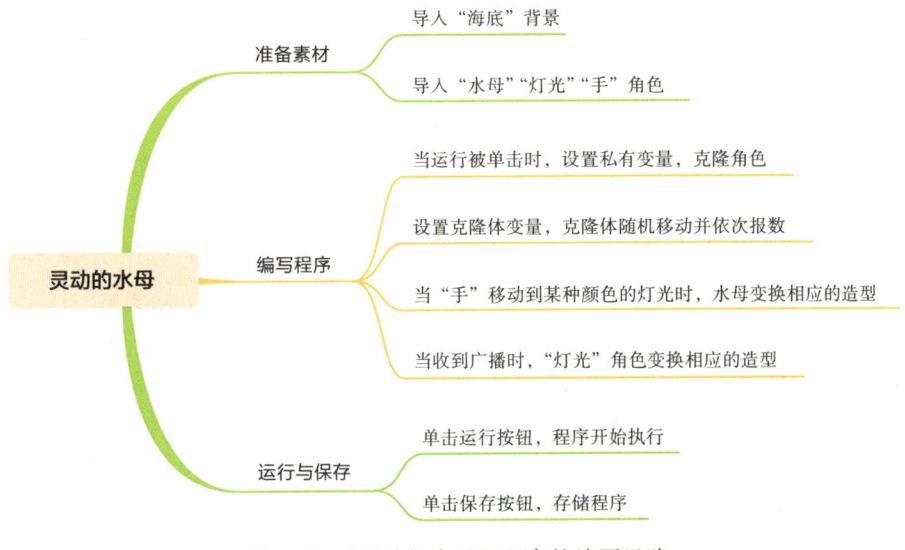

图 3-67 "灵动的水母"程序的编写思路

3.6 学做小小程序员

1. 克隆的私有变量（编程能力等级 GESP 三级）

克隆的私有变量是指当使用"克隆"积木创建克隆角色时，每个克隆角色都有自己的私有变量副本。克隆角色的私有变量与原始角色的私有变量之间是相互独立的。通过使用克隆的私有变量，可以为每个克隆角色存储和跟踪独立的数据值，而不会导致其他角色或全局变量的混淆。

本案例中，我们设置了名为"私有变量"和"克隆体变量"的两个私有变量，利用"将变量设置为"积木，实现当作为克隆体启动时，将克隆体变量设置为私有变量，从而使克隆的水母依次报数。

2. 变量的新建、初始化（编程能力等级 GESP 二级）

变量的初始化指的是在使用变量之前，为变量赋予一个初始值的过程。通过变量初始化，我们可以明确地指定变量的起始值，以满足程序需求。初始化可以是一个常量值、一个表达式的结果或者用户输入的值，还可以是从其他变量或对象中获取的值。

本案例中，我们使用"将 ×× 设为"积木，将私有变量的值设置为 0，实现变量的初始化，再利用变量自增积木，使克隆体从 1 开始报数。

3.7 走近信息科技

本章用到了私有变量。什么是私有变量？要回答这个问题，我们首先要从变量的作用域谈起。变量的作用域就是变量的使用范围，超过这个范围，系统就找不到这个变量了。变量的作用域由声明它的位置决定，声明一个变量的同时也就指明了变量的作用域。在一个确定的作用域中，变量名应该是唯一的。变量的存在时间称为存活期。变量按照作用域分为局部变量和全局变量。

局部变量：局部变量在函数内部声明。它的存活期是该函数运行的时间，该函数运行结束后，变量随之消失。

全局变量：全局变量在函数外声明，不能在函数内声明。在有些程序设计语言中，如果不使用关键字声明变量而是对变量直接赋值，这样的变量也是全局变量。它的存活期是从被声明的那一刻开始，一直到程序运行结束。

本案例在新建变量的时候，会要求选择仅适用于当前角色还是适用于所有角色。两者的区别就是：如果定义了适用于所有角色，那么这个变量对所有角色都可用；如果定义了仅适用于当前角色，则该变量不能用于其他角色。这里的适用角色从本质来说，就是变量的作用域，即变量是公有和私有，等同于其他开发语言里的 public 和 private 关键字。

第 4 章
动物园指示牌

4.1 去观察

在一个风和日丽的周末,明明和好友程程一起去附近的动物园游玩。他们兴高采烈地来到了动物园大门,准备开始他们的探索之旅。走进大门,迎接他们的是一副令人眼花缭乱的景象。

明明好奇地四处张望,看到了一个巨大的 LED 屏幕,上面显示着动物园的地图。程程好奇地问:"这是干什么用的?"

正当明明准备解释时,突然传来了一段声音:"你们好,小朋友们!欢迎来到动物园!我是智能小导游,可以帮助你们快速找到想看的动物。"

明明和程程惊讶地四处寻找,终于看到彩色 LED 屏幕上的智能机器人,他们都感到非常新奇。

明明兴奋地问:"真的吗?那太棒了!我们该怎么做呢?"

智能小导游神秘地说:"很简单!你只要输入想去的场馆,我就会给你精确的行走路线指引。"

明明想了一下,在屏幕上输入了"熊猫园"。接着,屏幕上显示出从当前位置前往熊猫馆的最佳路线。他们顺着屏幕上的指引,一边穿过草丛、经过小河,一边期待着见到熊猫玩耍的情景。

当明明和程程到达熊猫园时,立刻就被悠闲自在的熊猫们吸引住了。它们摇晃着树枝,嬉笑打闹,给他们带来了无尽的欢乐。

在智能小导游的引导下,明明和程程尽情走遍了整个动物园,给他们留下了美好的回忆。

4.2 看程序

扫描二维码,按以下方法操作,可以看到本案例的呈现效果。

1)单击 ▶运行 按钮,启动程序。

2）观察到明明移动到 LED 屏幕前，输入想去游览的场馆（以熊猫园为例），如图 4-1 所示。

图 4-1　输入想去游览的场馆

3）几秒后，智能小导游给出游览路线，如图 4-2 所示。

图 4-2　给出游览路线

4）明明沿着路线到达目标场馆，如图 4-3 所示。

图 4-3　到达目标场馆

4.3 设计思路

此程序主要涉及"字符串的连接、查找"与"程序的输入与输出",具体实现方法如下。

1)明明移动到 LED 屏幕前,广播消息。

2)等待 1 秒,智能小导游询问明明想去的场馆。

3)明明输入,等待 1 秒,智能小导游给出游览路线(利用字符串的连接、查找功能)。

4)明明沿着路线到达目标场馆。

4.4 动手编程

4.4.1 动动手:布置舞台

需要准备好本章所需资源"动物园指示牌",如图 4-4 所示。

图 4-4 图片素材

1. 新建作品

进入图形化编程环境,单击"文件"菜单,选择"新建作品"命令,如图 4-5 所示。

图 4-5 新建作品

2. 添加背景

新建的作品默认为空白背景。将背景图修改为"动物园指示牌"文件夹中的"动物园"图片。

①在角色背景区，单击"空白背景"图标，然后单击"背景"，切换到"背景"选项卡。单击最下方的+按钮，出现两种增加背景的方法——"新建造型"和"素材库"，如图4-6所示。

图4-6　添加背景

②选择"素材库"选项。在弹出的"素材库"窗口中，选择左侧"自有素材"下面的"背景"，单击+按钮，上传自有素材中的背景，如图4-7所示。

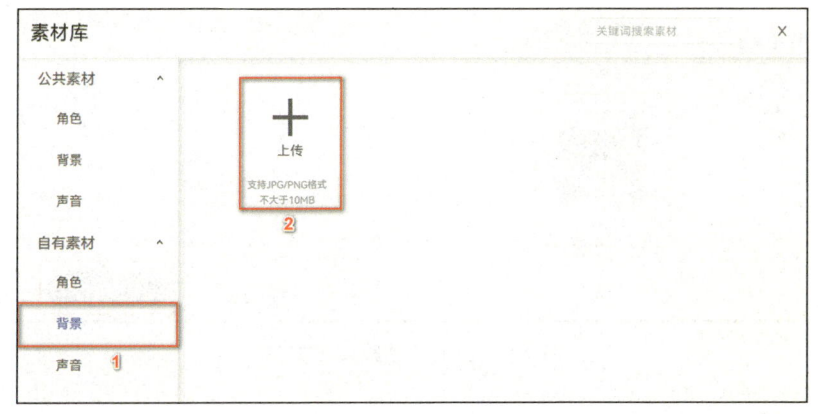

图4-7　背景上传界面

③选中"动物园"图片，单击"打开"按钮进行上传，如图4-8所示。

图4-8 上传"动物园"图片

④稍等片刻就可以在"历史上传素材"中看到上传的图片。选中要添加的图片，单击"添加"即可完成添加，如图4-9所示。

图4-9 添加"动物园"素材

⑤将默认的空白背景删除，如图4-10所示。

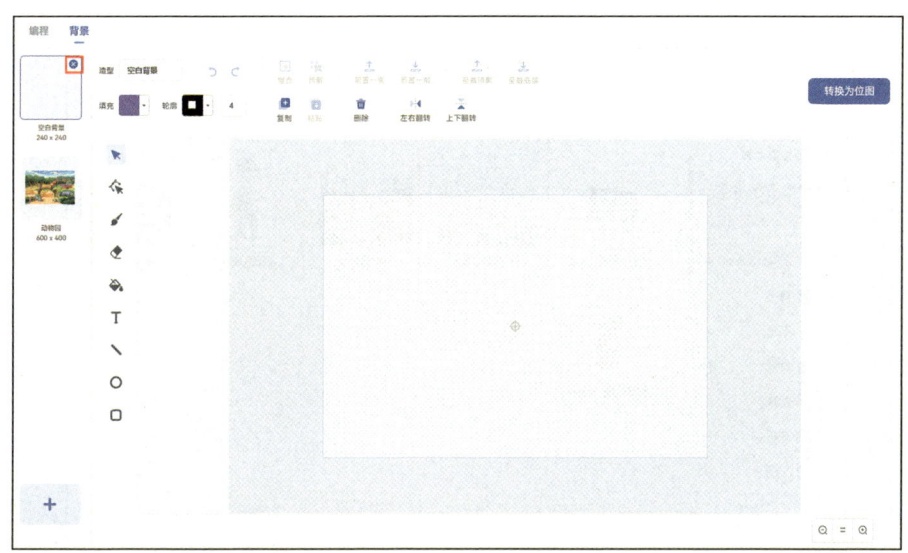

图 4-10　删除空白背景

3. 添加角色和造型

1）新建"动物园场馆"角色。

①单击角色背景区右下方的"挑素材"按钮。选择"素材库"选项，在"自有素材"下的"图片"中，单击➕按钮选中"动物园指示牌"文件夹中的"大象馆"图片，单击"打开"按钮进行上传，如图 4-11 和图 4-12 所示。

图 4-11　图片上传界面

图 4-12 上传"大象馆"图片

②"在历史上传素材"中选中新上传的素材,单击"添加"按钮即可添加角色,如图 4-13 所示。

图 4-13 添加"大象馆"角色

③调整角色的位置与大小。将"大象馆"角色的坐标值修改为 X:–15, Y:–40,将缩放比修改为 40,如图 4-14 所示。

④修改角色名字。在角色背景区找到角色素材,单击角色左上角的椭圆框启动重命名功能,输入文字"动物园场馆",如图 4-15 所示。

图 4-14　调整"大象馆"角色的位置与大小　　图 4-15　修改角色名字

2)添加造型。

①在角色背景区,选择希望增加造型的"动物园场馆"角色图标,单击积木区的"造型",切换到"造型"选项卡。单击最下方的 ✚ 按钮,如图 4-16 所示。

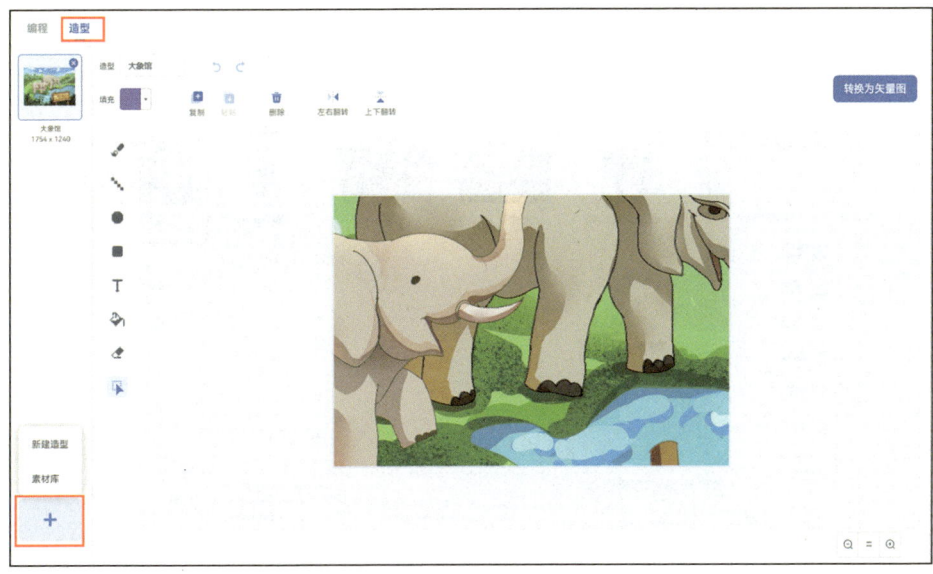

图 4-16　添加造型界面

学编程3：动植物发现小创客

②选择"素材库"选项，在弹出的窗口中，选择"自有素材"下的"图片"，上传"动物园场馆"文件夹中的"熊猫园"图片，如图4-17和图4-18所示。上传成功之后点击"添加"即可，如图4-19所示。

图4-17　图片上传界面

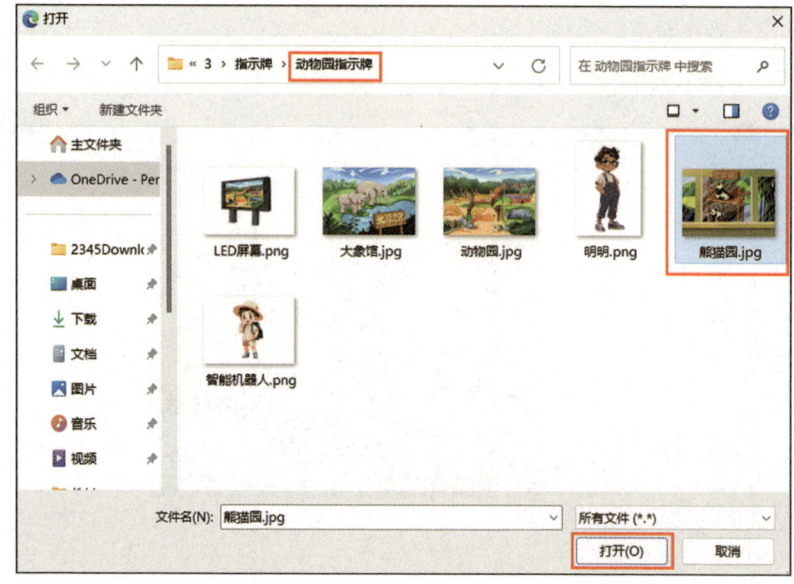

图4-18　上传"熊猫园"图片

图 4-19 添加"熊猫园"角色

③隐藏角色。这里将"动物园场馆"角色隐藏,如图 4-20 所示。

图 4-20 隐藏角色

3)新建"LED 屏幕"角色。
①单击角色背景区右下方的"挑素材"按钮。在弹出的"素材库"窗口中,

学编程 3：动植物发现小创客

选择左侧"自有素材"下面的"图片"选项，单击 ✚ 按钮上传自有素材中的角色，如图 4-21～图 4-23 所示。

图 4-21　图片上传界面

图 4-22　上传"LED 屏幕"图片

图 4-23 添加"LED 屏幕"角色

②调整角色的位置与大小。将"LED 屏幕"角色的坐标值修改为 X: 200，Y: −60，如图 4-24 所示。

图 4-24 调整"LED 屏幕"角色的位置与大小

4）新建"智能机器人"角色。

①单击角色背景区右下方的"挑素材"按钮。在弹出的"素材库"窗口中，选择左侧"自有素材"下面的"图片"选项，单击➕按钮上传自有素材中的角色，如图 4-25～图 4-27 所示。

图 4-25　图片上传界面

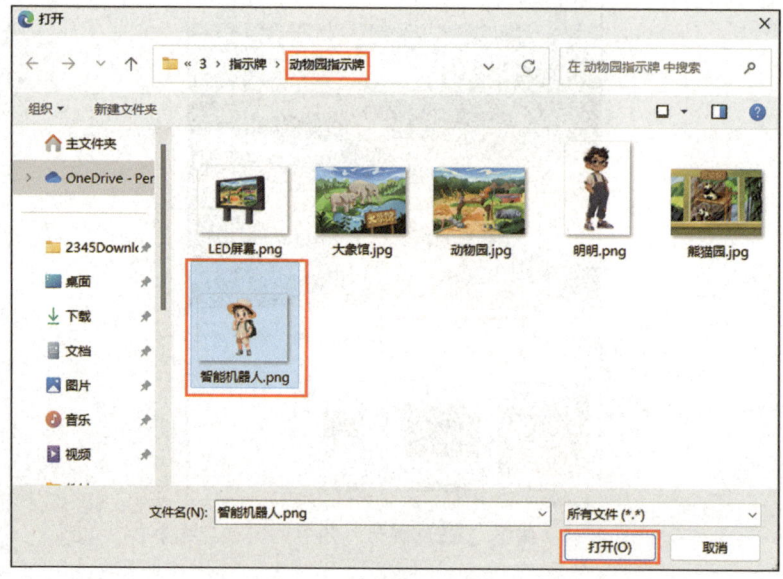

图 4-26　上传"智能机器人"图片

图 4-27 添加"智能机器人"角色

②调整角色的位置与大小。将"智能机器人"角色的位置坐标修改为 X: 260, Y: –50，将缩放比修改为 30，如图 4-28 所示。

图 4-28 调整"智能机器人"的位置与大小

5)新建"明明"角色。

①单击角色背景区右下方的"挑素材"按钮。在弹出的"素材库"窗口中,选择左侧"自有素材"下面的"图片"选项,单击 ╋ 按钮上传自有素材中的角色,如图4-29~图4-31所示。

图4-29　图片上传界面

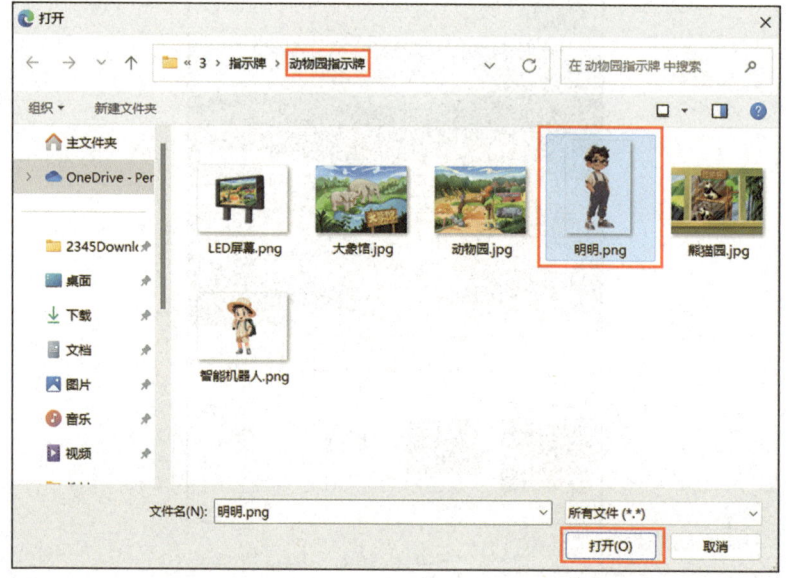

图4-30　上传"明明"图片

图 4-31 添加"明明"角色

②调整角色的位置与大小。将"明明"角色的位置坐标修改为 X: −230, Y: −120，将缩放比修改为 10，如图 4-32 所示。

图 4-32 调整"明明"角色的位置与大小

4.4.2 动动手：搭积木

"搭积木"实际上是"编写操作指令"，操作步骤如下。

1. "明明"移动到 LED 屏幕前，广播消息

1）单击积木区中的"编程"，切换到"编程"选项卡。选择角色背景区的"明明"角色图标，在"事件"类积木中找到 当被点击 并把它拖曳到编程区，如图 4-33 所示。

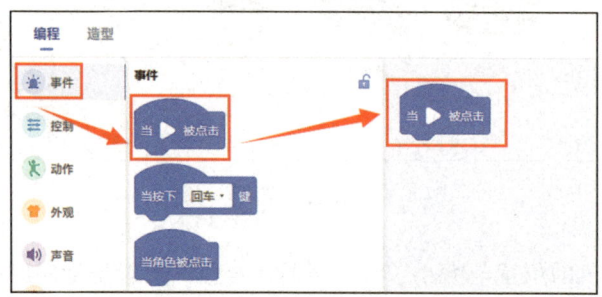

图 4-33　拼接"当运行被点击"积木

2）在"动作"类积木中找到 以 10 的速度移动到 x: 0 y: 0 并把它拖曳到编程区 当被点击 的下方，单击白框中的数字，修改坐标数值为 x: 0, y: –120，如图 4-34 所示。

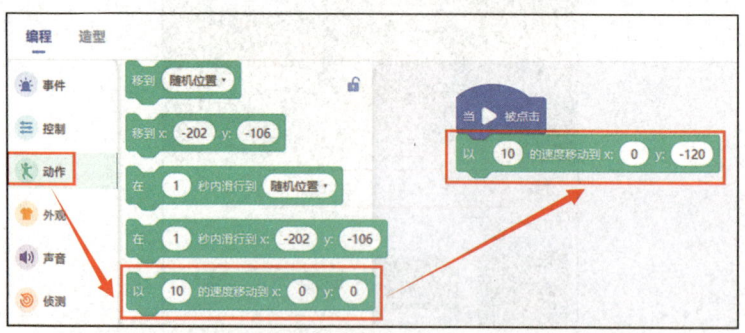

图 4-34　拼接"以 x 的速度移动"积木

3）在"事件"类积木中找到 广播 消息1 并把它拖曳到编程区 以 10 的速度移动到 x: 0 y: –120 的下方。单击积木上的"消息 1"右侧的向下箭头，选择"新消息"，输入名称"有人来到指示牌前"，如图 4-35 所示。

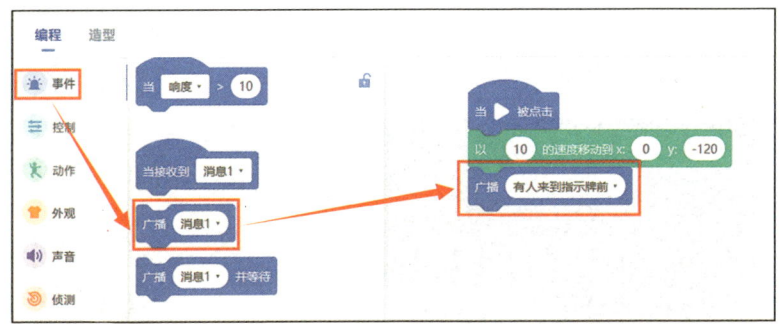

图 4-35 拼接"广播消息"积木

2. 新建"动物园场馆列表",智能机器人询问"明明"想去的场馆并给出游览路线

1)点选角色背景区的"智能机器人"角色图标,在"事件"类积木中找到 当被点击 并把它拖曳到编程区,如图 4-36 所示。

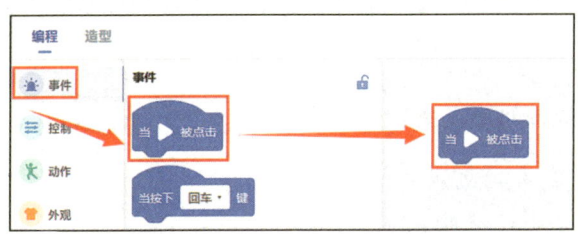

图 4-36 拼接"当运行被点击"积木

2)在"外观"类积木中找到 隐藏 并把它拖曳到编程区 当被点击 的下方,如图 4-37 所示。

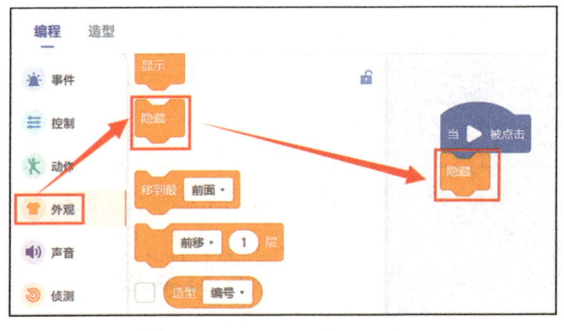

图 4-37 拼接"隐藏"积木

3）在"变量&列表"类积木中找到 [建立一个列表]，单击新建列表并将其命名为"动物园场馆"，如图 4-38 所示。

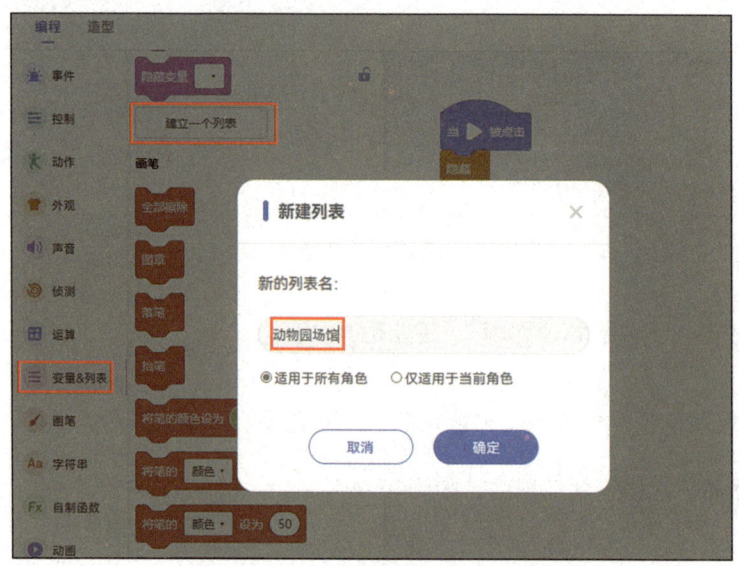

图 4-38 新建"动物园场馆"列表

4）在"变量&列表"类积木中找到 [删除 动物园场馆 的全部项目] 并把它拖曳到编程区 [隐藏] 的下方，如图 4-39 所示。

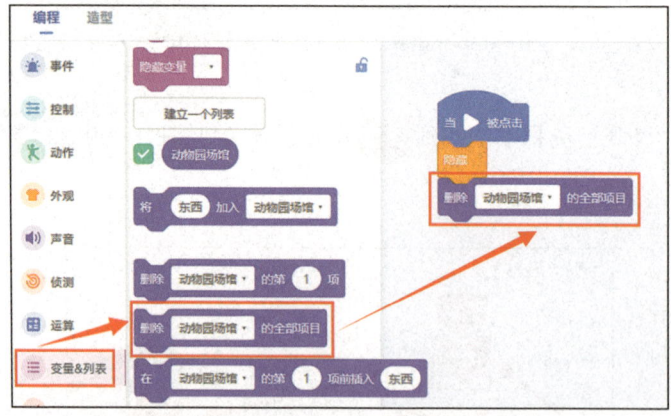

图 4-39 拼接"删除列表的全部项目"积木

5）在"变量&列表"类积木中找到 [将 东西 加入 动物园场馆] 并把它拖曳到编程区 [删除 动物园场馆 的全部项目] 的下方，将"东西"修改为"狮虎山"，如图 4-40 所示。

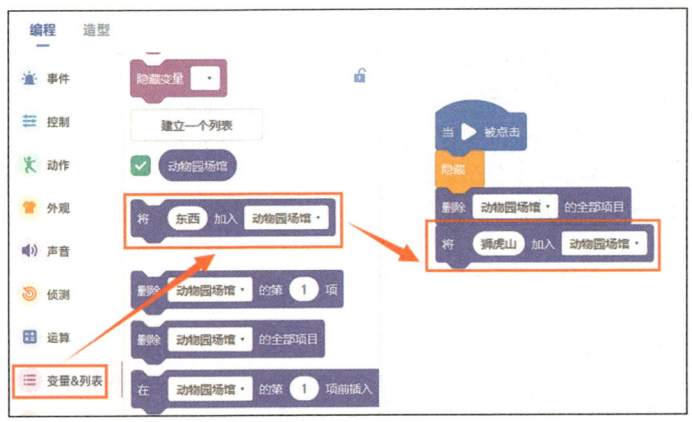

图 4-40 拼接"加入列表"积木

6）根据上述步骤将"游禽湖""百鸟笼""大象馆""熊猫园"也加入列表，如图 4-41 所示。

7）为了运行时更加美观隐藏列表，如图 4-42 所示。

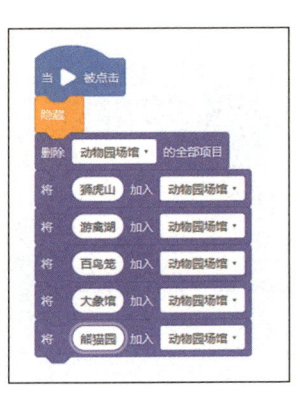

图 4-41 将其他数据加入列表

图 4-42 隐藏列表

8）在"事件"类积木中找到 当接收到 有人来到指示牌前 并把它拖曳到编程区，如图 4-43 所示。

9）在"控制"类积木中找到 等待 1 秒 并把它拖曳到编程区 当接收到 有人来到指示牌前 的下方，如图 4-44 所示。

学编程 3：动植物发现小创客

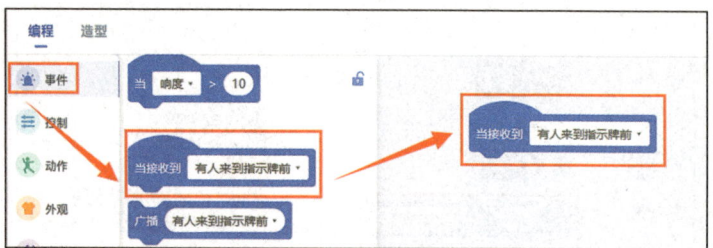

图 4-43 拼接"接收广播"积木

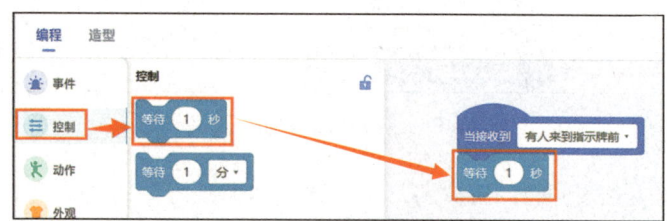

图 4-44 拼接"等待"积木

10）在"外观"类积木中找到 ![显示] 并把它拖曳到编程区 ![等待1秒] 的下方，如图 4-45 所示。

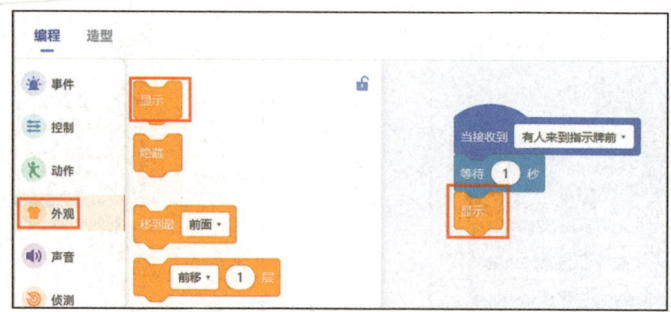

图 4-45 拼接"显示"积木

11）在"侦测"类积木中找到 ![询问 你叫什么名字？并等待] 并把它拖曳到编程区 ![显示] 的下方，将白框中的文字修改为"小朋友，你好，欢迎来到动物园！我是你们的智能小导游，请输入你想要游览的场馆吧！"，如图 4-46 所示。

12）在"控制"类积木中找到 ![等待1秒] 并把它拖曳到编程区 ![询问 小朋友，你好，欢迎来到动物园！我是你们的智能小导游，请输入你想要游览的场馆吧！ 并等待] 的下方，如图 4-47 所示。

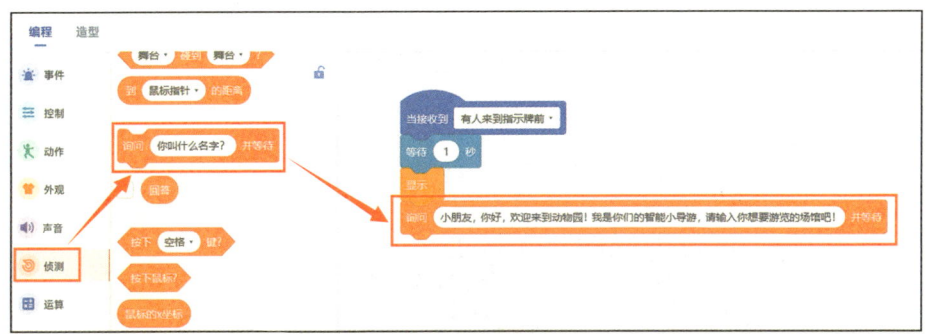

图 4-46 拼接"询问"积木

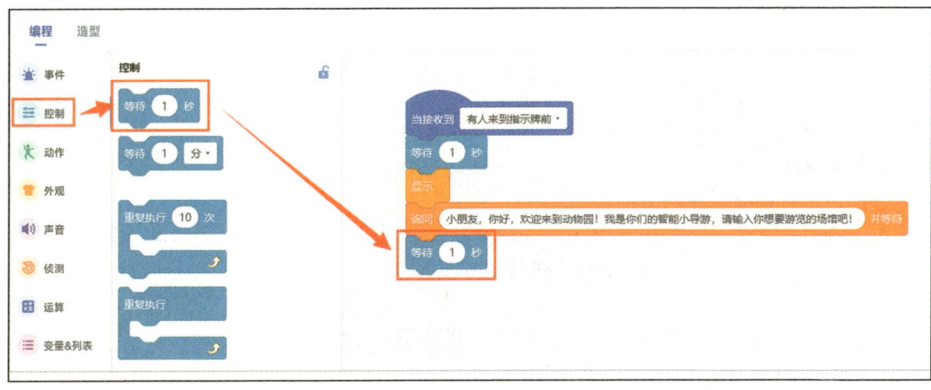

图 4-47 拼接"等待"积木

13）在"控制"类积木中找到 ![重复执行直到] 并把它拖曳到编程区 ![等待 1 秒] 的下方，如图 4-48 所示。

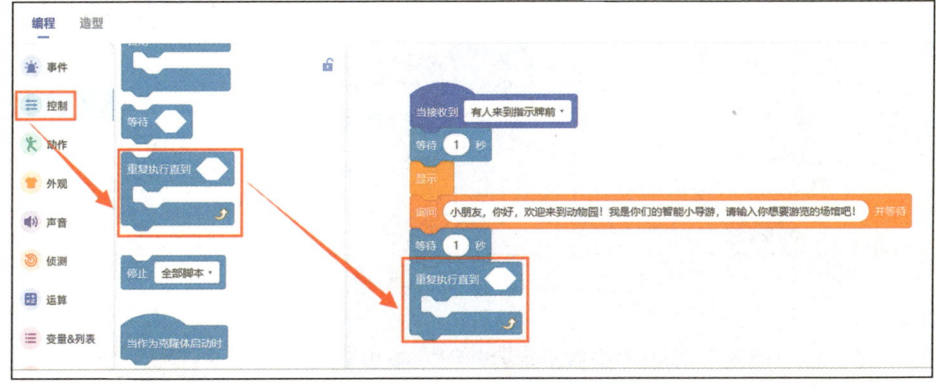

图 4-48 拼接"重复执行直到"积木

14）在"字符串"类积木中找到  并把它拖曳到编程区的六边形框中，如图 4-49 所示。

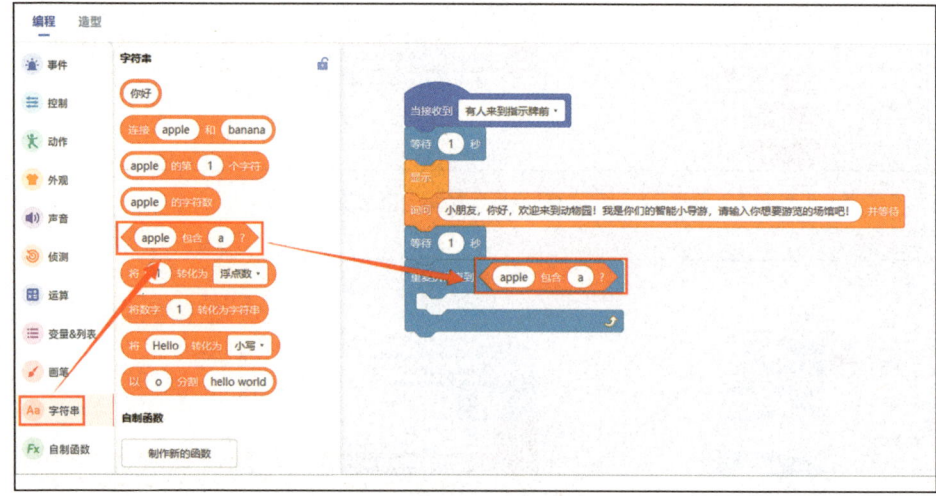

图 4-49　拼接"字符串查找"积木

15）在"变量&列表"类积木中找到 动物园场馆 并把它拖曳到编程区的第一个白框中，如图 4-50 所示。

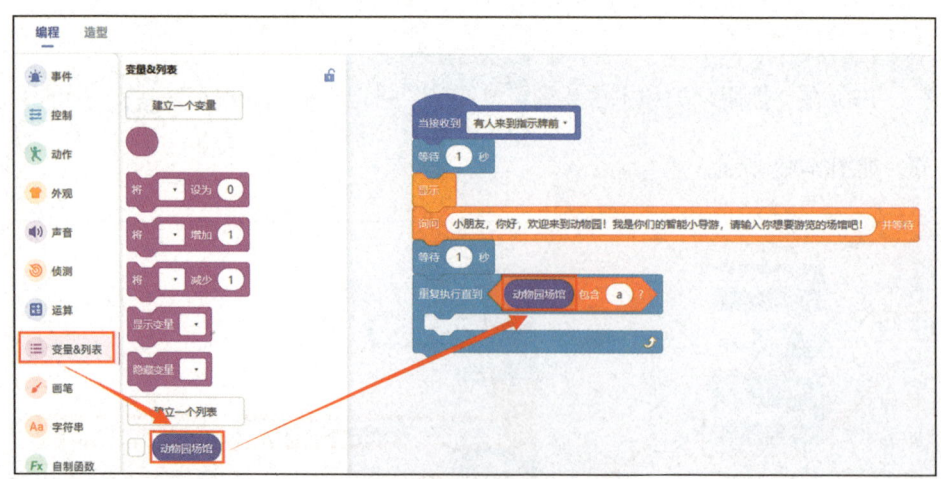

图 4-50　拼接"列表"积木

16）在"侦测"类积木中找到 回答 并把它拖曳到编程区 apple 包含 a ? 的第二个白框中，如图 4-51 所示。

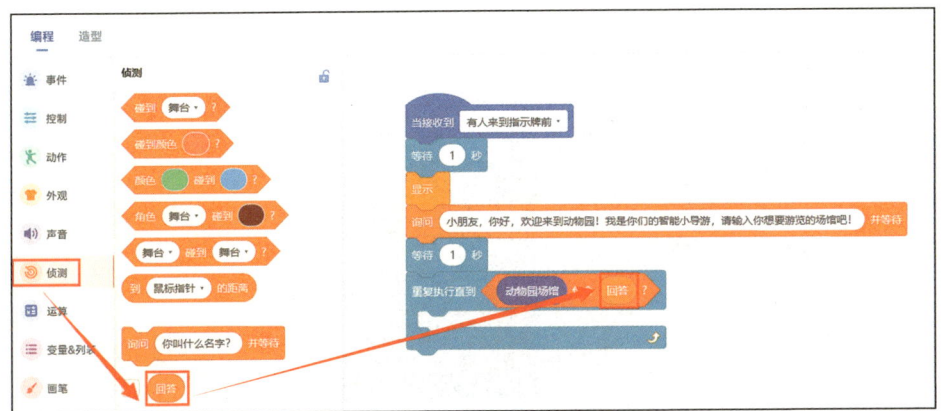

图 4-51 拼接"回答"积木

17）在"外观"类积木中找到 说 你好！ 2 秒 并把它拖曳到编程区 重复执行直到 的中间，并将"你好！"修改为"抱歉，动物园暂未开通此场馆"，如图 4-52 所示。

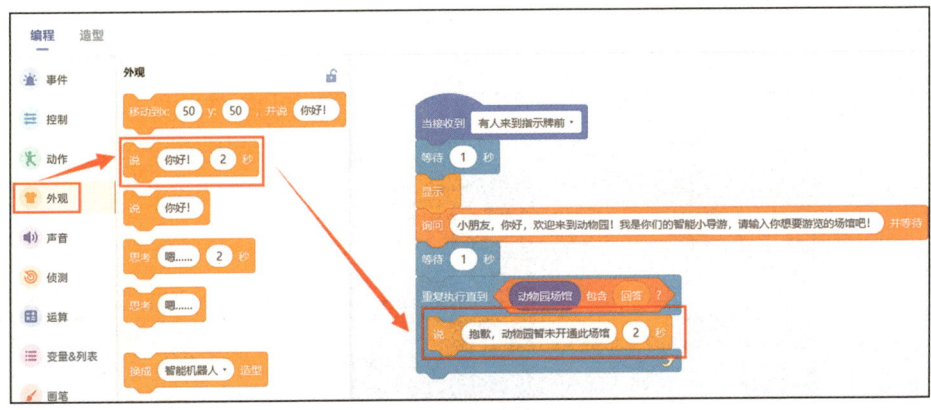

图 4-52 拼接"说"积木

18）在"侦测"类积木中找到 询问 你叫什么名字？ 并等待 并把它拖曳到编程区 说 抱歉，动物园暂未开通此场馆 2 秒 的下方，将白框中的文字修改为"小朋友，你好，欢迎来到动物园！我是你们的智能小导游，请输入你想要游览的场馆吧！"，如图 4-53 所示。

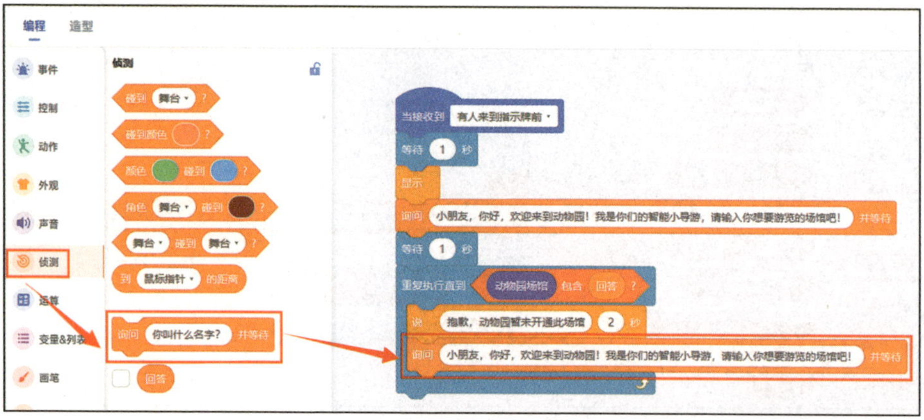

学编程 3：动植物发现小创客

图 4-53　拼接"询问"积木

19）在"外观"类积木中找到 说 你好! 2 秒 并把它拖曳到编程区

的下方，并把第二个白框中的数字修改为"3"，如图 4-54 所示。

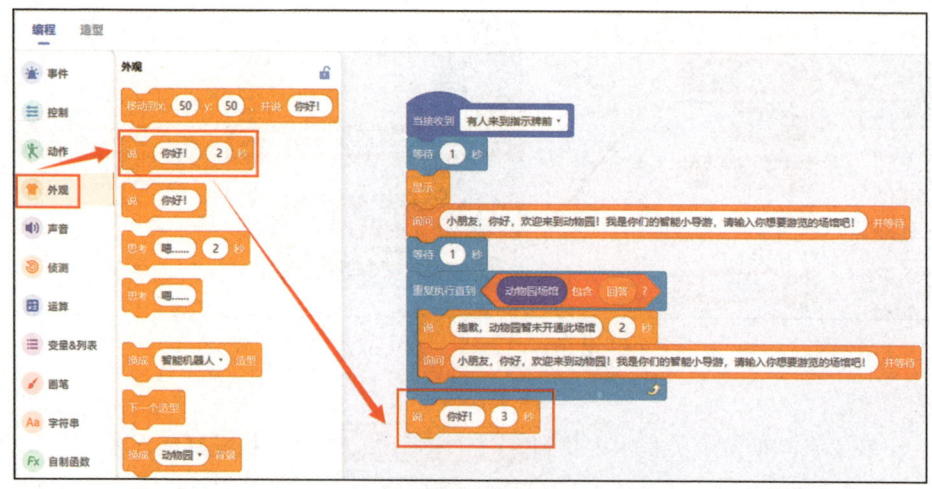

图 4-54　拼接"说"积木

20）在"字符串"类积木中找到 连接 apple 和 banana 并把它拖曳到编程区 说 你好! 2 秒 的第一个白框中，把"apple"修改为"您的游览路线为：狮虎山—游禽湖—百鸟笼—熊猫园"，如图 4-55 所示。

108

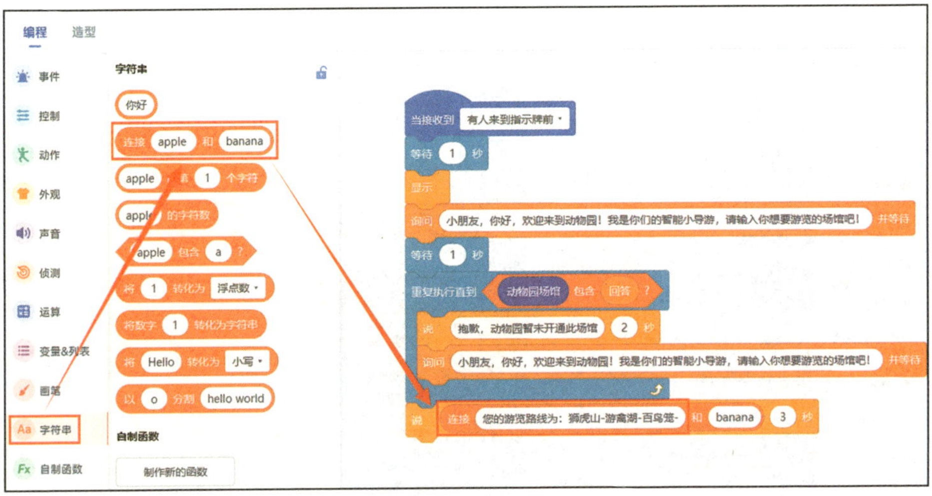

图 4-55　拼接"字符串连接"积木

21）在"侦测"类积木中找到 回答 并把它拖曳到编程区 说 连接 您的游览路线为：狮虎山-游禽湖-百鸟笼- 和 banana 3 秒 的第二个白框中，如图 4-56 所示。

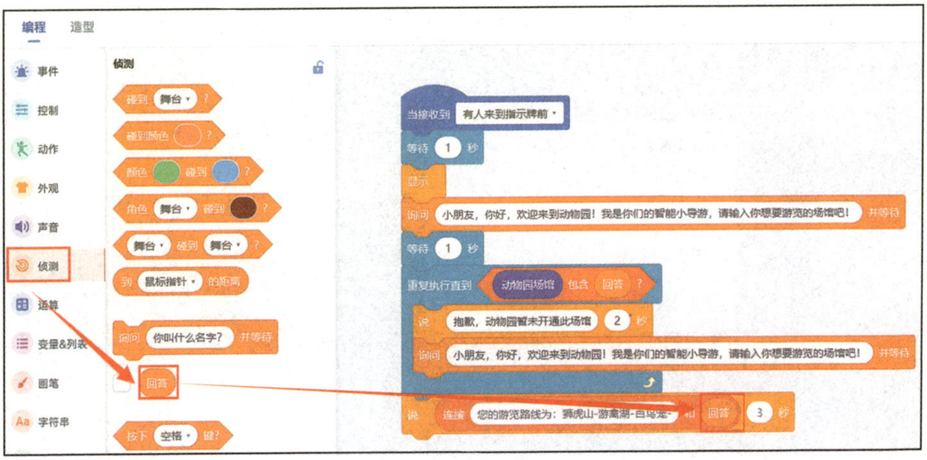

图 4-56　拼接"回答"积木

22）在"事件"类积木中找到 广播 有人来到指示牌前 并把它拖曳到编程区 说 连接 您的游览路线为：狮虎山-游禽湖-百鸟笼- 和 回答 3 秒 的下方，单击白框中的向下箭头，选择"新消息"，输入新消息的名称"消息 2"，如图 4-57 和图 4-58 所示。

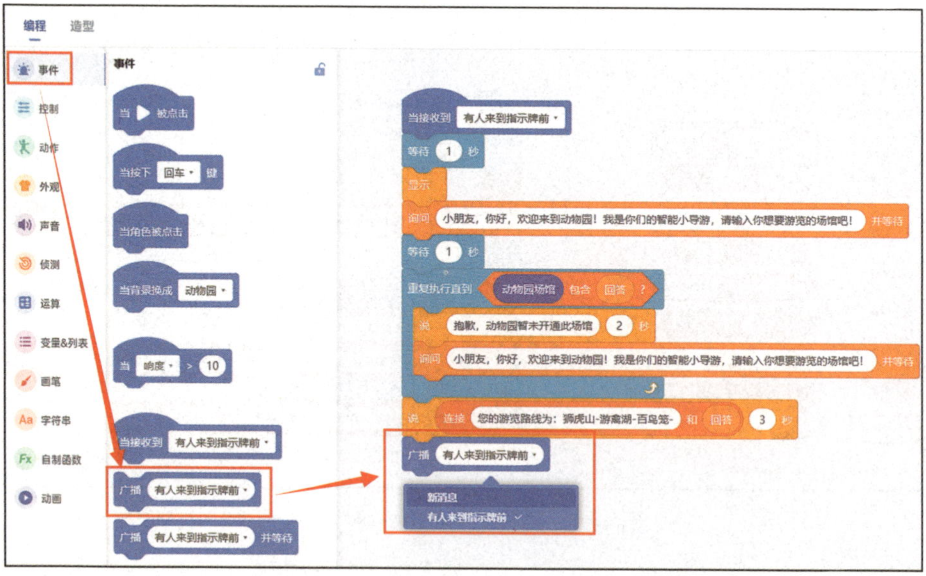

学编程 3：动植物发现小创客

图 4-57 拼接"广播消息"积木

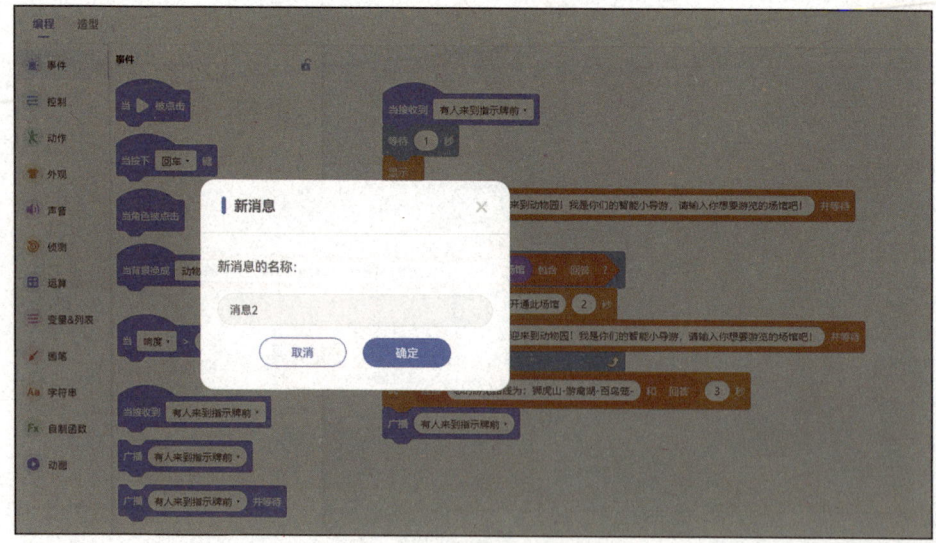

图 4-58 输入新消息的名称

3."明明"沿着路线到达想参观的场馆

1）选择角色背景区的"明明"角色图标，在"事件"类积木中找到  并把它拖曳到编程区，如图 4-59 所示。

110

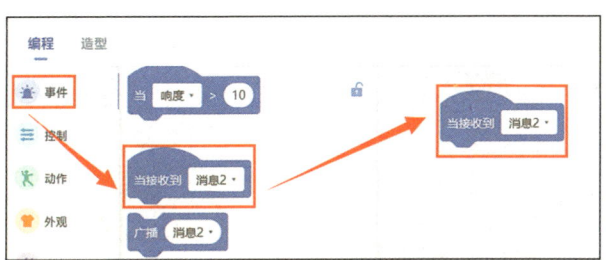

图 4-59 拼接"接收广播"积木

2)在"控制"类积木中找到 等待 1 秒 并把它拖曳到编程区 当接收到 消息2· 的下方,如图 4-60 所示。

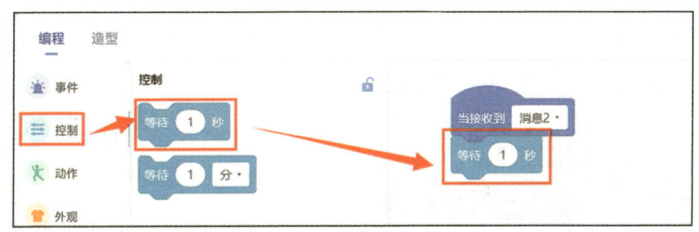

图 4-60 拼接"等待"积木

3)在"动作"类积木中找到 在 1 秒内滑行到 x: -202 y: -106 并把它拖曳到编程区 等待 1 秒 的下方。将白框中的数字分别修改为"3""-100""0",如图 4-61 所示。

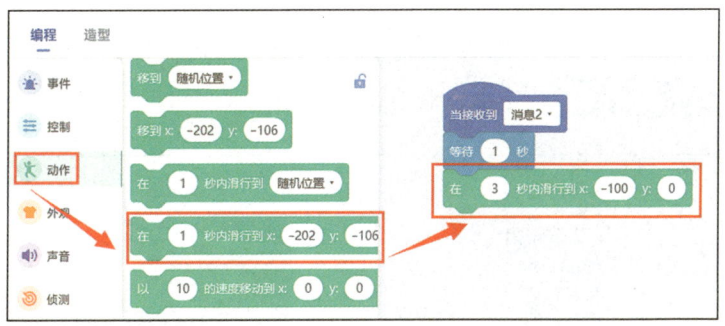

图 4-61 拼接"在 x 秒内滑行到"积木

4)在"外观"类积木中找到 将大小增加 10 % 并把它拖曳到编程区 在 3 秒内滑行到 x: -100 y: 0 的下方,将白框中的数字修改为"-4",如图 4-62 所示。

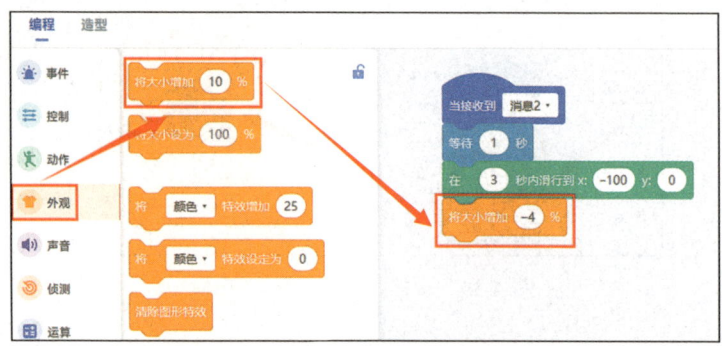

图 4-62 拼接"增加大小"积木

5）在"动作"类积木中找到 ![在1秒内滑行到x:-202 y:-106] 并把它拖曳到编程区 ![将大小增加-4%] 的下方。将白框中的数字分别修改为"4""-190""40",如图 4-63 所示。

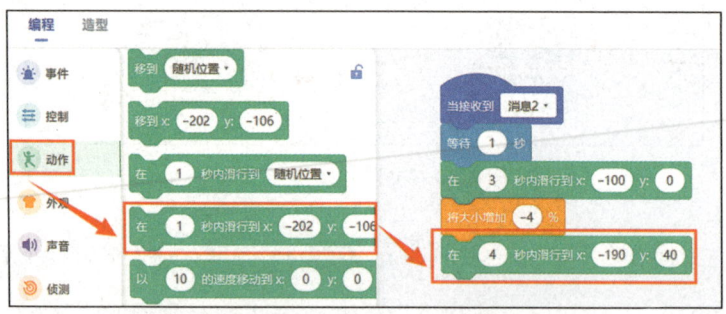

图 4-63 拼接第二个"在 x 秒内滑行到"积木

6）在"控制"类积木中找到 ![等待1秒] 并把它拖曳到编程区 ![在4秒内滑行到x:-190 y:40] 的下方,如图 4-64 所示。

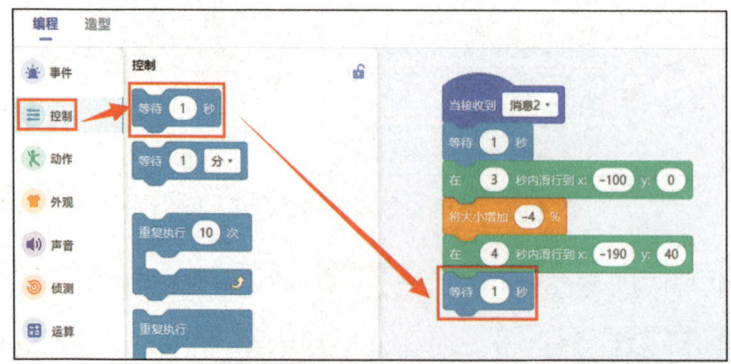

图 4-64 拼接第二个"等待"积木

7）在"外观"类积木中找到 ![将大小增加10%] 并把它拖曳到编程区 ![等待1秒] 的下方，将白框中的数字修改为"–6"，如图4-65所示。

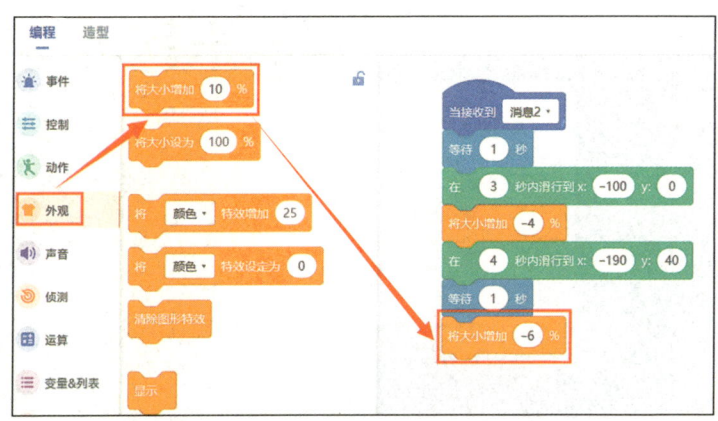

图4-65　拼接第二个"增加大小"积木

8）在"事件"类积木中找到 ![广播消息2] 并把它拖曳到编程区 ![将大小增加-6%] 的下方，单击白框中的向下箭头，新建名为"消息3"的消息，如图4-66和图4-67所示。

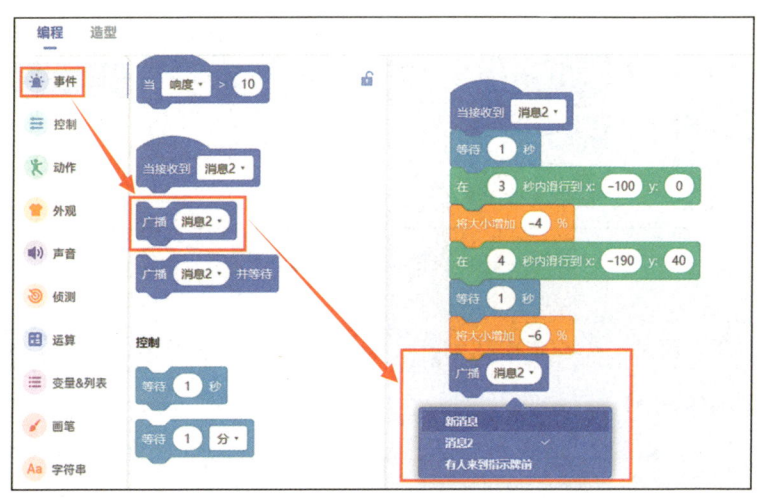

图4-66　拼接第二个"广播消息"积木

9）点选角色背景区的"动物园场馆"角色图标，在"事件"类积木中，找到 ![当接收到消息2] 并把它拖曳到编程区，单击白框中的向下箭头，选择"消息3"，如图4-68所示。

学编程 3：动植物发现小创客

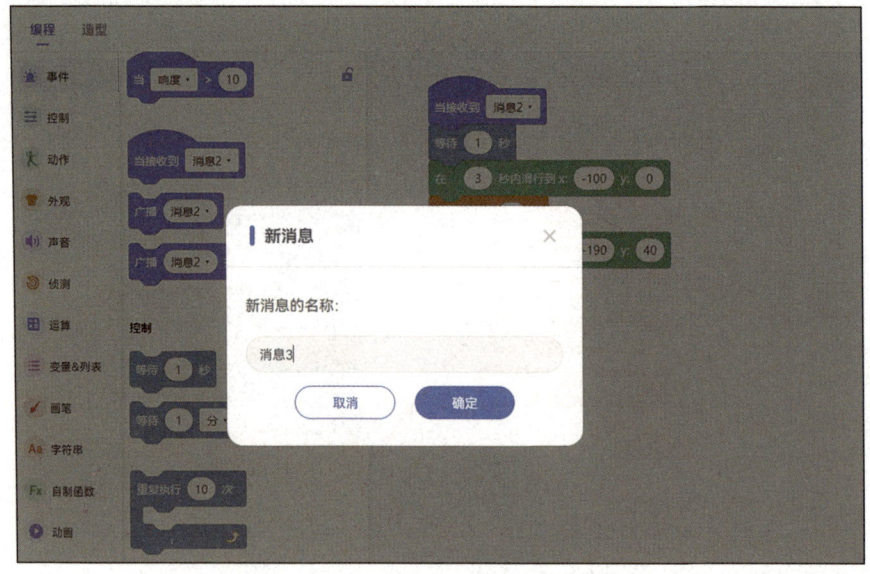

图 4-67　新建"消息 3"

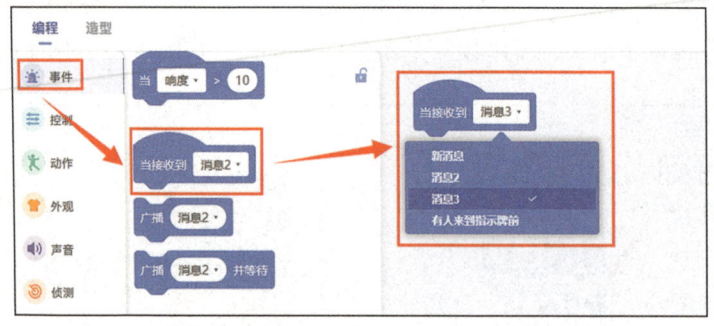

图 4-68　拼接"接收广播"积木

10）在"控制"类积木中找到 等待 1 秒 并把它拖曳到编程区 当接收到 消息3· 的下方，如图 4-69 所示。

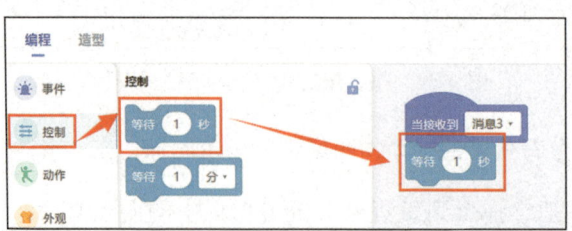

图 4-69　拼接"等待"积木

114

11）在"外观"类积木中找到 [显示] 并把它拖曳到编程区 [等待 1 秒] 的下方，如图 4-70 所示。

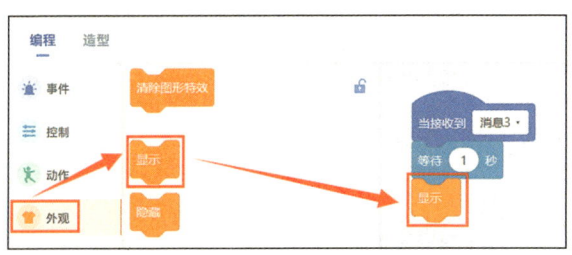

图 4-70　拼接"显示"积木

12）在"外观"类积木中找到 [换成 熊猫园 造型] 并把它拖曳到编程区 [显示] 的下方，如图 4-71 所示。

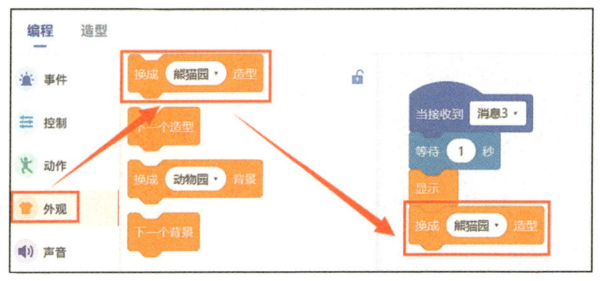

图 4-71　拼接"切换造型"积木

13）在"侦测"类积木中找到 [回答] 并把它拖曳到编程区 [换成 熊猫园 造型] 的白框中，如图 4-72 所示。

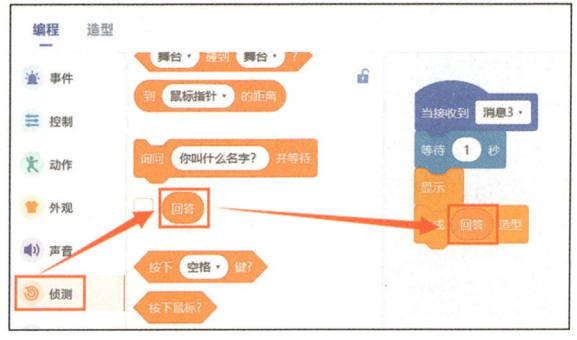

图 4-72　拼接"回答"积木

4.4.3 动动手：保存作品

参考之前的保存方式，将这个新作品导出到计算机的专属文件夹中。

4.5 理一理：编程思路

"动物园指示牌"程序的编写思路如图 4-73 所示。

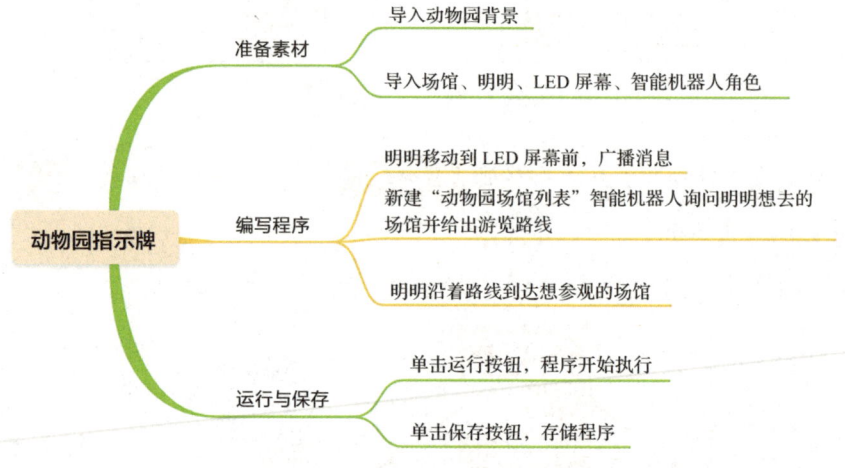

图 4-73 "动物园指示牌"程序的编写思路

4.6 学做小小程序员

字符串的连接、查找（编程能力等级 GESP 三级）

字符串的连接是指将多个字符串合并成一个更长的字符串的操作。字符串的查找是指在一个字符串中搜索指定的子字符串，使用这个功能，我们可以判断一个字符串是否包含某个特定的子字符串。

本案例中，我们使用字符串的查找功能，查询用户的回答是否包含在"动物园场馆"列表中，如果是，使用字符串连接功能将目标场馆与前面的路线连接，得出到达目标场馆的具体路线。

4.7 走近信息科技

本章用到了一个重要的数据类型——字符串。什么是字符串？它又由哪些元素组成？解答这些问题要先从字符说起。

1. 字符

字符包括字母、数字、运算符号、标点符号、其他符号，以及功能性符号。字符在计算机内存放时，应定义对应的二进制代码。代码的选用要与有关的外围设备的规格保持一致，这些设备包括键盘控制台的输入输出设备、打印机等。当输入字符时，外围设备会将其自动转换为二进制代码存储于计算机内；当输出字符时，计算机内二进制代码又会由外围设备自动转化为字符。

字符是计算机数据结构中最小的数据存取单位。通常由 8 个二进制位（1 字节）来表示一个字符，但也有少数计算机系统采用 6 个二进制的字符表示形式。一个系统的字符集大小完全由该系统自己规定。计算机可用的字符一般为 128～256 个（不包括汉字）。每个字符输入计算机后，都将转换为 8 位二进制数。不同的计算机系统和不同的编程语言所能使用的字符范围是不同的。

在 ASCII 编码中，一个英文字符占用 1 字节的存储空间。在 GB 2312 或 GBK 编码中，一个汉字占用 2 字节的存储空间。在 UTF-8 编码中，一个英文字符仍占用 1 字节，而一个汉字通常占用 3～4 字节的存储空间。在 UTF-16 编码中，一个英文字符或一个汉字都占用 2 字节（Unicode 扩展区的一些汉字占用 4 字节）的存储空间。在 UTF-32 编码中，所有字符都占用 4 字节的存储空间。

2. 字符串

字符串（或称"串"）是由数字、字母、下划线组成的一串字符，是编程语言中用于表示文本的数据类型。在程序设计中，字符串可以是由字符构成的符号序列（如"abc"），也可以是由二进制数字构成的数值序列（如"0101"）。字符串在存储结构上类似于字符数组，其中的每个元素都可以被单独访问，字符串的首位通常存储它的长度信息。字符串作为整体支持多种操作，如在字符串中查找子串、获取子串、在指定位置插入子串以及删除子串等。

第 5 章

勤劳的小蜜蜂

5.1 去观察

朝阳初上,微风习习,柚子老师带领学生们一起来到了花园。踏入花园的瞬间,五彩斑斓的鲜花朝他们绽放着笑容,散发出阵阵芳香。学生们被这美丽的景象所吸引,不由自主地屏住呼吸,静静观赏。

然而,一阵"嗡嗡"声打破了宁静。众人抬头望去,只见一群小蜜蜂停在鲜艳的花朵上,用细长的触角嗅了嗅花朵的香气,确认花朵中是否含有花蜜。接着,小蜜蜂用细长而柔软的舌头轻轻地触碰花瓣上的花蜜。它们忙碌地穿梭在花丛中,快速而灵巧地采集着花蜜,身上的黄色条纹被阳光映衬得格外亮眼,充满生机和活力。

柚子老师走到学生们的身边,微笑着说:"同学们,请仔细观察这些可爱的小蜜蜂,它们正在采集花蜜!你们有没有想过,为什么小蜜蜂会如此勤奋地飞来飞去呢?"

学生们纷纷摇头。

柚子老师耐心地解释道:"小蜜蜂需要采集花蜜来供养整个蜂巢。类似于我们人类需要食物一样,花蜜是小蜜蜂们的主要食物之一。但是,为了采集到花蜜,它们需要经历一段冒险的旅程。"

学生们的眼睛亮了起来,好奇地看着老师,期待着继续听下去。

柚子老师微笑着继续说:"你们看,每只小蜜蜂都能轻盈地停在花朵上,使用细长而灵活的舌头吸取花蜜。然后,它们会飞回蜂巢将花蜜储存在特殊的蜂房中。这样一来,其他的小蜜蜂也能够分享美味的花蜜。"

事实上,小蜜蜂在采集花蜜的过程中,也会无意间将花粉传播到其他花朵上,帮助植物进行授粉和繁殖。这种共生关系对于小蜜蜂和植物来说都非常重要,它们共同构建了一个复杂而稳定的生态系统。

因此,为了满足蜂群的食物需求并促进植物的繁衍,小蜜蜂会不辞辛劳地四处飞舞,采集花蜜。它们以高效的行动和协作能力展示了勤劳和奉献的精神,是大自然中不可或缺的一部分。

5.2 看程序

扫描二维码，按以下方法操作，可以看到本案例的呈现效果。

1）单击 运行 按钮，启动程序。

2）观察到小蜜蜂在花园里随机飞舞，当碰到花朵时进行克隆，并改变飞舞方向，同时克隆体也随机飞舞，当碰到舞台边缘时反弹，如图 5-1 所示。

图 5-1 蜜蜂随机飞舞

3）观察到小蜜蜂碰到花朵时，count 增加 1，直到 count=10 时，停止所有脚本，如图 5-2 所示。

图 5-2 变量增加

5.3 设计思路

此程序主要涉及"复杂的逻辑判断"与"复杂的嵌套结构",具体实现方法如下。

1)"小蜜蜂"在空中随机飞舞,当碰到花朵时,设置变量 flower_found 为真,克隆自己,并改变飞舞方向。

2)当 flower_found 为真且 count<10 时,count 增加 1;当 count=10 时,停止所有脚本。

3)当"小蜜蜂"作为克隆体启动时,随机飞舞,遇到舞台边缘就反弹。

5.4 动手编程

5.4.1 动动手:布置舞台

准备本章所需资源"勤劳的小蜜蜂",如图 5-3 所示。

图 5-3 素材图片

1)新建作品。进入图形化编程环境,单击"文件"菜单,选择"新建作品"命令,如图 5-4 所示。

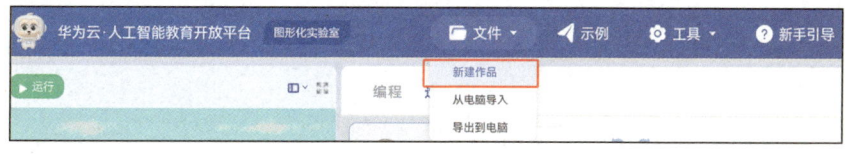

图 5-4 新建作品

2)添加背景。新建的作品默认为空白背景。将背景图修改为"勤劳的小蜜蜂"文件夹中的"花园"图片。

①在角色背景区,点选"空白背景"图标,然后单击"背景",切换到"背景"选项卡。单击最下方的 + 按钮,如图 5-5 所示。

学编程 3：动植物发现小创客

图 5-5 添加背景

②选择"素材库"选项。在弹出的"素材库"窗口中，选择左侧"自有素材"下面的"背景"选项，单击 ＋ 按钮，上传自有素材中的背景，如图 5-6 所示。

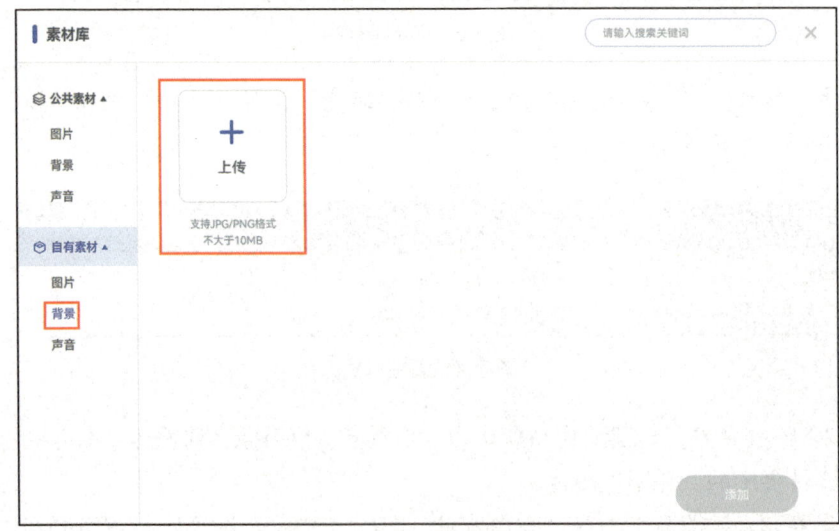

图 5-6 背景上传界面

③选中"花园"图片，单击"打开"按钮进行上传，如图5-7所示。

图5-7 上传"花园"图片

④稍等片刻就可以在"历史上传素材"中看到上传的图片。选择"花园"图片，单击"添加"即可完成添加，如图5-8所示。

图5-8 添加"花园"图片

⑤将默认的空白背景删除，如图 5-9 所示。

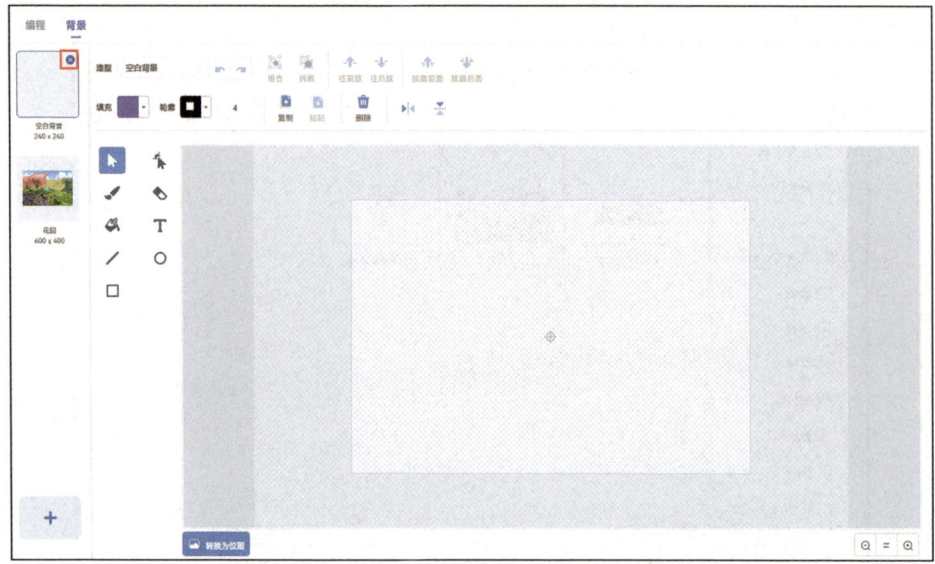

图 5-9　删除空白背景

3）添加角色和造型。

①新建"小蜜蜂"角色。单击角色背景区右下方的"挑素材"按钮。选择"素材库"选项，在"自有素材"的"图片"中，上传"勤劳的小蜜蜂"文件夹中的"小蜜蜂"图片，如图 5-10 和图 5-11 所示。上传成功后选择新上传的素材，单击"添加"即可添加角色，如图 5-12 所示。

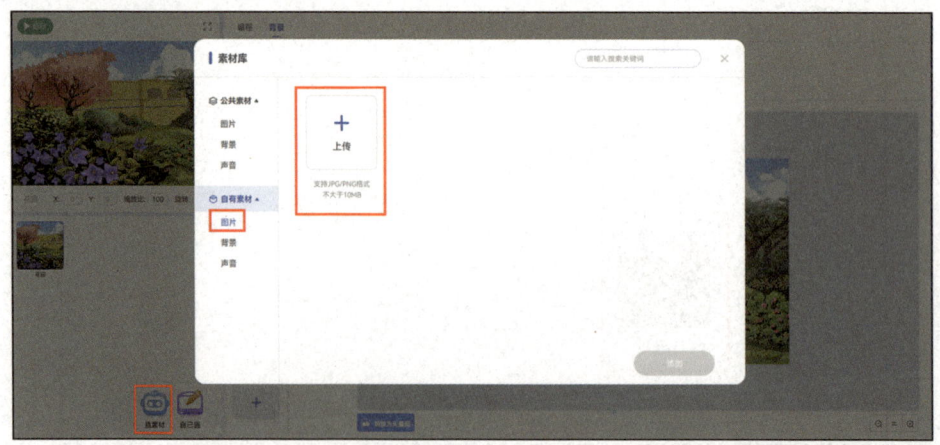

图 5-10　图片上传界面

图 5-11 上传"小蜜蜂"图片

图 5-12 添加"小蜜蜂"角色

②调整角色的大小。将"小蜜蜂"角色的缩放比修改为 20,如图 5-13 所示。

③新建"花朵"角色。单击角色背景区右下方的"挑素材"按钮。在弹出的"素材库"窗口中,选择左侧"自有素材"下面的"图片"选项,单击➕上

学编程 3：动植物发现小创客

传自有素材中的"花朵"图片，如图 5-14 和图 5-15 所示。上传成功后选择新上传的素材，单击"添加"按钮即可完成添加，如图 5-16 所示。

图 5-13　调整"小蜜蜂"角色的大小

图 5-14　图片上传界面

④调整角色的位置。将"花朵"角色的位置坐标修改为 X: –20, Y: –110, 如图 5-17 所示。

图 5-15 上传"花朵"图片

图 5-16 添加"花朵"角色

5.4.2 动动手：搭积木

"搭积木"实际上是"编写操作指令"，操作步骤如下。

1. "小蜜蜂"在空中随机飞舞，当碰到花朵时，设置变量 flower_found 为真，克隆自己，并改变飞舞方向

1）单击积木区中的"编程"，切换到"编程"选项卡。选择角色背景区的

"小蜜蜂"角色图标，在"变量&列表"类积木中找到 建立一个变量 ，分别建立名为 flower_found 和 count 的两个变量，如图 5-18 和图 5-19 所示。

图 5-17　调整"花朵"角色的位置

图 5-18　新建 flower_found 变量

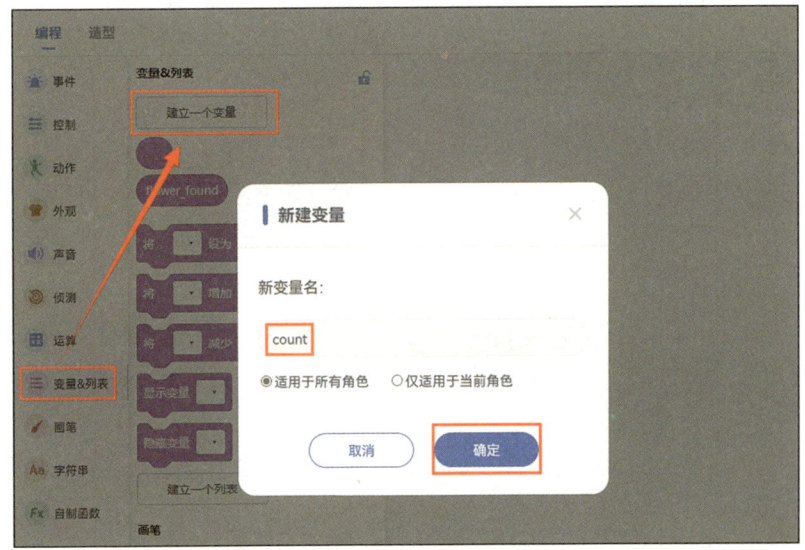

图 5-19 新建 count 变量

2）在"事件"类积木中找到 当 ▶ 被点击 并把它拖曳到编程区，如图 5-20 所示。

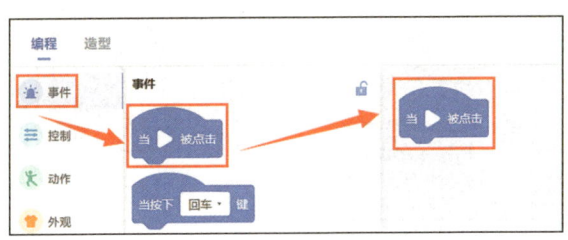

图 5-20 拼接"当运行被点击"积木

3）在"变量＆列表"类积木中找到 显示变量 ▼ 并把它拖曳到编程区 当 ▶ 被点击 的下方。单击白框右侧的向下箭头，选择变量 count，如图 5-21 所示。

4）在"变量＆列表"类积木中找到 将 ▼ 设为 0 并把它拖曳到编程区 显示变量 count ▼ 的下方。单击长方形白框中的向下箭头，选择变量 count，将其值初始化为 0，如图 5-22 所示。

5）在"控制"类积木中找到 重复执行 并把它拖曳到编程区 将 count ▼ 设为 0 的下方，如图 5-23 所示。

学编程3：动植物发现小创客

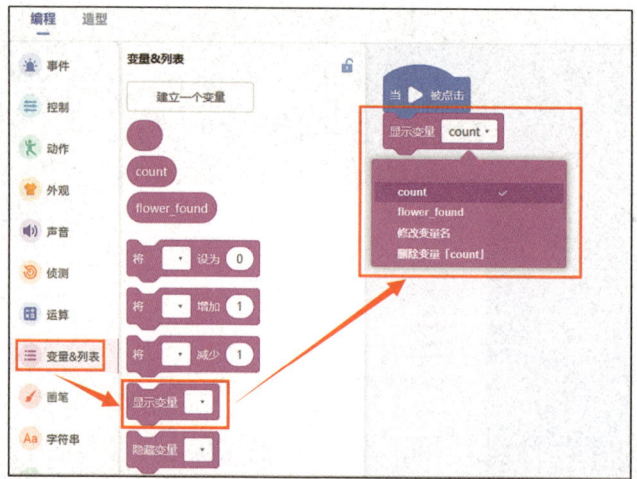

图 5-21 拼接"显示变量"积木

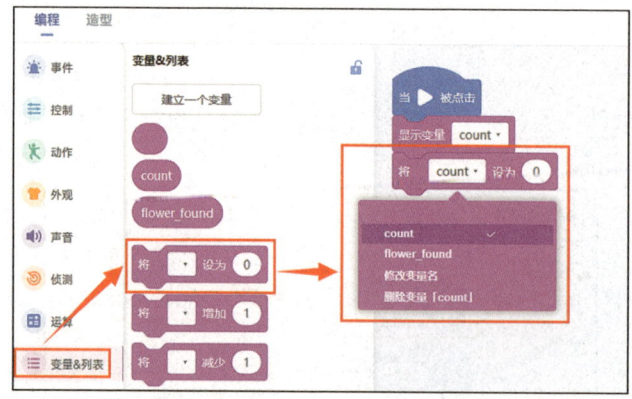

图 5-22 拼接"将变量设为"积木

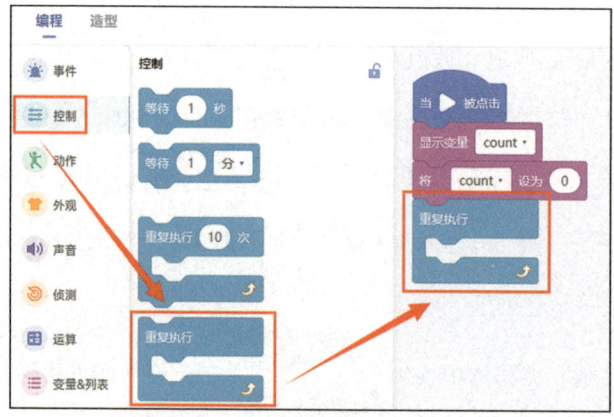

图 5-23 拼接"重复执行"积木

6)在"动作"类积木中找到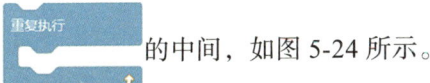并把它拖曳到编程区 重复执行 的中间,如图 5-24 所示。

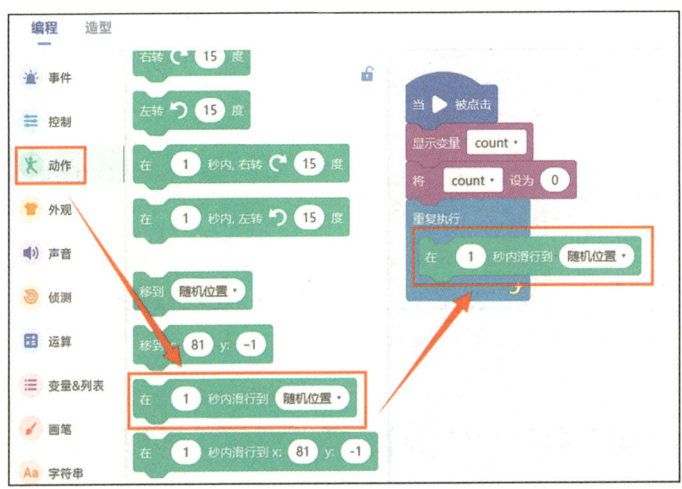

图 5-24 拼接"在 × 秒内滑行到"积木

7)在"控制"类积木中找到 如果 那么 并把它拖曳到编程区 在 1 秒内滑行到 随机位置 的下方,如图 5-25 所示。

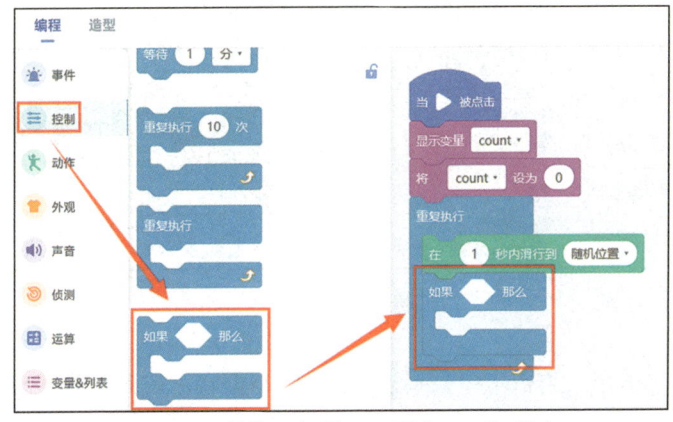

图 5-25 拼接"如果……那么……"积木

8)在"侦测"类积木中找到 碰到 舞台 ? 并把它拖曳到编程区  的

六边形框中。单击白框中的向下箭头,选择"花朵",如图5-26所示。

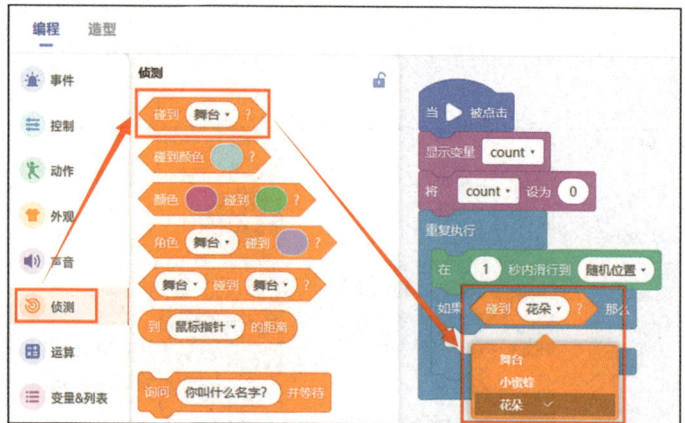

图 5-26 拼接"碰到"积木

9)在"控制"类积木中找到 并把它拖曳到编程区的中间,如图5-27所示。

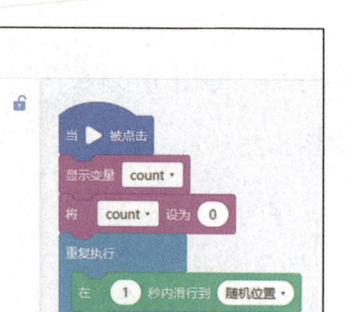

图 5-27 拼接"克隆自己"积木

10)在"动作"类积木中找到 并把它拖曳到编程区 的下方,将白框中的数字修改为"10",如图5-28所示。

11)在"变量&列表"类积木中找到 并把它拖曳到编程区 的下方,单击白框中的向下箭头选择 flower_found,如图5-29所示。

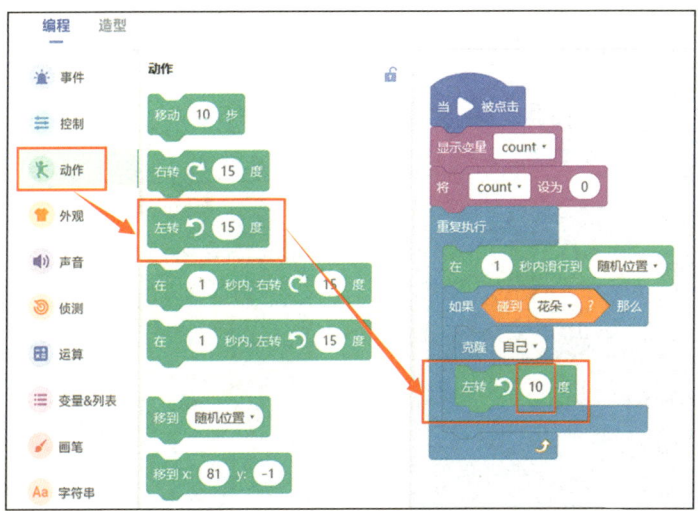

图 5-28 拼接"左转"积木

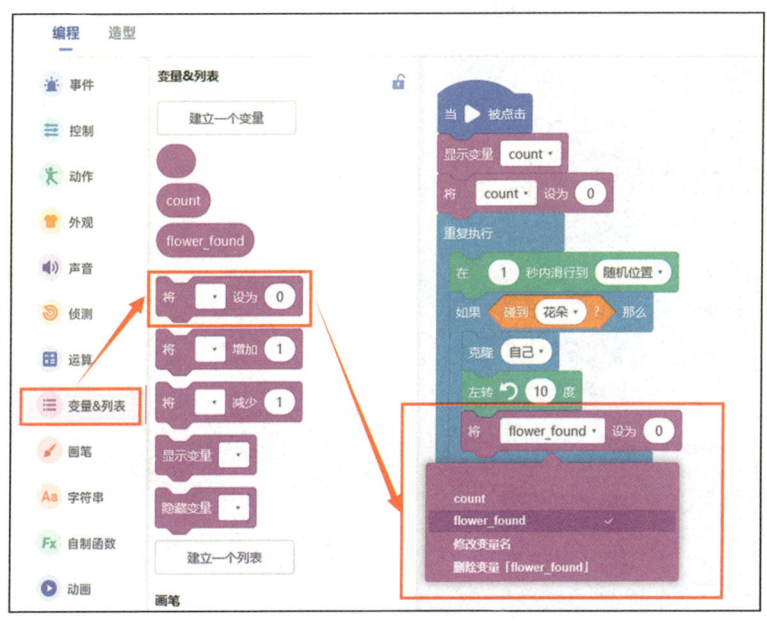

图 5-29 拼接"将变量设为"积木

12)在"运算"类积木中找到 并把它拖曳到编程区中"0"的位置上,如图 5-30 所示。

13)在"控制"类积木中找到 并把它拖曳到编程区的下方,如图 5-31 所示。

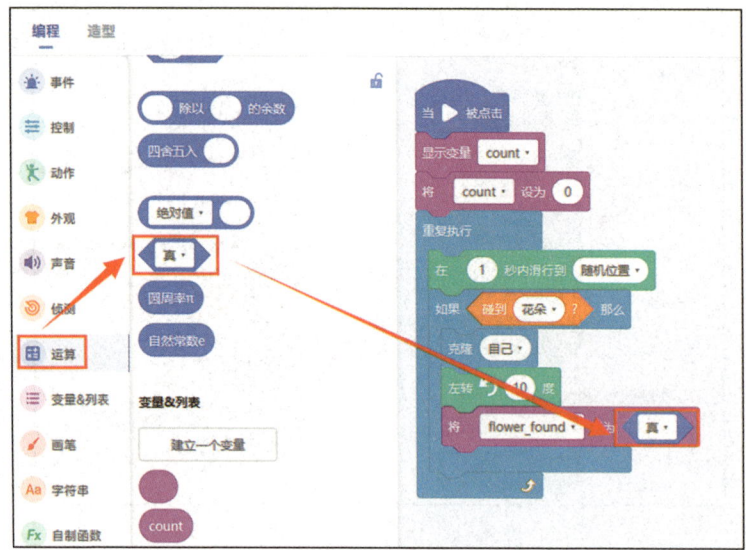

图 5-30 拼接"判断"积木

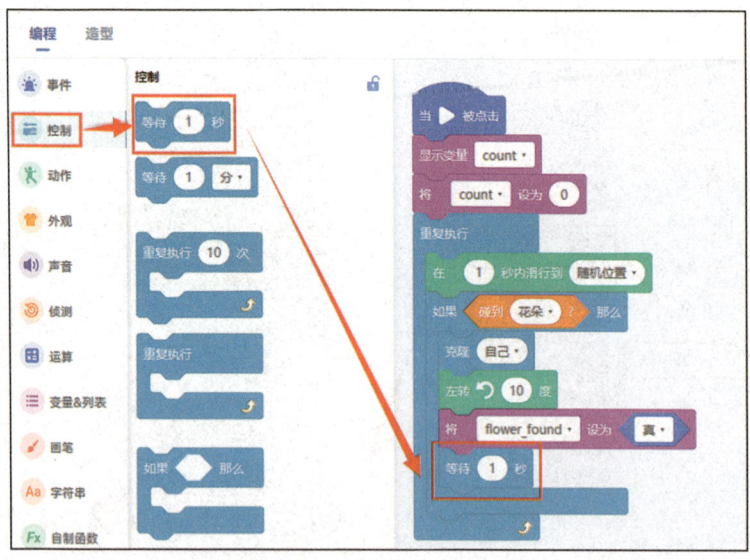

图 5-31 拼接"等待"积木

2. 当 flower_found 为真且 count<10 时，count 增加 1；当 count=10 时，停止所有脚本

1）在"控制"类积木中找到 并把它拖曳到编程区 的下方，如图 5-32 所示。

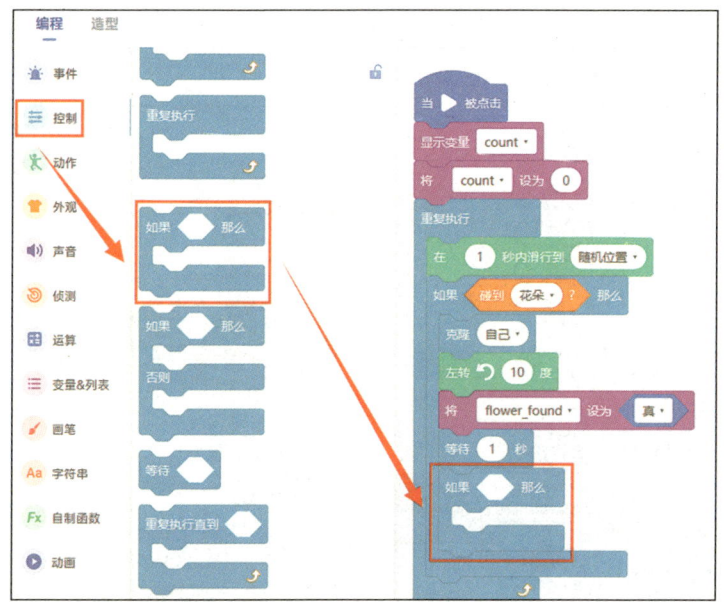

图 5-32 拼接"如果……那么……"积木

2）在"运算"类积木中找到 <> 与 <> 并把它拖曳到编程区 如果 那么 的六边形框中，如图 5-33 所示。

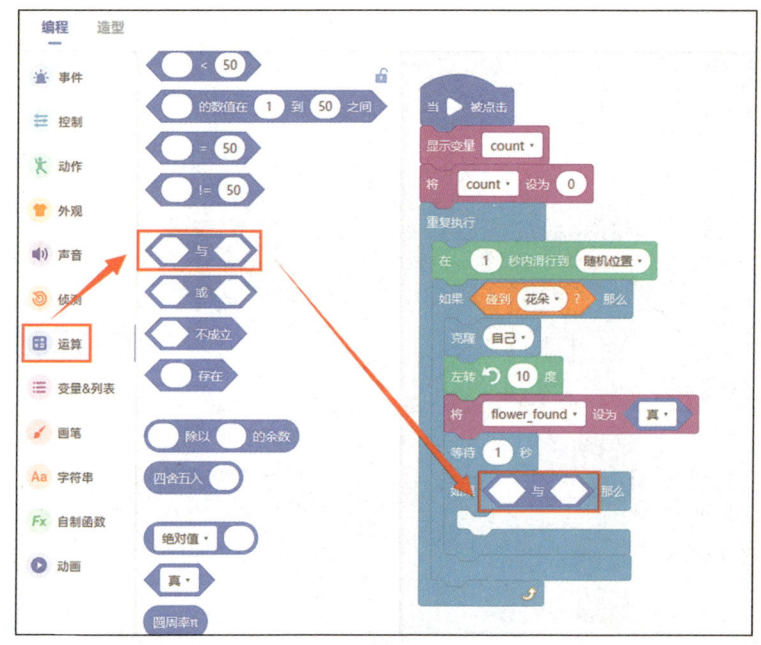

图 5-33 拼接"与"积木

3）在"运算"类积木中找到 ⬡=50 并把它拖曳到编程区 ⬡与⬡ 的第一个六边形框中，如图5-34所示。

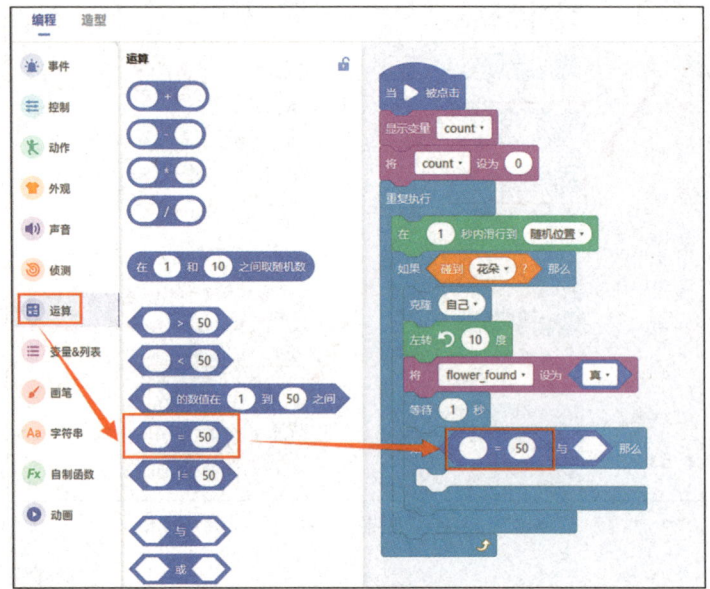

图5-34 拼接"等于"积木

4）在"变量&列表"类积木中找到 flower_found 并把它拖曳到编程区 ⬡=50 的第一个白框中，如图5-35所示。

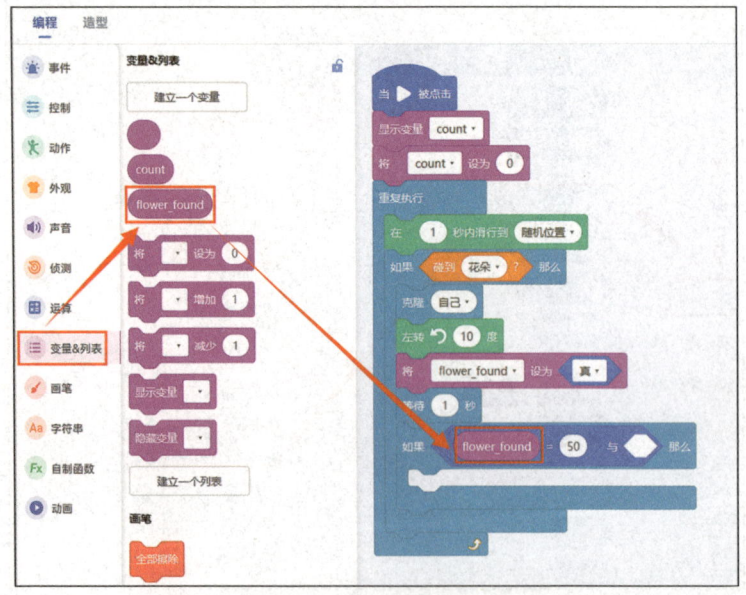

图5-35 拼接"flower_found变量"积木

5）在"运算"类积木中找到 真 并把它拖曳到编程区 flower_found = 50 的白框中，如图 5-36 所示。

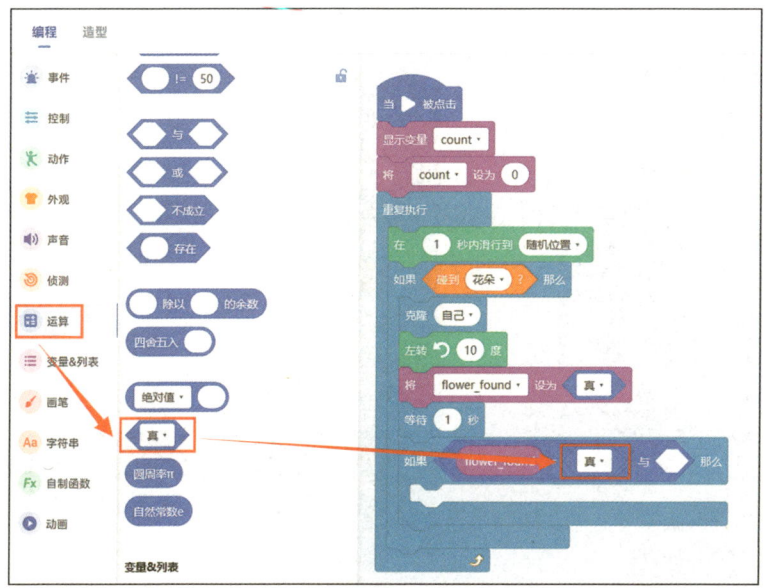

图 5-36 拼接"判断"积木

6）在"运算"类积木中找到 ○ < 50 并把它拖曳到编程区 flower_found = 真 与 的六边形框中，并将其中的数值修改为"10"，如图 5-37 所示。

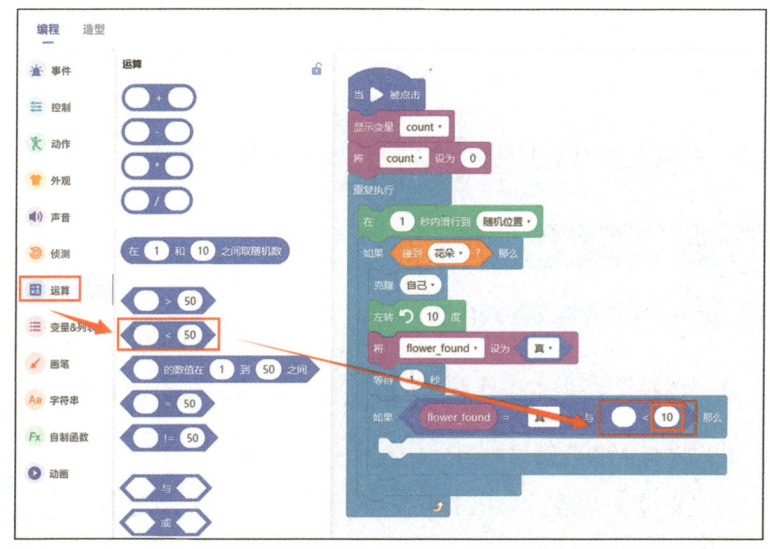

图 5-37 拼接"小于"积木

第 5 章 勤劳的小蜜蜂

137

学编程3：动植物发现小创客

7）在"变量&列表"类积木中找到 count 并把它拖曳到编程区 < 10 的第一个白框中，如图5-38所示。

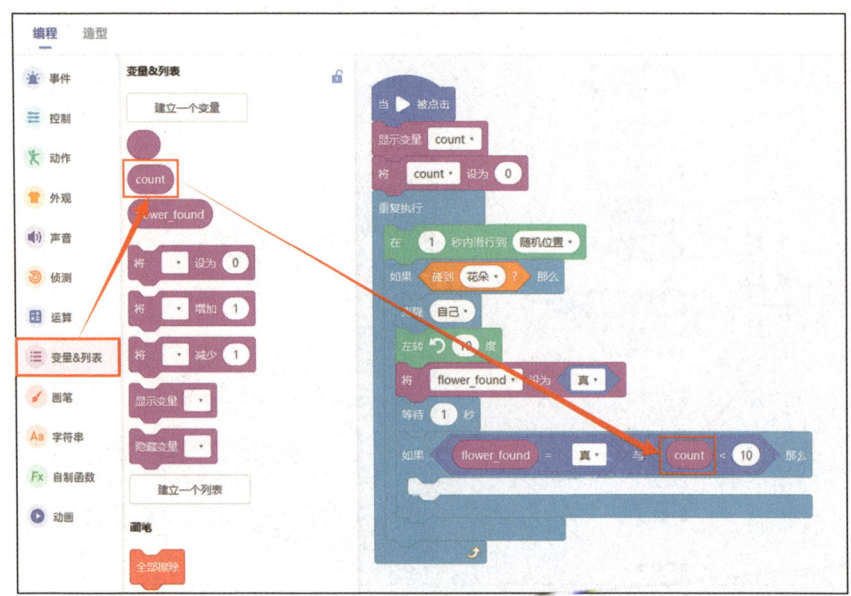

图5-38 拼接"count变量"积木

8）在"变量&列表"类积木中找到 将 增加 1 并把它拖曳到编程区

的中间，单击白框中的向下箭头，选择变量count，如图5-39所示。

9）在"控制"类积木中找到 如果 那么 并把它拖曳到编程区

的下方，如图5-40所示。

10）在"运算"类积木中找到 = 50 并把它拖曳到编程区 如果 那么 的六边形框中，将其中的数值修改为"10"，如图5-41所示。

11）在"变量&列表"类积木中找到 count 并把它拖曳到编程区 < 10 的第一个白框中，如图5-42所示。

图 5-39 拼接"将变量增加 1"积木

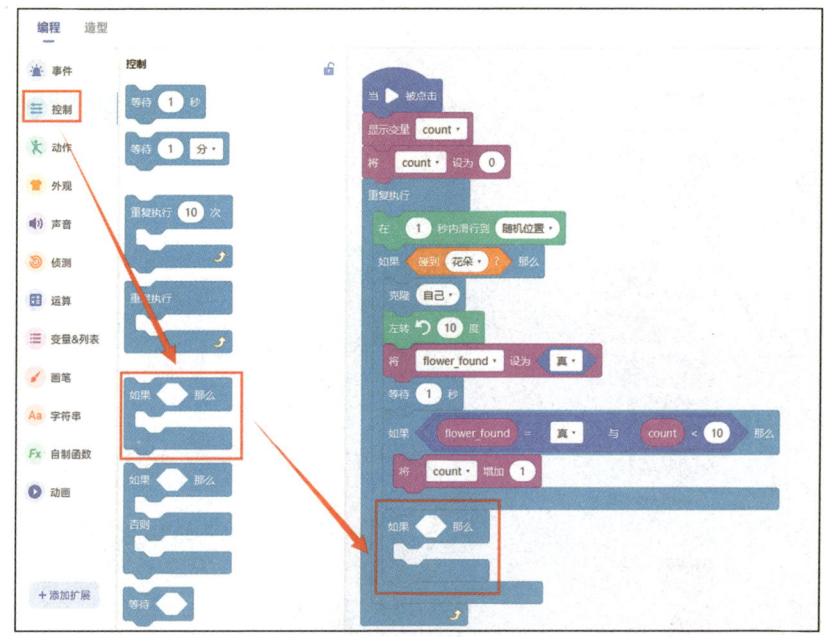

图 5-40 拼接"如果……那么……"积木

学编程 3：动植物发现小创客

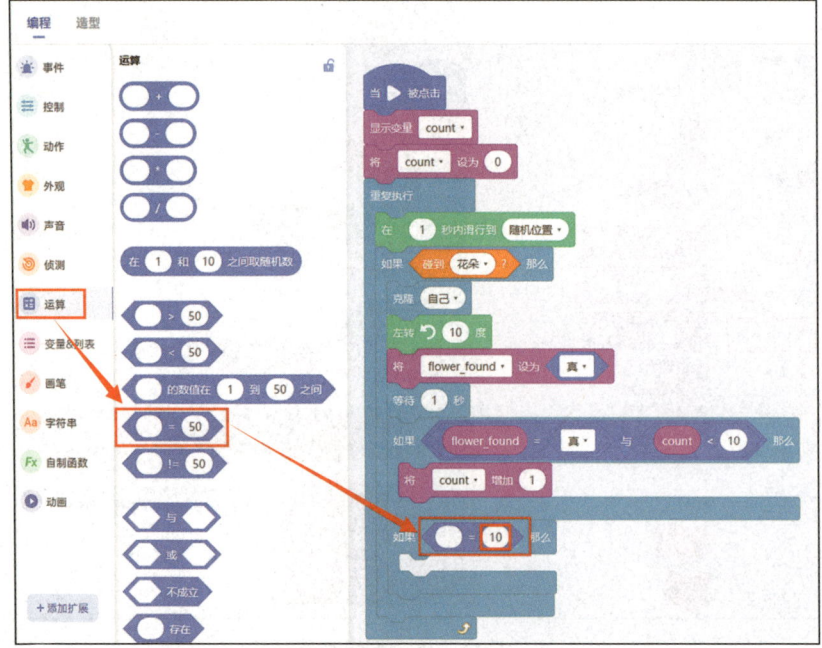

图 5-41 拼接"等于"积木

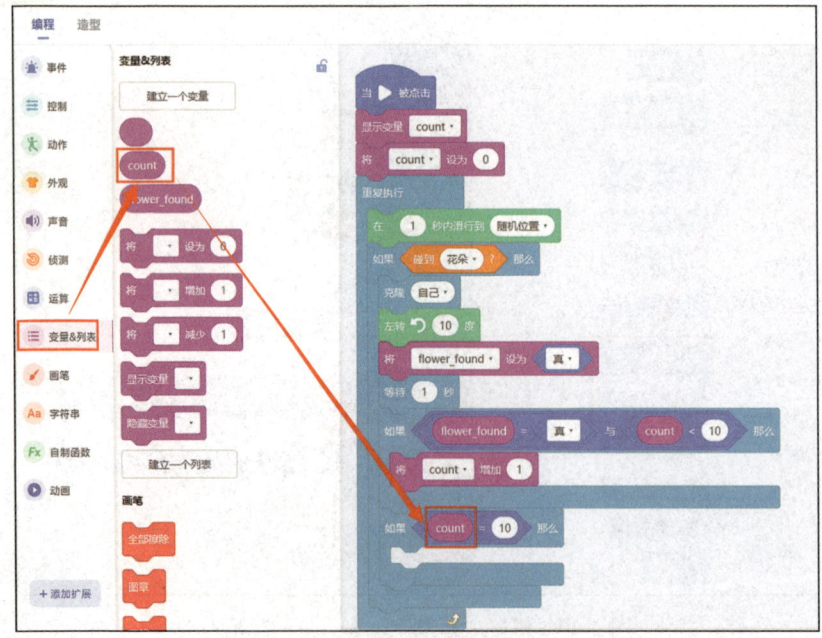

图 5-42 拼接"count 变量"积木

12）在"控制"类积木中找到  并把它拖曳到编程区

的中间，如图 5-43 所示。

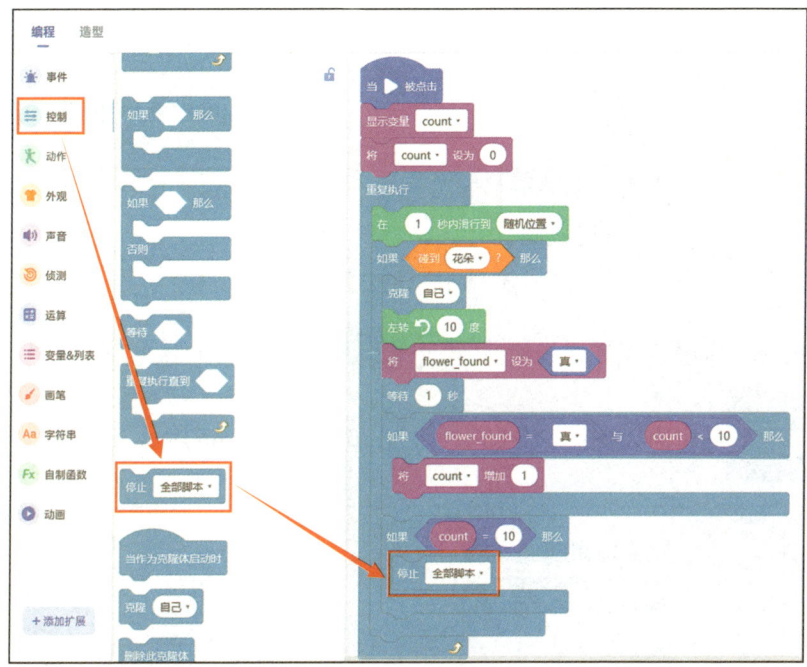

图 5-43　拼接"停止全部脚本"积木

3. 当"小蜜蜂"作为克隆体启动时，随机飞舞，遇到舞台边缘就反弹

1）在"控制"类积木中找到 当作为克隆体启动时 并把它拖曳到编程区，如图 5-44 所示。

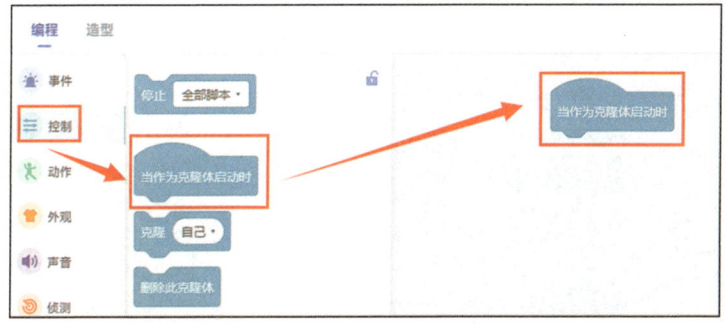

图 5-44　拼接"当作为克隆体启动时"积木

2）在"控制"类积木中找到 [重复执行] 并把它拖曳到编程区 [当作为克隆体启动时] 的下方，如图 5-45 所示。

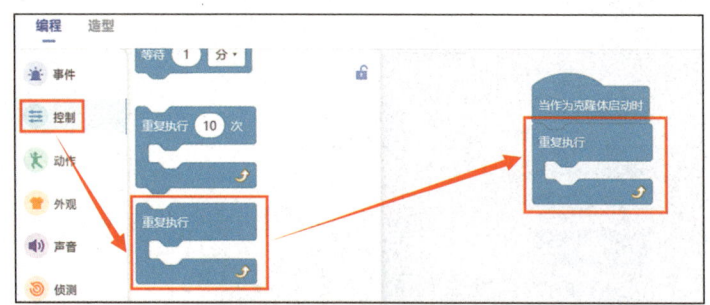

图 5-45　拼接"重复执行"积木

3）在"动作"类积木中找到 [在 1 秒内滑行到 随机位置] 并把它拖曳到编程区 [重复执行] 的中间，将其中的数值修改为"3"，如图 5-46 所示。

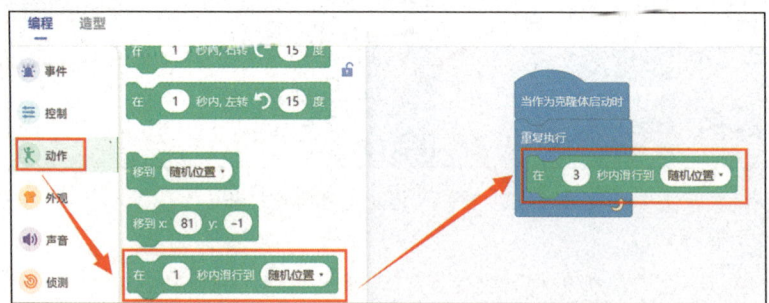

图 5-46　拼接"在 × 秒内滑行到随机位置"积木

4）在"动作"类积木中找到 [碰到边缘就反弹] 并把它拖曳到编程区 [在 3 秒内滑行到 随机位置] 的下方，如图 5-47 所示。

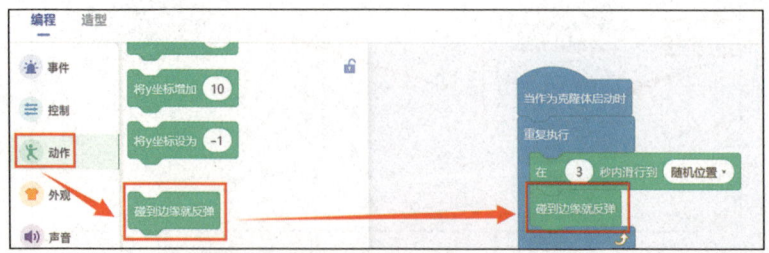

图 5-47　拼接"碰到边缘就反弹"积木

5.4.3 动动手：保存作品

参考之前的作品保存方式，将这个新作品导出到计算机的专属文件夹中。

5.5 理一理：编程思路

"勤劳的小蜜蜂"程序的编写思路如图 5-48 所示。

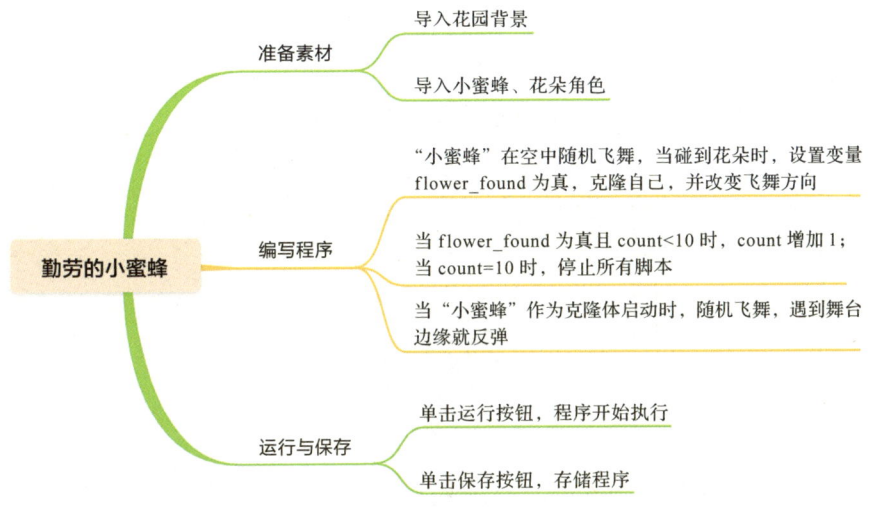

图 5-48 "勤劳的小蜜蜂"程序的编写思路

5.6 身边的信息科技

计算机中的逻辑运算又被称为"布尔运算"，现阶段我们需要掌握的逻辑运算包括逻辑与运算、逻辑或运算和逻辑非运算。在这三种运算中，只有逻辑非运算是一元逻辑运算（有一个运算参数），其他两种均是二元逻辑运算（有两个运算参数）。

逻辑运算只有两个布尔值：0 表示假值（False）；1 表示真值（True）。

1. 逻辑与运算（AND）

逻辑与运算的运算规则是：全一为一，有零为零。也就是说，只有当两个参数值都为 1 时，结果才为 1，其他情况均为 0，见表 5-1。

表 5-1　逻辑与真值表

A	B	A AND B
1	1	1
1	0	0
0	1	0
0	0	0

2. 逻辑或运算（OR）

逻辑或运算的运算规则是：全零为零，有一为一。也就是说，只有当两个参数值都为 0 时，结果才为 0，其他情况均为 1，见表 5-2。

表 5-2　逻辑或真值表

A	B	A OR B
1	1	1
1	0	1
0	1	1
0	0	0

3. 逻辑非运算（NOT）

逻辑非运算的运算规则是：一变零，零变一。也就是说，当参数值为 1 时结果为 0，当参数值为 0 时结果为 1，见表 5-3。

表 5-3　逻辑非真值表

A	NOT A
1	0
0	1

5.7 小小程序员技能

1. 复杂的嵌套结构（编程能力等级 GESP 三级）

复杂的嵌套结构是指使用多层次、多嵌套的控制结构来构建复杂逻辑的编程方法。常用的控制结构包括循环结构（重复、直到等）和条件结构（如果、否则等）。通过将这些控制结构相互嵌套，可以创建更复杂的程序逻辑，实现多样化的功能。

本案例中，我们使用"循环结构—条件结构—条件结构"的层层嵌套，实现：当运行被点击时，"小蜜蜂"重复执行飞行到随机位置，并检测其是否碰到"花朵"，当碰到"花朵"，又同时满足变量 count<10 时，增加变量 count 的值。

2. 复杂的逻辑运算（编程能力等级 GESP 三级）

复杂的逻辑运算是指使用多个逻辑操作符和表达式来构建复杂的逻辑判断和条件控制。它通过组合和嵌套逻辑操作符（与、或、非等）以及逻辑表达式（比较、相等性、存在性等）来实现更复杂的逻辑功能。

本案例中，我们使用"与""等于""小于""真"运算积木，来实现变量 flower_found 是否为"真"和变量 count 是否"小于 10"的逻辑判断。

第 6 章

飞得更高

6.1 去观察

在一个阳光明媚的早上,柚子老师带领学生们在操场上玩耍。突然,一群小鸟飞过,引起了学生们的注意,他们纷纷停下手中的游戏,聚精会神地观察着这群小鸟。学生们惊讶地发现,这些小鸟的翅膀形态各异:有的小鸟翅膀长而窄,展开时能形成三角形;有的小鸟翅膀则较为宽阔,展开时犹如扇子;还有的小鸟翅膀比较圆滑,毛茸茸的翅膀表面非常厚实。

明明好奇地问:"老师,为什么小鸟的翅膀形状不一样呢?"

老师微笑着回答:"小鸟的翅膀形态取决于它们的生活环境和飞行习性。长而窄的翅膀适合远距离的高速飞行,如猎鸟或候鸟;短而圆的翅膀则更适合在密集的林木间快速穿梭,这类小鸟适合生活在森林中。不同形态的翅膀赋予了小鸟们适应不同环境的能力。"

这时,程程问:"我们能不能比较一下这些小鸟谁飞得最高呢?"

老师点头回答:"当然可以!可以根据它们的飞行方式和体型来推测飞行高度。你们可以通过观察小鸟在飞行中的表现以及飞行高度进行排序。"

学生们兴致勃勃地开始观察和记录。他们注意到,翅膀长而窄的小鸟能够在空中轻盈地飞翔,高度明显超过拥有其他翅膀类型的小鸟。相比之下,拥有宽阔翅膀的小鸟虽然能够滑翔一段时间,但不能达到与翅膀长而窄的小鸟同样的飞行高度。拥有毛茸茸、厚实翅膀的小鸟飞行高度相对较低。

最终,学生们根据观察记录和数据整理,将拥有不同类型翅膀的小鸟的飞行高度进行了排序。这个简单而有趣的观察活动,让学生们不仅享受了户外的游戏时光,还培养了他们对于自然界的观察力和科学探究的兴趣。

6.2 看程序

扫描二维码，按以下方法操作，可以看到本案例的呈现效果。

1）单击 ▶运行 按钮，启动程序。

2）呈现小鸟在天空中自由飞行，如图 6-1 所示。

图 6-1　小鸟自由飞行

3）单击"排序"按钮，根据预先设置的飞行高度对所有的小鸟进行排序，如图 6-2 所示。

图 6-2　选择排序

4）根据排序结果，调整小鸟的飞行高度，如图 6-3 所示。

图 6-3 调整小鸟的飞行高度

6.3 设计思路

此程序主要涉及"变量与列表"与"选择排序",具体思路如下。

1)布置舞台背景,导入天空背景,"排序"按钮角色以及三种小鸟角色。

2)当运行被单击时,执行以下动作:

①小鸟在天空中随机自由飞行。

②利用不同的小鸟造型模拟飞行过程。

3)当"排序"按钮被单击时,执行以下动作:

①利用"选择排序"算法对 3 个飞行高度数值进行排序。

②根据排序结果,利用"移动"积木,使小鸟调整到合适的飞行高度。

6.4 动手编程

6.4.1 动动手:布置舞台

准备本章所需资源"飞得更高",如图 6-4 所示。

图 6-4 素材图片

学编程 3：动植物发现小创客

1）进入图形化编程环境，单击"文件"菜单，选择"新建作品"命令，如图 6-5 所示。

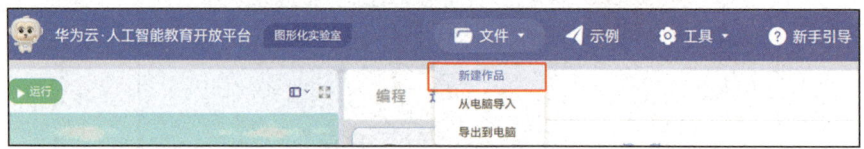

图 6-5　新建作品

2）添加背景。

①新建作品默认使用空白背景。将背景图修改为"飞得更高"文件夹中的"天空"图片。在角色背景区，单击"空白背景"图标，然后单击"背景"，切换到背景选项卡。单击最下方的➕按钮，如图 6-6 所示。

图 6-6　添加背景

②选择"素材库"选项，在弹出的"素材库"窗口中，选择左侧"自有素材"下面的"背景"选项，单击➕按钮上传自有素材中的背景，如图 6-7 所示。

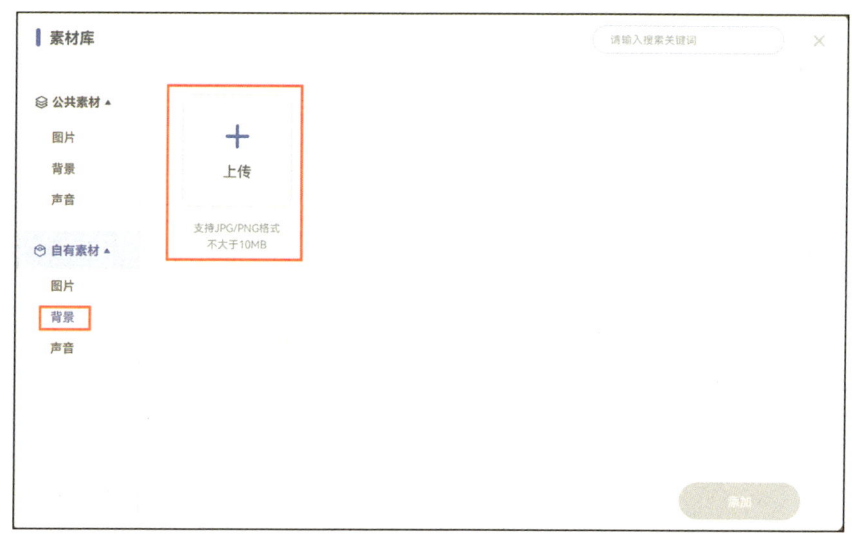

图 6-7 背景上传界面

③选中"天空"图片,单击"打开"按钮进行上传,如图 6-8 所示。

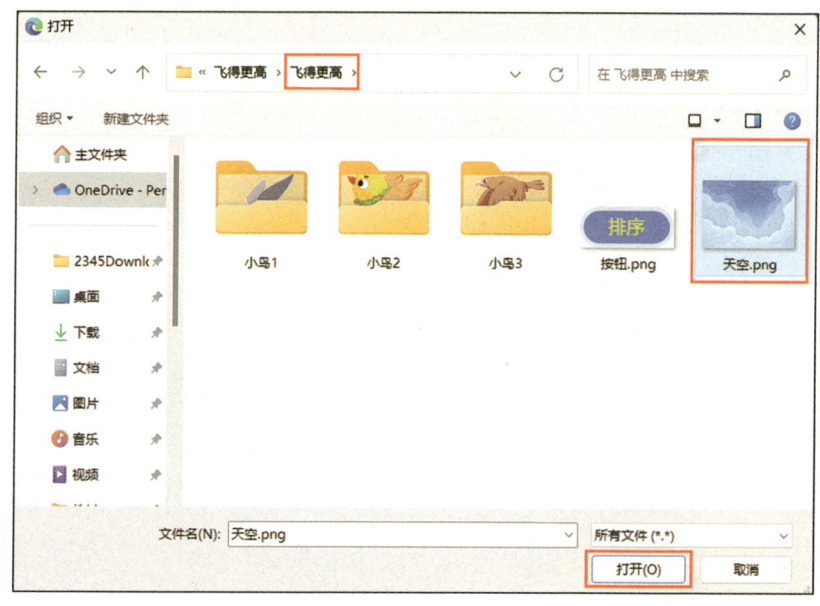

图 6-8 上传"天空"图片

④稍等片刻就可以在"历史上传素材"中看到已经上传的图片。选择"天空"图片,单击"添加"按钮即可完成添加,如图 6-9 所示。

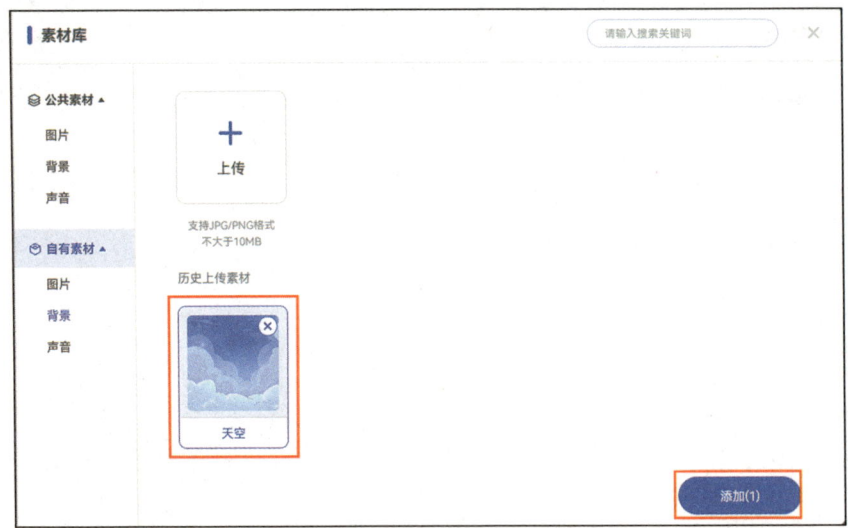

图6-9 添加"天空"背景

⑤将默认的空白背景删除,如图6-10所示。

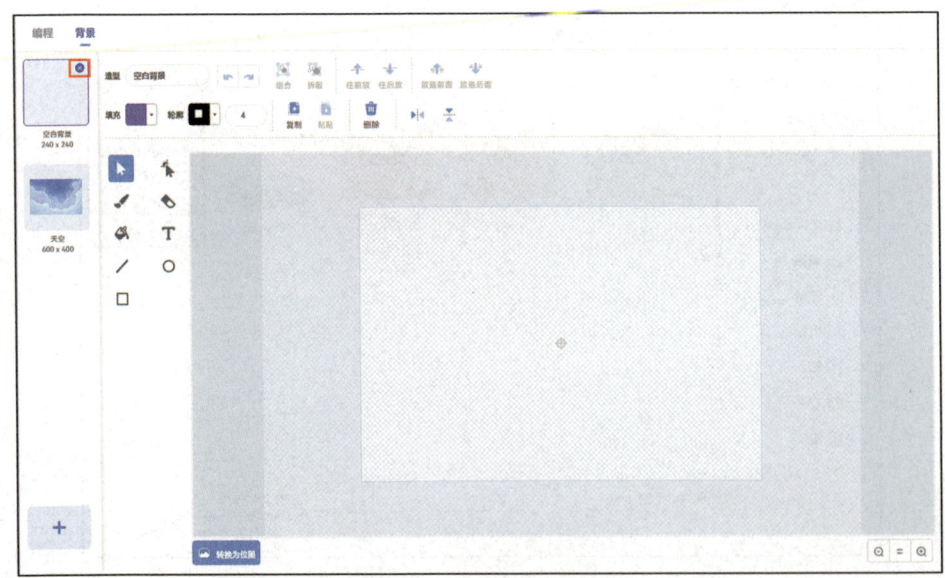

图6-10 删除空白背景

3)添加角色和造型。

①新建"小鸟1"角色。单击角色背景区右下方的"挑素材"按钮。选择

"素材库"选项,在"自有素材"的"图片"中,上传"小鸟1"文件夹中的"小鸟1"图片。上传成功后选择"小鸟1"图片,单击"添加"按钮即可添加角色,如图6-11~图6-13所示。

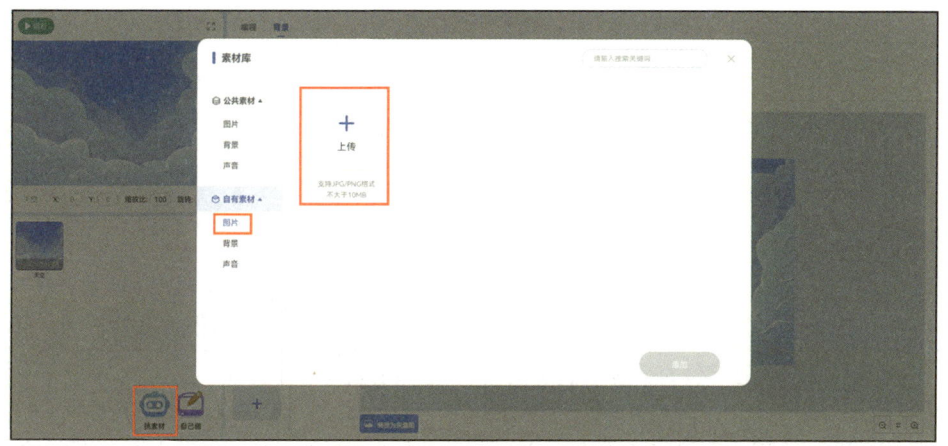

图6-11 图片上传界面

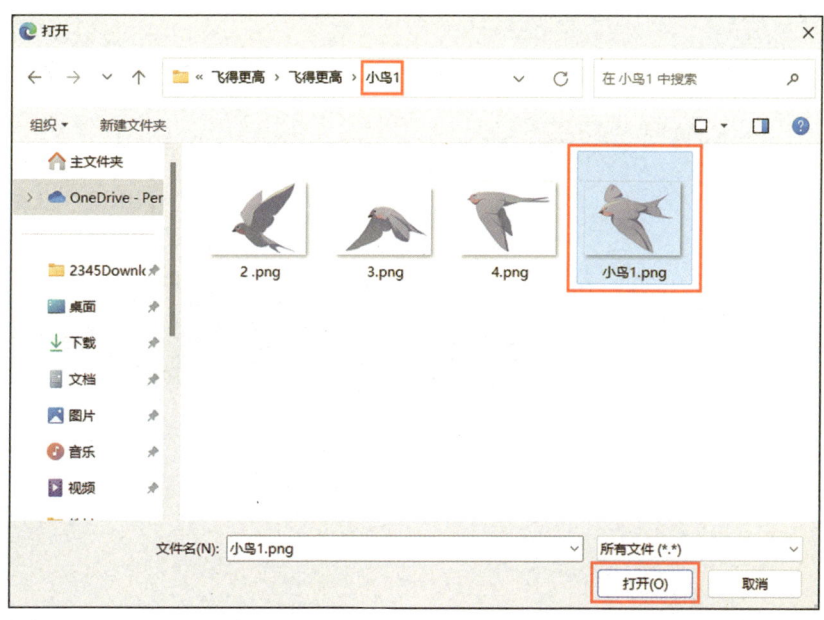

图6-12 上传"小鸟1"图片

学编程3：动植物发现小创客

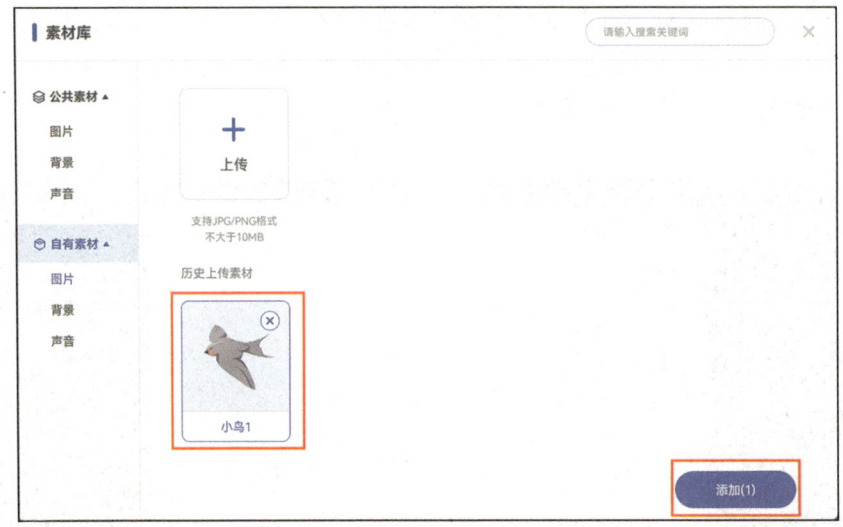

图 6-13　添加"小鸟 1"角色

②添加造型。在角色背景区，选择希望添加造型的"小鸟 1"角色图标，单击积木区中的"造型"切换到"造型"选项卡。之后单击最下方的 ✚ 按钮，如图 6-14 所示。

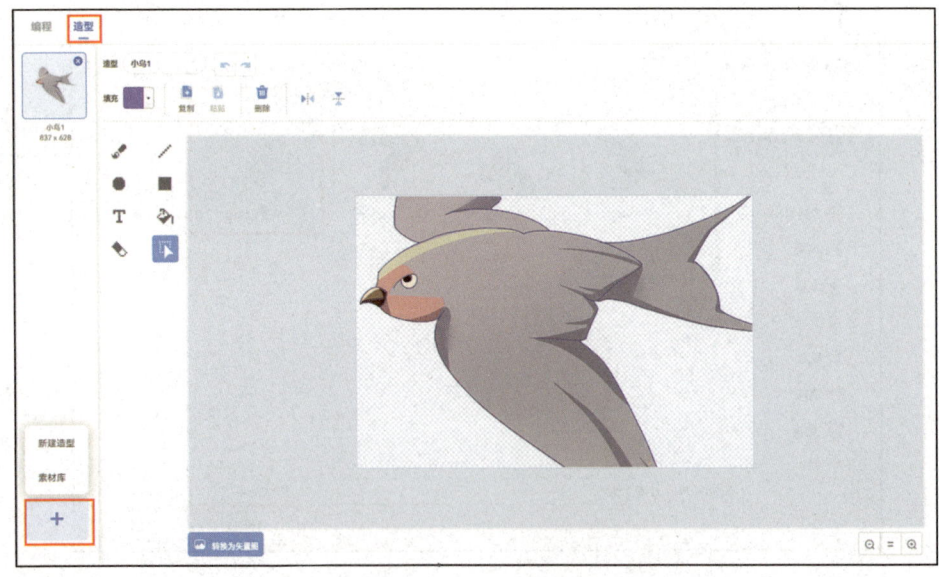

图 6-14　添加新造型

③选择"素材库"选项，在所弹出的窗口中选择"自有素材"下的"图

片",依次上传"小鸟1"文件夹中剩余的图片。上传成功之后选择多个小鸟造型单击"添加"按钮即可完成添加,如图6-15～图6-17所示。

图6-15　图片上传界面

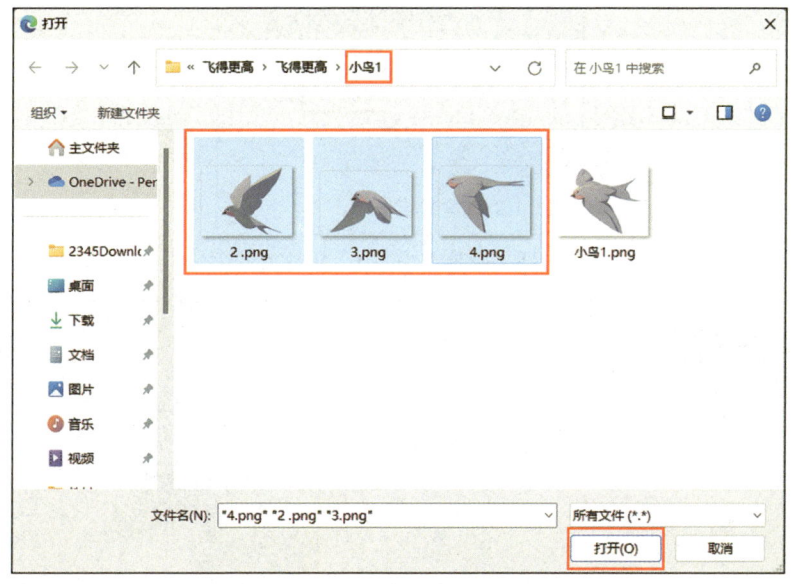

图6-16　上传多张小鸟图片

④调整角色大小。将"小鸟1"角色的缩放比修改为10,如图6-18所示,完成后的"小鸟1"造型如图6-19所示。

学编程3：动植物发现小创客

图 6-17　添加多个小鸟造型

图 6-18　调整"小鸟1"角色的大小

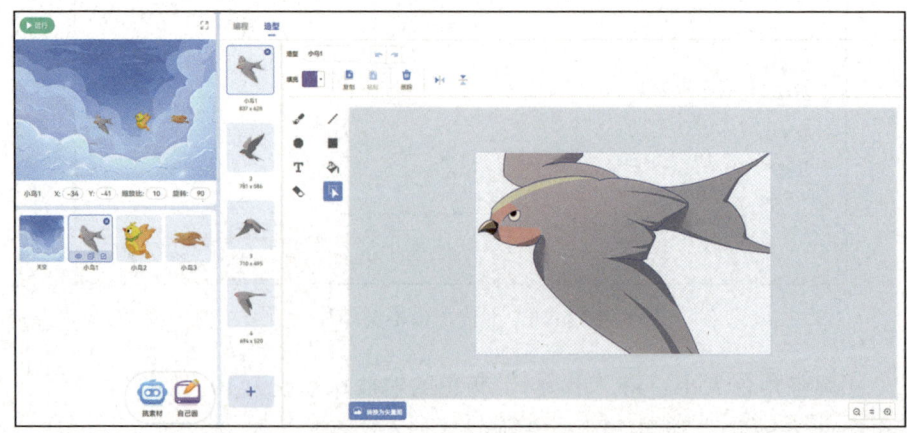

图 6-19　"小鸟1"角色造型

⑤重复步骤①~④，添加"小鸟2""小鸟3"角色及其相应的造型，如图 6-20 和图 6-21 所示。

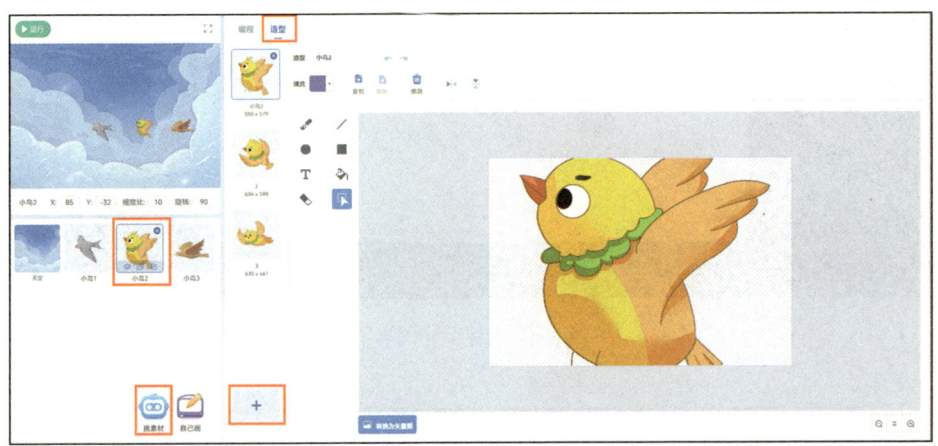

图 6-20 "小鸟2"角色造型

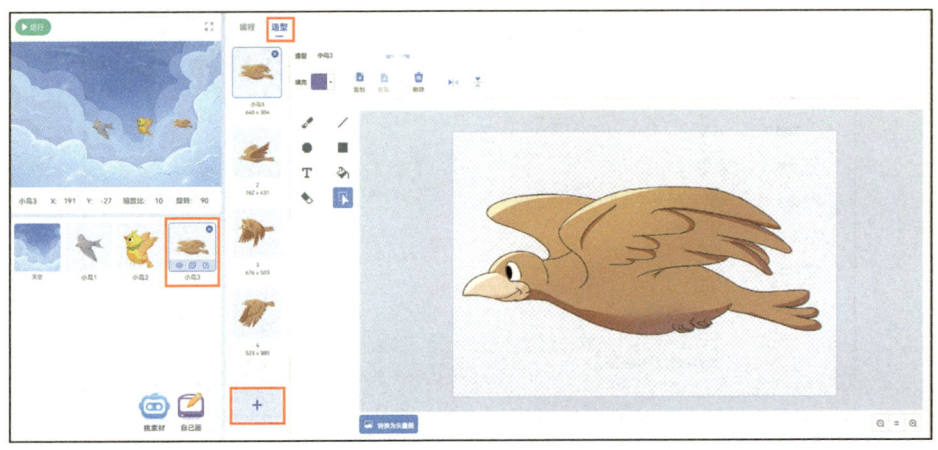

图 6-21 "小鸟3"角色造型

4）新建"排序"按钮角色。

①单击角色背景区右下方的"挑素材"按钮。选择"素材库"选项，在"自有素材"下的"图片"中，上传"飞得更高"文件夹中的"按钮"图片。上传成功后选择"按钮"图片，单击"添加"按钮即可完成添加，如图 6-22~图 6-24 所示。

学编程 3：动植物发现小创客

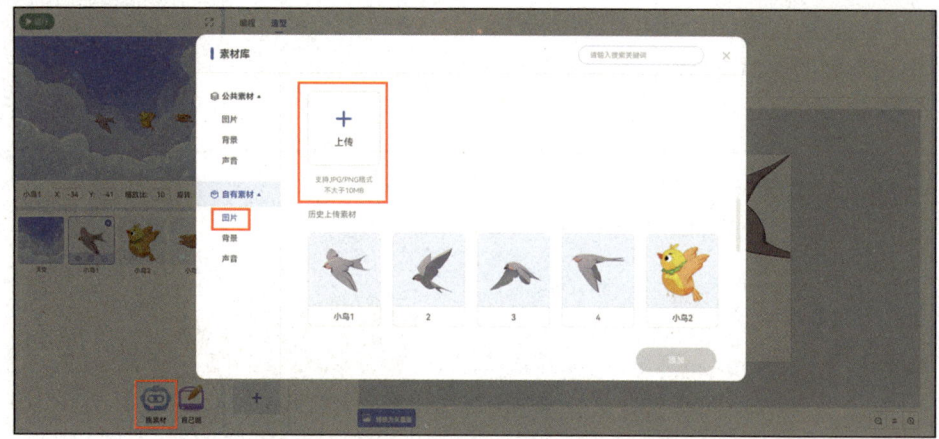

图 6-22　图片上传界面

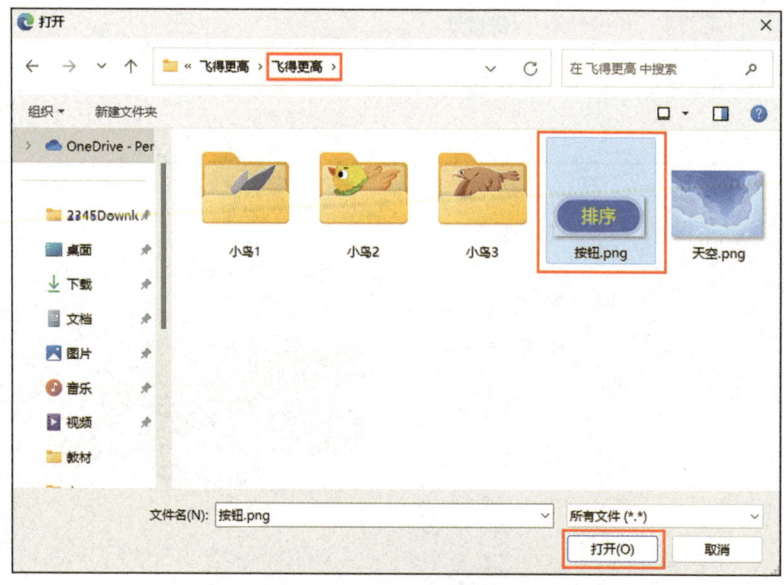

图 6-23　上传"按钮"图片

②调整角色的位置与大小。将"按钮"角色的位置坐标修改为 X: 240, Y: −170，将缩放比修改为 150，如图 6-25 所示。

6.4.2　动动手：搭积木

"搭积木"实际上是"编写操作指令"，操作步骤如下。

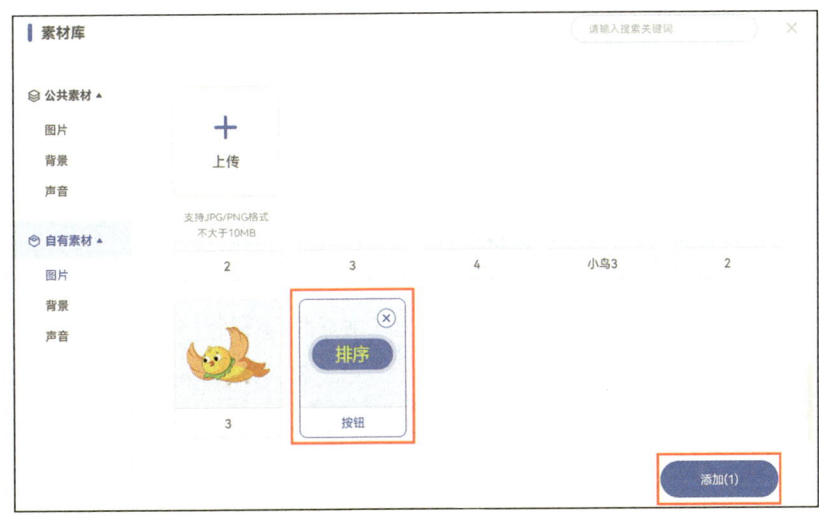

图 6-24 添加"按钮"角色

图 6-25 调整"按钮"角色的位置与大小

1. 当运行被单击时，小鸟随机飞行

1）单击积木区中的"编程"切换到"编程"选项卡。选择"角色背景区"的"小鸟1"角色图标，在"事件"类积木中找到 当 被点击 并把它拖曳到编程区，如图 6-26 所示。

学编程 3：动植物发现小创客

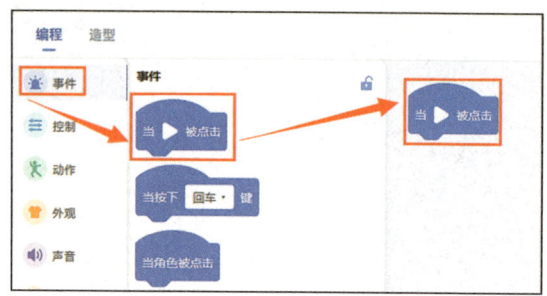

图 6-26 拼接"当运行被点击"积木

2）在"控制"类积木中找到 ![重复执行] 并把它拖曳到编程区 ![当被点击] 的下方，如图 6-27 所示。

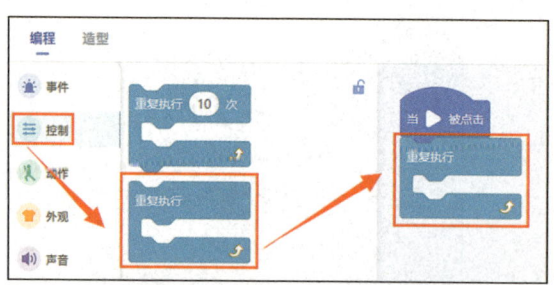

图 6-27 拼接"重复执行"积木

3）在"动作"类积木中找到 ![在1秒内滑行到随机位置] 并把它拖曳到编程区 ![重复执行] 的中间，并将第一个白框内的数字修改为"3"，如图 6-28 所示。

4）在"事件"类积木中找到 ![当被点击] 并把它拖曳到编程区，如图 6-29 所示。

5）在"控制"类积木中找到 ![重复执行] 并把它拖曳到编程区 ![当被点击] 的下方，如图 6-30 所示。

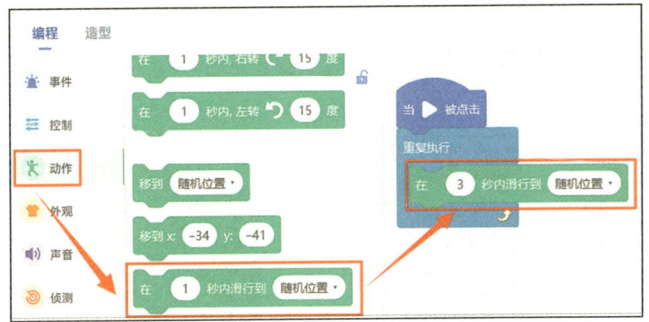

图 6-28 拼接"在 × 秒内滑行到随机位置"积木

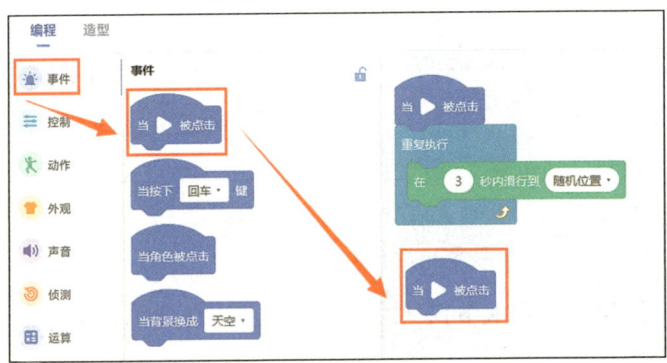

图 6-29 拼接"当运行被点击"积木

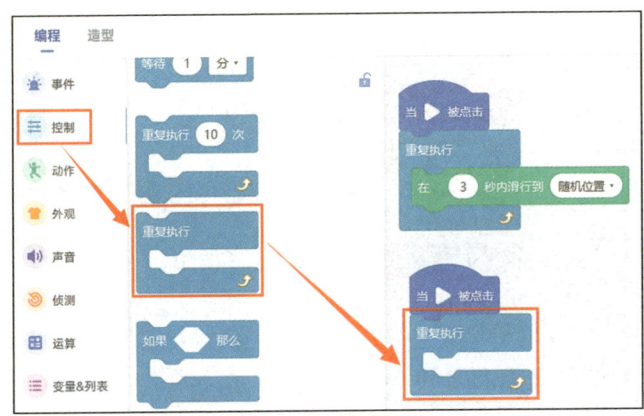

图 6-30 拼接"重复执行"积木

6）在"控制"类积木中找到 并把它拖曳到编程区  的

中间。将白框中的数字修改为"0.3"，如图 6-31 所示。

学编程 3：动植物发现小创客

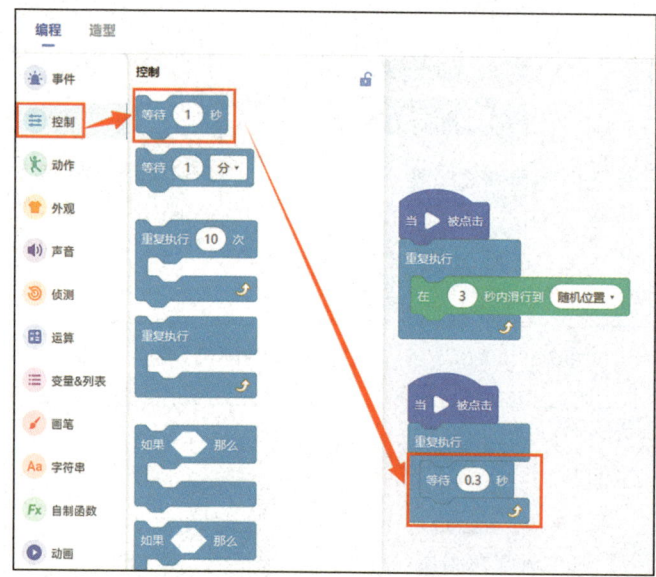

图 6-31 拼接"等待"积木

7）在"外观"类积木中找到 下一个造型 并把它拖曳到编程区 等待 0.3 秒 的下方，如图 6-32 所示。

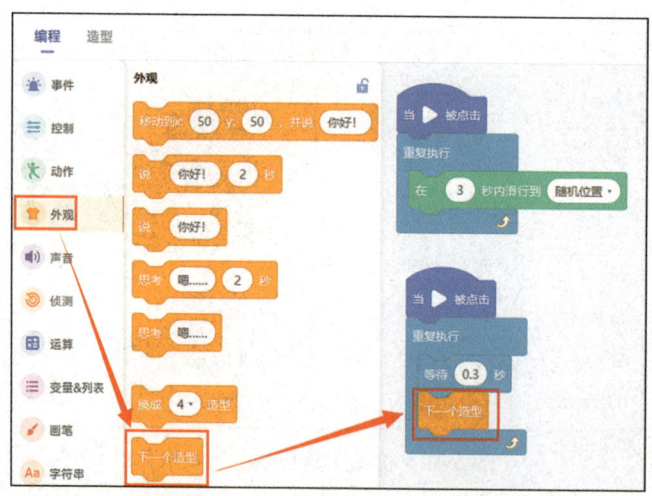

图 6-32 拼接"下一个造型"积木

重复步骤 1～7，设置"小鸟 2"和"小鸟 3"的随机飞行代码，如图 6-33 和图 6-34 所示。

图 6-33 拼接"小鸟 2"随机飞行积木

图 6-34 拼接"小鸟 3"随机飞行积木

2. 创建 3 个变量，分别保存 3 只小鸟的飞行高度，并将其加入"飞行高度"列表

1）单击积木区中的"编程"切换到"编程"选项卡。选择"角色背景区"的"按钮"角色图标，在"变量&列表"类积木中找到 建立一个变量 ，单击新建"小鸟 1 飞行高度"变量，如图 6-35 所示。

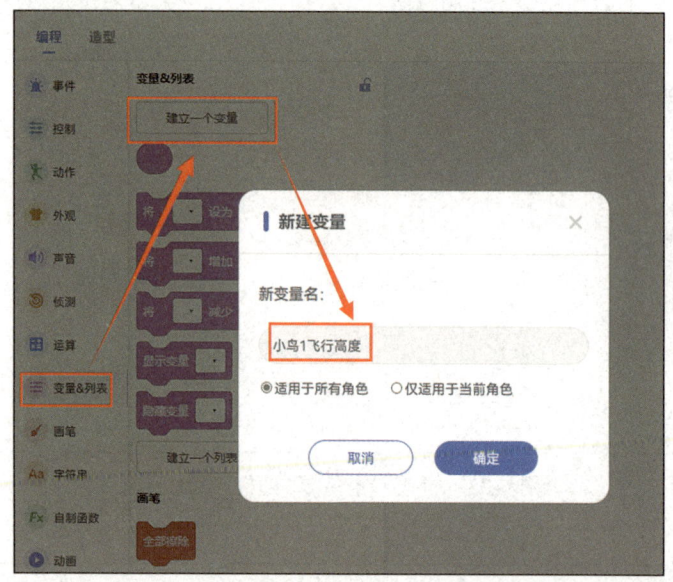

图 6-35 新建"小鸟 1 飞行高度"变量

2）按上述步骤分别新建"小鸟 2 飞行高度""小鸟 3 飞行高度"变量，如图 6-36 所示。

3）在"变量&列表"类积木中找到 建立一个列表 ，单击新建"飞行高度"列表，如图 6-37 所示。

4）在"事件"类积木中找到 当被点击 并把它拖曳到编程区，如图 6-38 所示。

5）在"变量&列表"类积木中找到 将 设为 0 并把它拖曳到编程区 当被点击 的下方。单击白框中的向下箭头，选择变量"小鸟 1 飞行高度"，将椭圆型框中的数字修改为"150"，如图 6-39 所示。

图 6-36　建立"小鸟 2 飞行高度""小鸟 3 飞行高度"变量

图 6-37　新建"飞行高度"列表

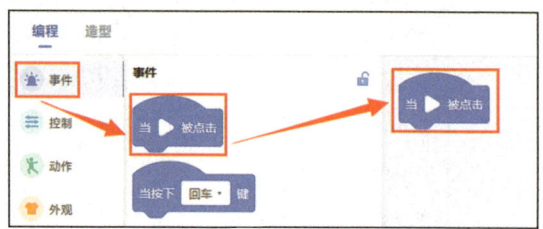

图 6-38　拼接"当运行被点击"积木

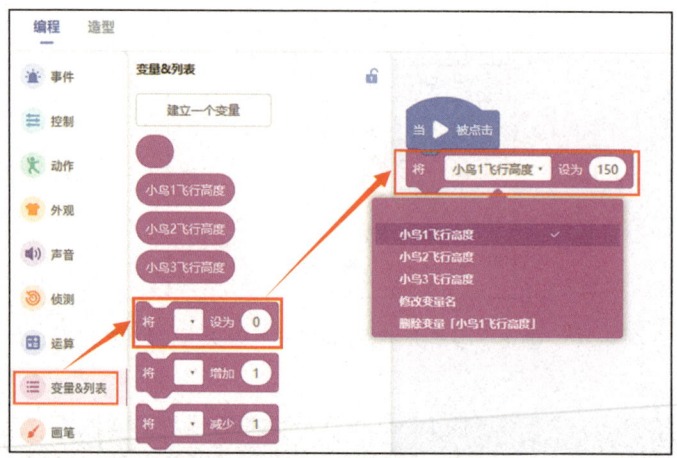

图 6-39　拼接第一个"将变量设为"积木

6）接上述步骤将"小鸟 2 飞行高度"设置为"20",将"小鸟 3 飞行高度"设置为"80",如图 6-40 所示。

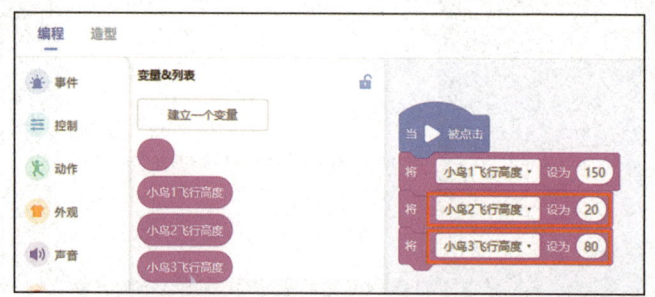

图 6-40　拼接第二个和第三个"将变量设为"积木

7）在"事件"类积木中找到 ,并把它拖曳到编程区 的下方,如图 6-41 所示。

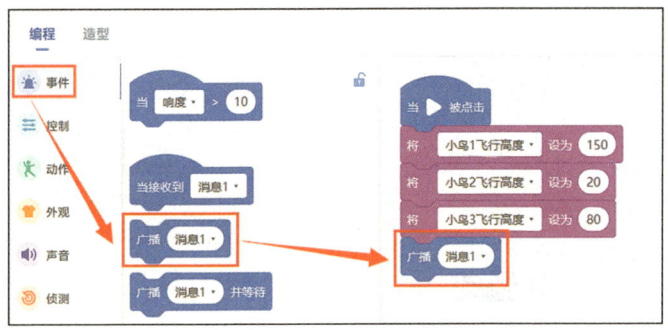

图 6-41 拼接"广播消息"积木

8）在"事件"类积木中找到 ![当接收到 消息1] 并把它拖曳到编程区，如图 6-42 所示。

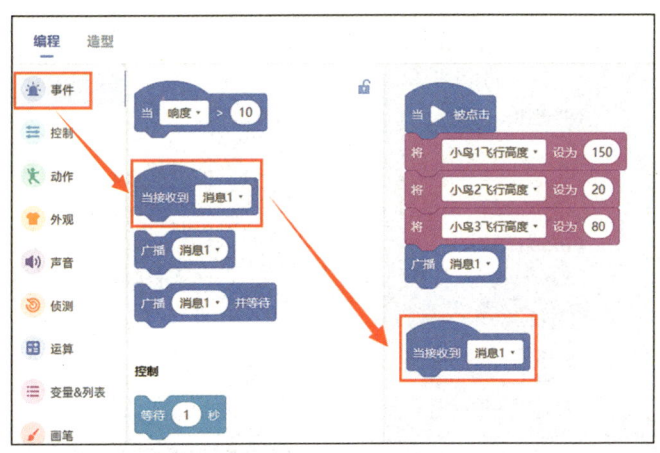

图 6-42 拼接"当接收到消息"积木

9）在"变量&列表"类积木中找到 ![删除 飞行高度 的全部项目] 并把它拖曳到编程区 ![当接收到 消息1] 的下方，如图 6-43 所示。

10）在"变量&列表"类积木中找到 ![将 东西 加入 飞行高度] 并把它拖曳到编程区 ![删除 飞行高度 的全部项目] 的下方。并将变量"小鸟1飞行高度"拖曳到"东西"的位置，如图 6-44 所示。

学编程 3：动植物发现小创客

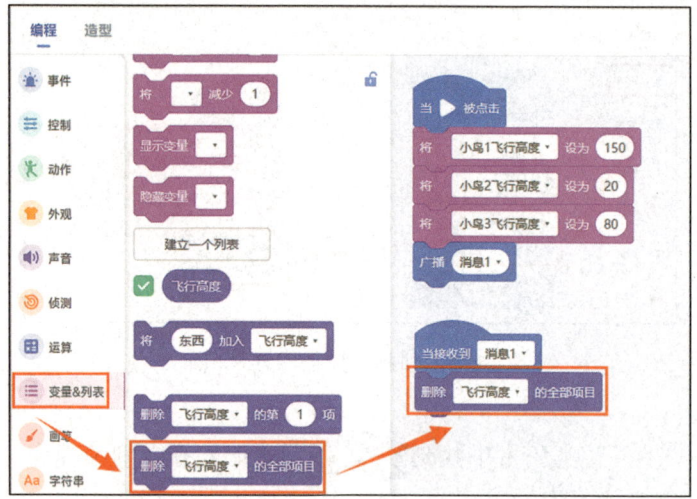

图 6-43　拼接"删除飞行高度的全部项目"积木

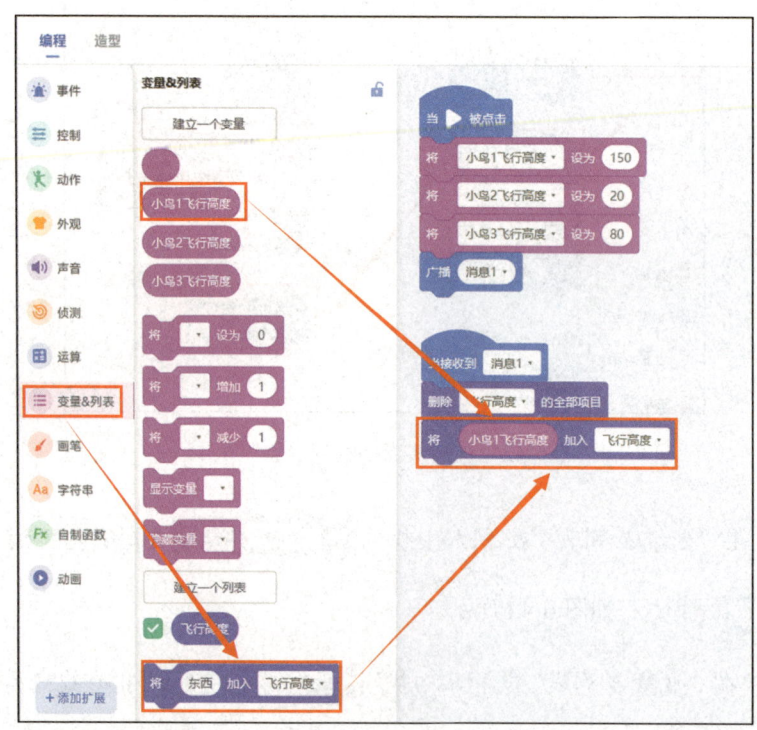

图 6-44　拼接第一个"将变量加入飞行高度"积木

11）按上述步骤将变量"小鸟2飞行高度""小鸟3飞行高度"加入"飞行高度"列表，如图6-45所示。

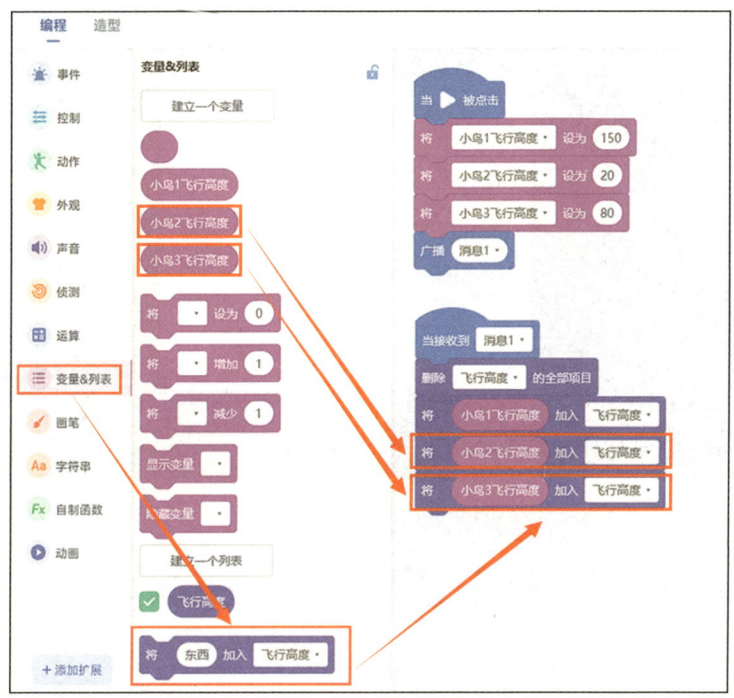

图6-45　拼接第二个和第三个"将变量加入飞行高度"积木

3.当单击"排序"按钮时，利用"选择排序"对3种小鸟的飞行高度进行排序

具体实现过程为：

①比较"列表第1项"与"列表第2项"的大小，如果前者大于后者，则交换它们的位置。

②比较"列表第1项"与"列表第3项"的大小，如果前者大于后者，则交换它们的位置。

③比较"列表第2项"与"列表第3项"的大小，如果前者大于后者，则交换它们的位置。

下面来搭建代码。

1）在"变量&列表"类积木中找到 ，单击建立临时变量temp，如图6-46所示。

学编程 3：动植物发现小创客

图 6-46　新建 temp 变量

2）在"事件"类积木中找到 ![当角色被点击] 并把它拖曳到编程区，如图 6-47 所示。

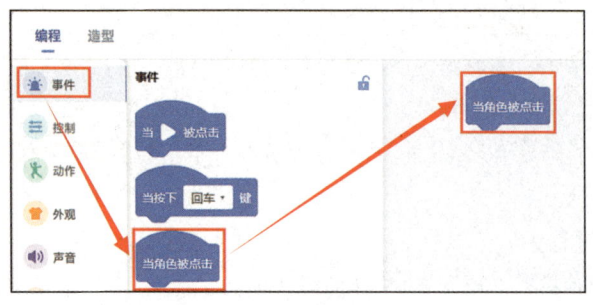

图 6-47　拼接"当角色被点击"积木

3）在"控制"类积木中找到 ![如果那么] 并把它拖曳到编程区 ![当角色被点击] 的下方，如图 6-48 所示。

4）在"运算"类积木中找到 ![○>50] 并把它拖曳到编程区 ![如果那么] 的六边形框中，如图 6-49 所示。

170

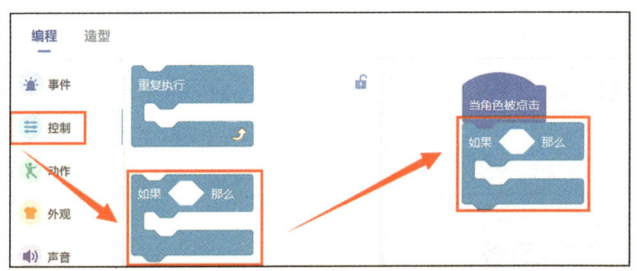

图 6-48 拼接"如果……那么……"积木

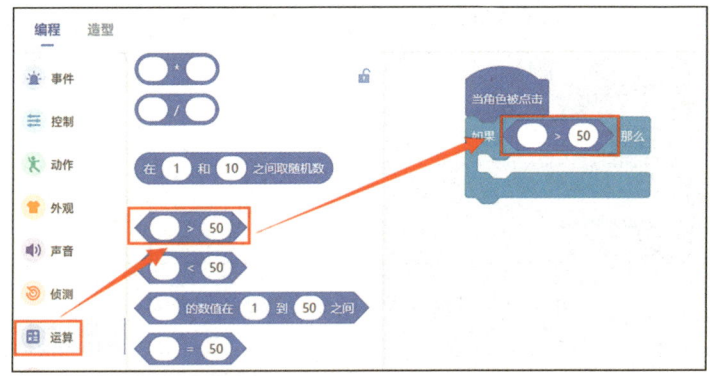

图 6-49 拼接"大于"积木

5）在"变量&列表"类积木中找到 飞行高度·的第 1 项 并将其拖曳到编程区 ◯ > 50 的第一个白框中，如图 6-50 所示。

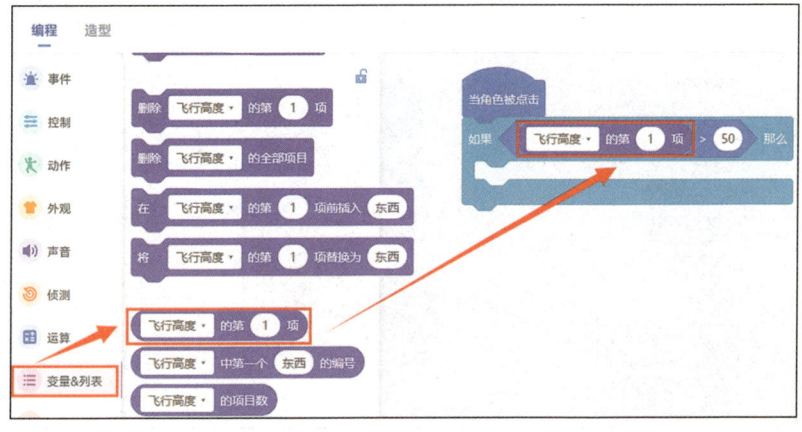

图 6-50 拼接"飞行高度的第 1 项"积木

6）在"变量&列表"类积木中找到 `飞行高度▼的第 1 项` 并将其拖曳到编程区 `飞行高度▼的第 1 项 > 50` 的第二个椭圆形白框中，并将其中的数字修改为"2"，如图 6-51 所示。

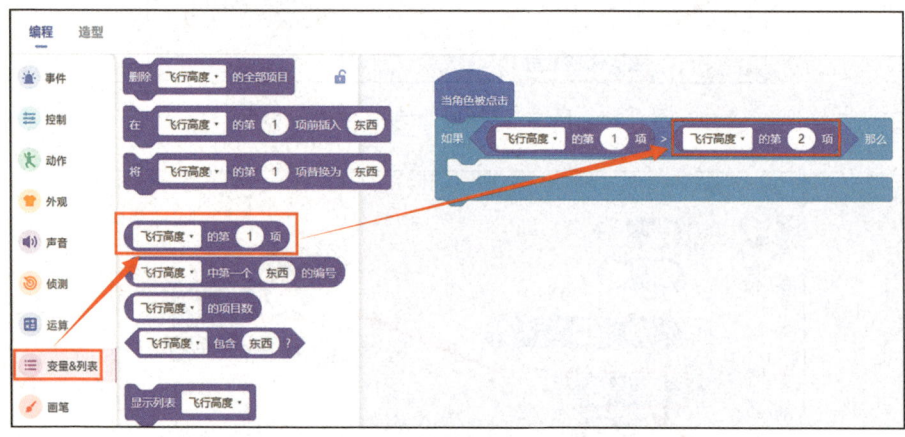

图 6-51 拼接"飞行高度的第 2 项"积木

7）在"变量&列表"类积木中找到 `将 ▼ 设为 0` 并将其拖曳到

的中间。单击白框中的向下箭头，选择变量 temp，如图 6-52 所示。

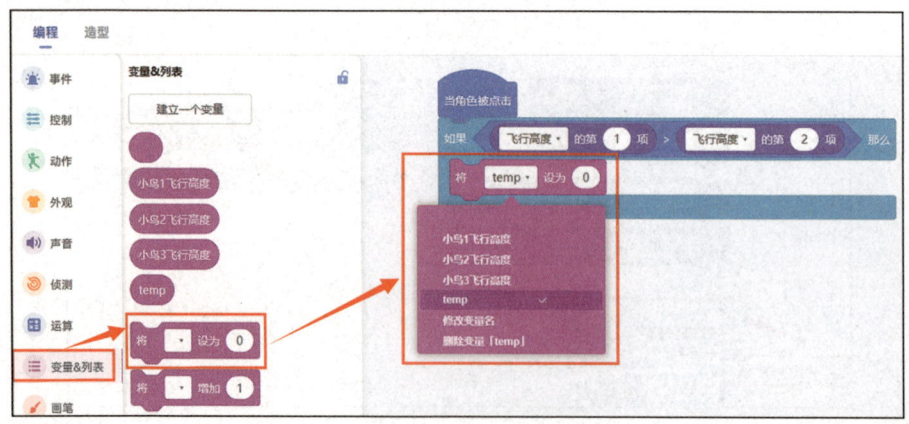

图 6-52 拼接"设为"积木

8）在"变量&列表"类积木中找到 飞行高度▼ 的第 1 项 并将其拖曳到编程区 将 temp▼ 设为 0 中"0"的位置，如图 6-53 所示。

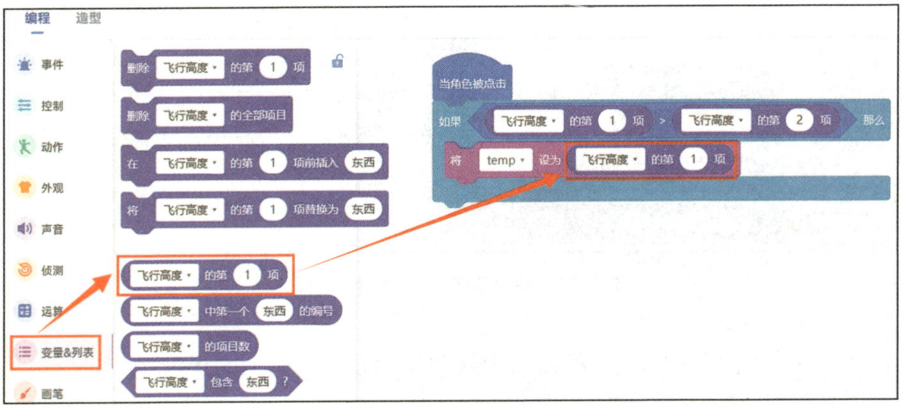

图 6-53　拼接第二个"飞行高度的第 1 项"积木

9）在"变量&列表"类积木中找到 将 飞行高度▼ 的第 1 项替换为 东西 并将其拖曳到编程区 将 temp▼ 设为 飞行高度▼ 的第 1 项 的下方，将其中的"东西"修改为积木 飞行高度▼ 的第 1 项，并将其中的"1"修改为"2"，如图 6-54 所示。

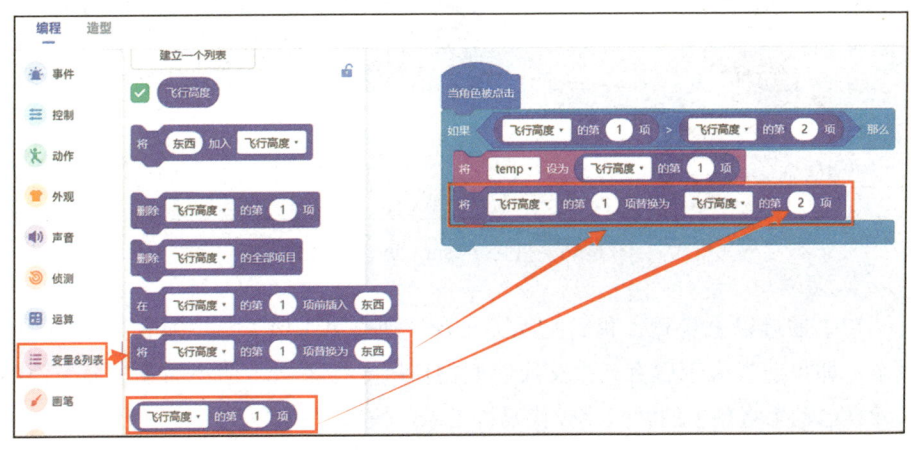

图 6-54　拼接第一个"替换"积木

10）在"变量&列表"类积木中找到 将 飞行高度▼ 的第 1 项替换为 东西 并将其拖曳到编程区 将 飞行高度▼ 的第 1 项替换为 飞行高度▼ 的第 2 项 的下方。将其中的数字"1"修改为"2"，如图 6-55 所示。

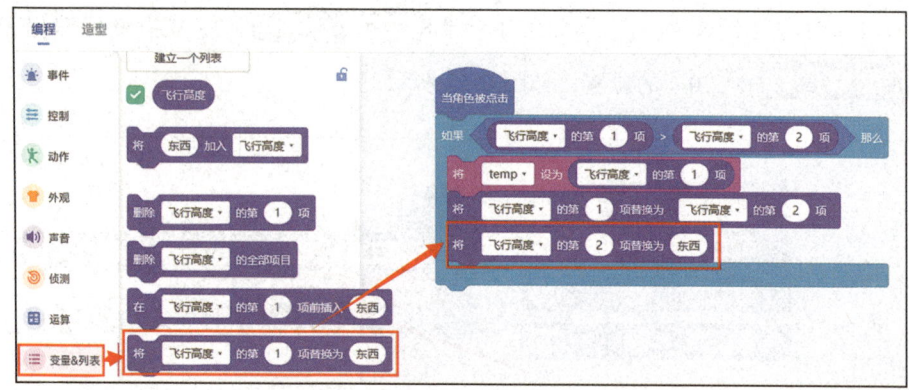

图 6-55 拼接第二个"替换"积木

11）在"变量&列表"类积木中找到 temp 并将其拖曳到积木 将 飞行高度 的第 2 项替换为 东西 中"东西"的位置，如图 6-56 所示。

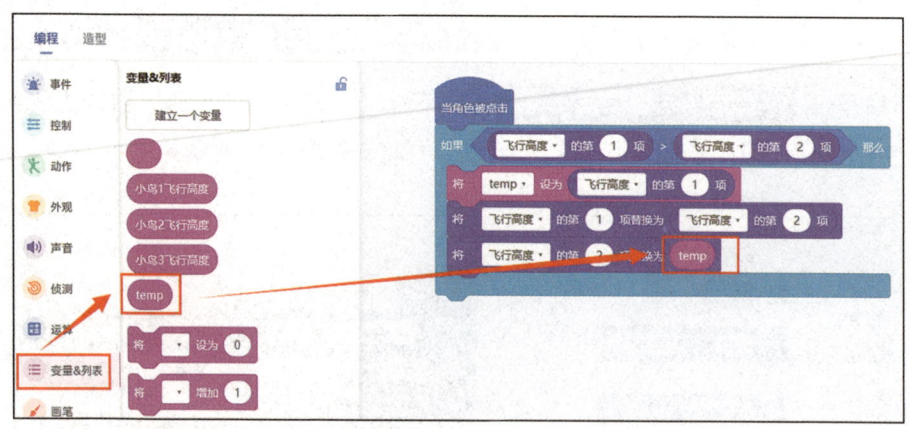

图 6-56 拼接"temp 变量"积木

12）通过以上步骤，我们实现了比较"列表第 1 项"与"列表第 2 项"的大小，如果前者大于后者，则交换它们的位置，接下来，请小朋友按照上面的步骤自己动手将剩下的两组比较代码拼出来，快来试一试吧！

实现"排序"的完整代码如图 6-57 所示。

13）在"事件"类积木中找到 广播 消息1 并把它拖曳到"排序"的完整代码下方。新建消息名称为"消息 2"，通知小鸟根据排序结果改变位置，如图 6-58 和图 6-59 所示。

图 6-57 "排序"的完整代码

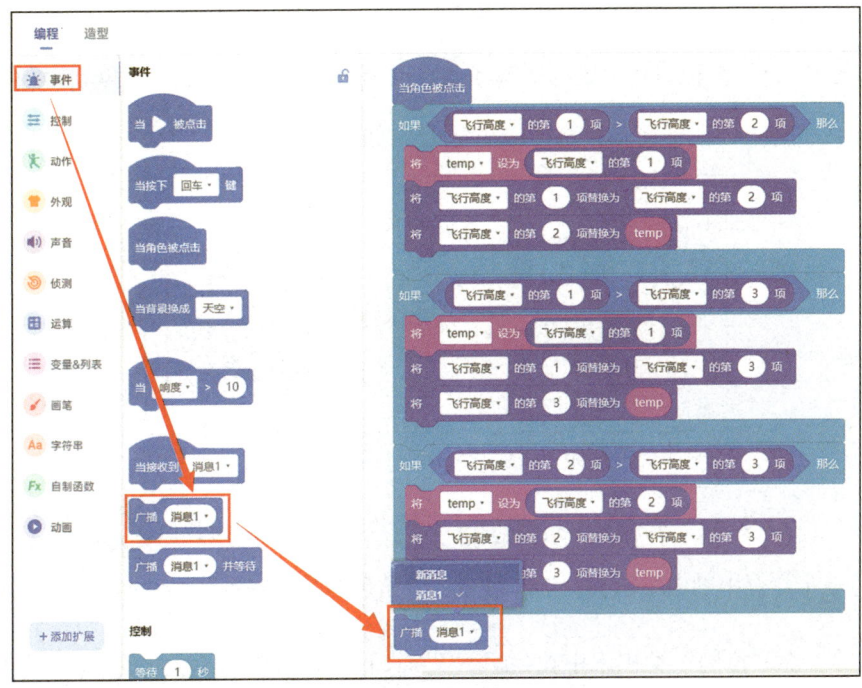

图 6-58 拼接"广播消息"积木

学编程 3：动植物发现小创客

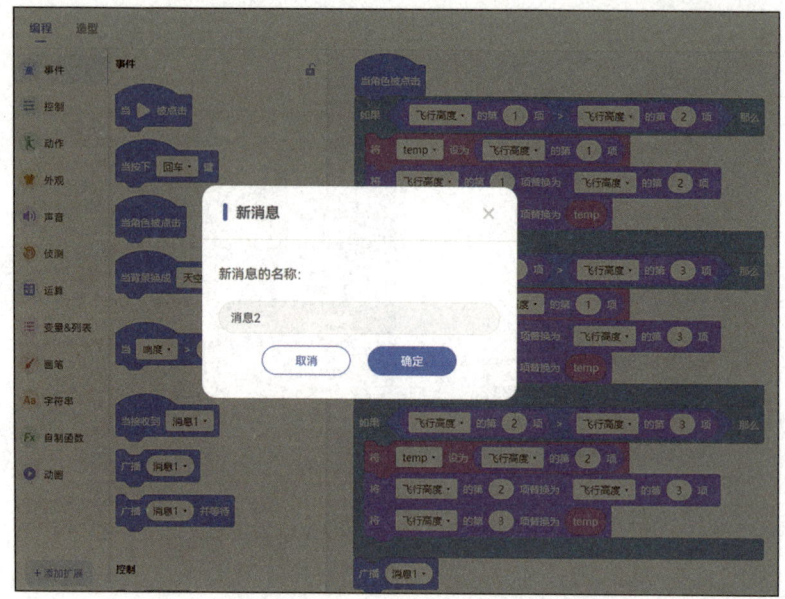

图 6-59　新建"消息 2"

4. 根据排序结果，改变小鸟的位置

1）单击积木区中的"编程"切换到"编程"选项卡。点选"角色背景区"的"小鸟 1"角色图标，在"事件"类积木中找到 当接收到 消息1· 并把它拖曳到编程区。单击白框旁边的向下箭头，选择"消息 2"，如图 6-60 所示。

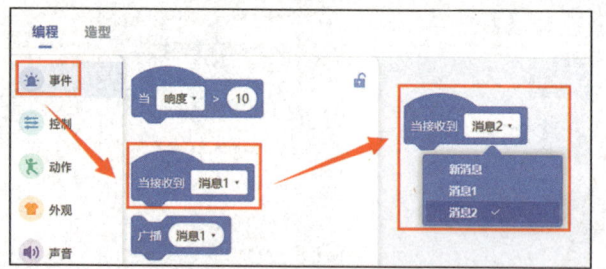

图 6-60　拼接"当接收到消息 2"积木

2）在"控制"类积木中找到 停止 全部脚本 并把它拖曳到编程区 当接收到 消息2· 的下方。单击白框中的向下箭头，选择停止"该角色的其他脚本"，如图 6-61 所示。

3）在"控制"类积木中找到 如果 那么 并把它拖曳到编程区 停止 该角色的其他脚本 的下方，如图 6-62 所示。

176

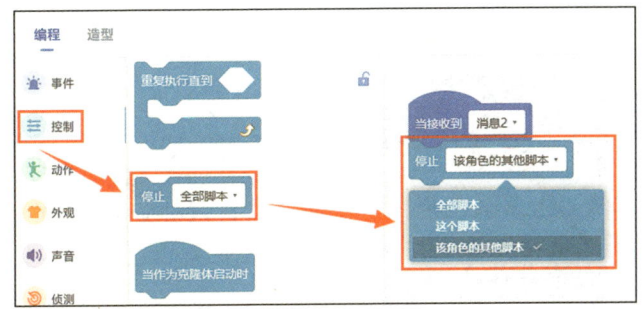

图 6-61 拼接"停止"积木

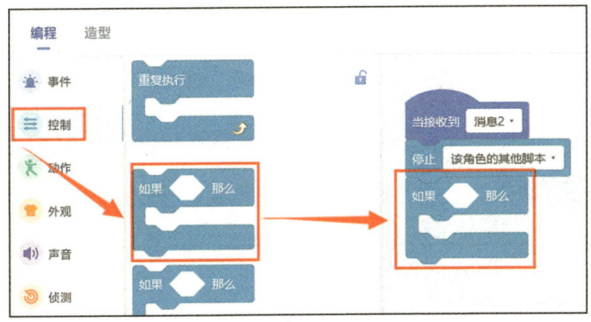

图 6-62 拼接"如果……那么……"积木

4）在"运算"类积木中找到 ⬭=50 并把它拖曳到编程区 的六边形框中。将其中的数字修改为"1"，如图 6-63 所示。

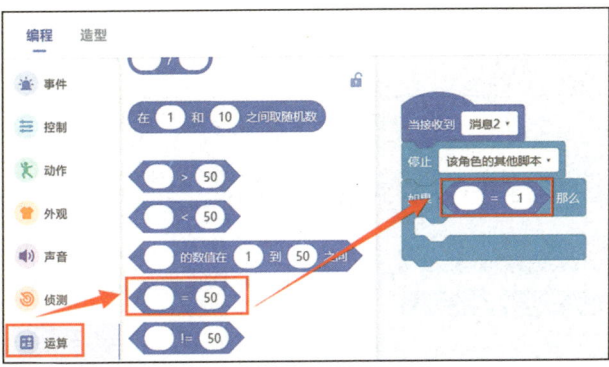

图 6-63 拼接"等于"积木

5）在"变量 & 列表"类积木中找到 飞行高度·中第一个 东西·的编号 并把它拖曳到编程区 ⬭=⬭ 的第一个白框中，如图 6-64 所示。

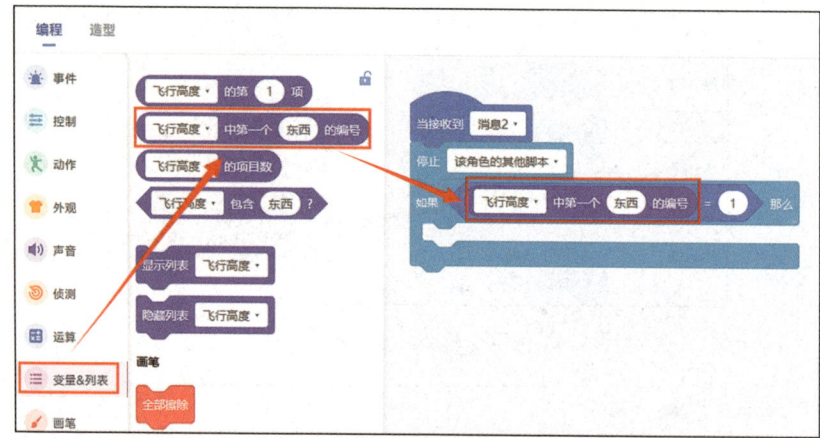

图 6-64 拼接"编号"积木

6）在"变量&列表"类积木中找到 小鸟1飞行高度 并把它拖曳到编程区 飞行高度·中第一个 东西 的编号 中"东西"的位置，如图 6-65 所示。

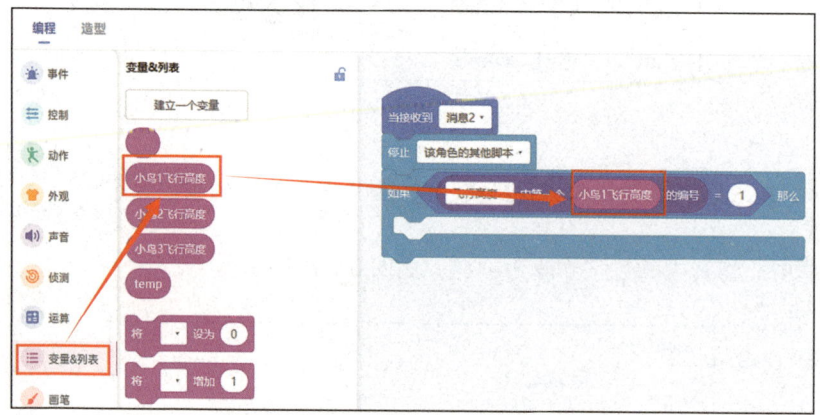

图 6-65 拼接"小鸟 1 飞行高度"积木

7）在"动作"类积木中找到 在 1 秒内滑行到 x: 178 y: -103 并把它拖曳到编程区

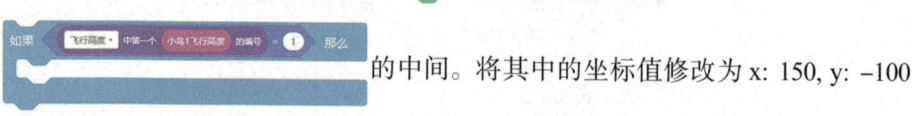

的中间。将其中的坐标值修改为 x: 150, y: -100, 如图 6-66 所示。

8）按照上述步骤设置排序后，当变量"小鸟 1 飞行高度"在列表"飞行高度"为其他编号时，移动到不同的位置，如图 6-67 所示。

9）同样地，查询排序后变量"小鸟 2 飞行高度""小鸟 3 飞行高度"在列表"飞行高度"中的编号，依据编号顺序调整小鸟位置，如图 6-68 和图 6-69 所示。

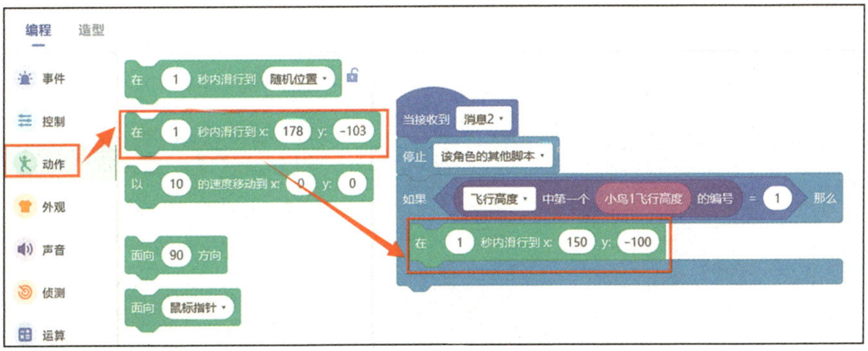

图 6-66　拼接"在 × 秒内滑行到"积木

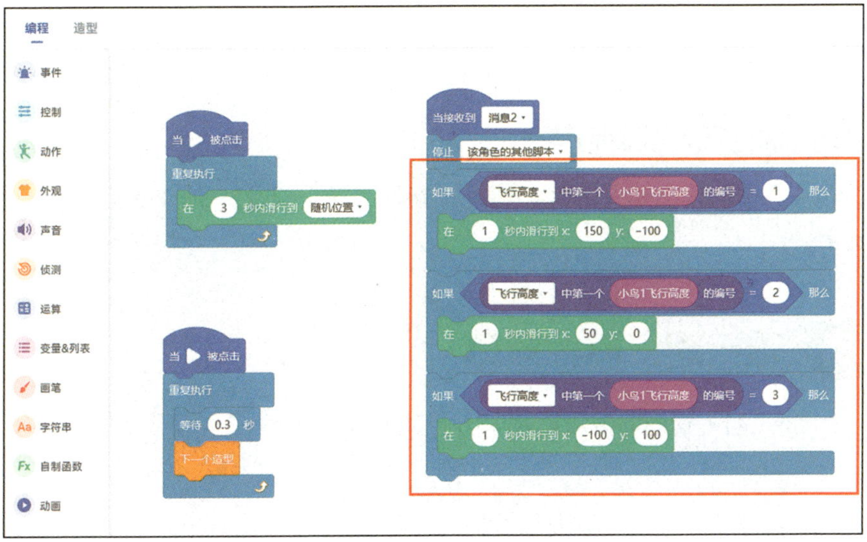

图 6-67　拼接"小鸟 1"位置的其他积木

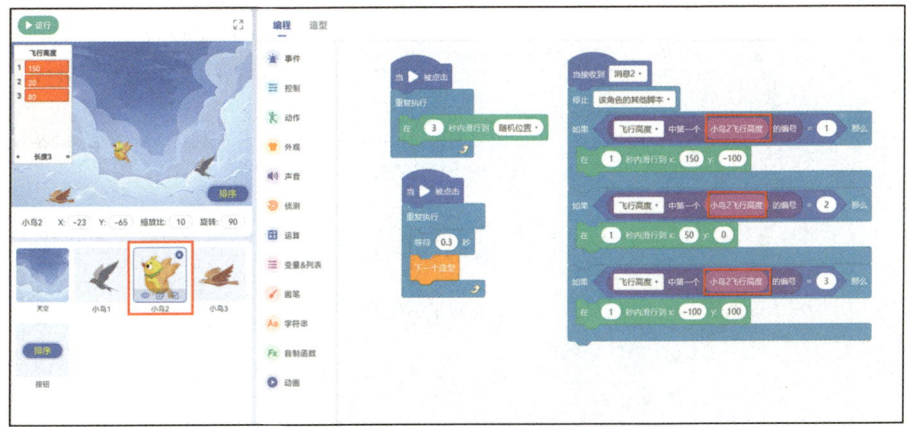

图 6-68　拼接"小鸟 2"位置的全部积木

第 6 章　飞得更高

179

学编程 3：动植物发现小创客

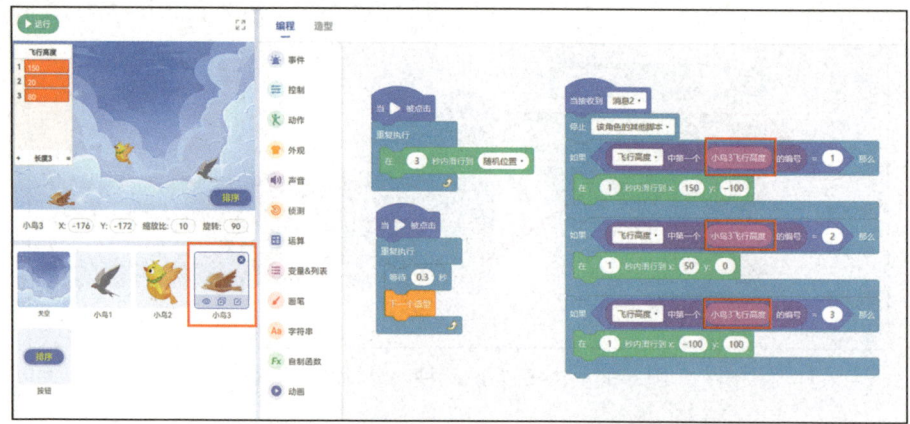

图 6-69 拼接"小鸟 3"位置的全部积木

6.4.3 动动手：保存作品

参考之前的作品保存方式，将这个新作品导出到计算机的编程创作专属文件夹中。

6.5 理一理：编程思路

"飞得更高"程序的编写思路如图 6-70 所示。

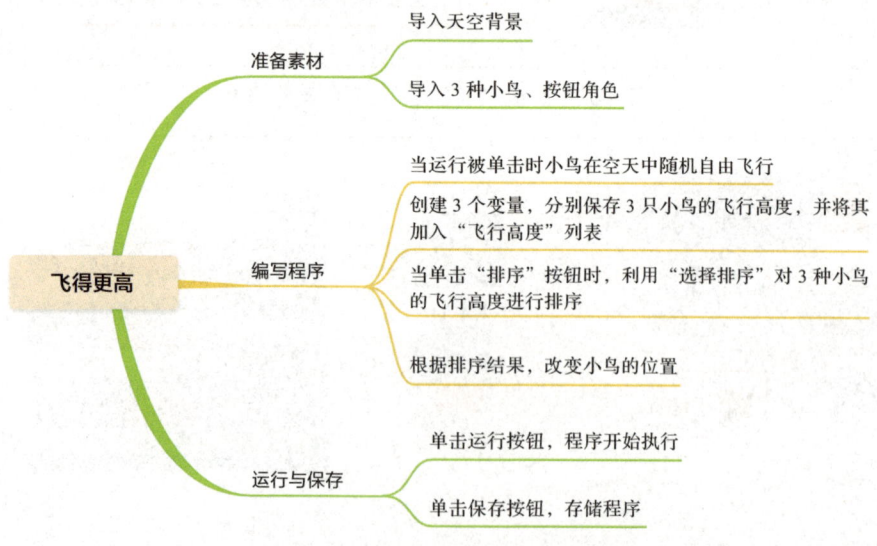

图 6-70 "飞得更高"程序的编写思路

180

6.6 学做小小程序员

1. 算法的概念与描述（编程能力等级 GESP 三级）

算法是对解决问题方案的准确而完整的描述，是一系列解决问题的清晰指令。

描述算法就是将解决问题的步骤用一种容易理解的形式表示出来。常用的描述算法的方法包括自然语言、流程图和伪代码等。

2. 选择排序算法（编程能力等级 GESP 四级）

选择排序算法是一种很常用的排序算法，其过程清晰明了，易于编程实现。排序算法首先需要将待排序元素保存为一个列表，然后从头到尾扫描这个列表，找出最小的那个元素，和列表中未排序的第一个元素交换，接着从剩下的元素中继续这种选择和交换，最终就能得到一个升序序列。

3. 列表的增删改查（编程能力等级 GESP 三级）

列表是由多个相同类型的数据元素构成的有限序列，是数据元素按照线性顺序排列的集合。其基本操作包括元素的插入、删除、修改和查找。列表中的每个元素都可以根据下标来查找，如第一个元素的下标是 1，第二个元素的下标是 2，以此类推。

要在列表中插入元素，首先需要确定插入的位置，如果要将新元素添加到第 i 个位置，那么需要将原列表中第 i 个元素及其后的所有元素依次向后移动一个位置，然后将新元素插入。

要在列表中删除元素，首先需要确定删除的元素下标，如果要删除第 i 个元素，那么需要将原列表中的第 i+1 个元素及其后的所有元素依次向前移动一个位置。

要在列表中修改元素，首先需要确定要修改的元素下标，如果要修改第 i 个元素，只需要将新值赋给列表的第 i 个元素即可。

对列表元素位置的查找可以根据下标直接定位，而对列表值的查找只能从第一个元素开始依次比较，直到找到要查找的元素值为止。

6.7 走近信息科技

排序是我们日常生活中经常要用到的操作，比如按照身高排队、根据成绩排名等。那么，同学们是否思考过排序结果是如何产生的？首先，排序必须有一个依据，所谓依据就是可以比较大小的事物，如身高、成绩等。排序的依据一般是数字，因为数字是最容易比较大小的。确定排序依据后，我们就可以开始排序操作了。常见的排序过程可以分为选择排序、交换排序和插入排序三类。下面我们以将学生按身高从矮到高的顺序排队来说明这三类排序过程的区别。

1. 选择排序

选择排序的思想是每一次都找到最小值，把它放到最前面，直到所有值都排好顺序为止。具体过程如下：先把所有学生随机排好一队，此时的队列是没有顺序的。第一次在所有学生中找到身高最矮的学生，把他与队里第一个位置的学生交换，这样队伍的第一个位置就排好顺序了。然后在第二位以后的学生里再找出最矮的，与第二个学生交换位置，以此类推，直到整个队伍排好顺序为止。

2. 交换排序

交换排序的思想是每一次都比较相邻的两个值，发现前面的值大于后面的值就交换它们的位置，直到所有值都排好顺序为止。具体过程如下：先把所有学生随机排好一队，此时的队列是没有顺序的。首先，从第一名学生开始，依次比较相邻学生的身高，发现前面的高于后面的，就交换位置，第一轮比较结束后，身高最高的学生会排到队尾，然后开始第二轮比较，结束后身高第二高的学生会排到倒数第二位，以此类推，直到整个队伍排好顺序为止。

3. 插入排序

插入排序的思想是首先构造一个有顺序的队列，然后把无序队列中的值依次插入有顺序队列中，直到所有值都排好顺序为止。具体过程如下：先把所有学生随机排好一队，此时的队列是没有顺序的。首先，将队列中第一名学生单独排一队，这个队列为有序队列。然后，将原队列中的第二名学生与有序队列中的学生比较身高，根据身高决定将他排到第一名学生的前面还是后面，以此类推，直到无序队列中的学生都排到有序队列中为止。

第 7 章

谁拿走了奶酪

7.1 去观察

柚子老师带领学生们来到了学校附近的公园,告诉学生们今天的任务是观察蚂蚁如何寻找食物。

学生们聚集在草坪旁边,仔细观察着从蚁穴里爬出来的蚂蚁。明明凑近蚂蚁,轻轻地通过放大镜观察蚂蚁的身体结构。他发现蚂蚁具有 6 条细长的腿和一对灵敏的触角。这些小小的生物穿梭于绿色的草丛之间,像是在展开一场微观的冒险。

随后,柚子老师解释道:"蚂蚁通过释放信息素来与其他成员进行沟通和合作。这种信息交流可以帮助它们找到食物、选择最佳的路径并避免重复劳动。"

学生们继续观察,他们发现蚂蚁在寻找食物时表现出一种惊人的组织性和协作能力。当一只蚂蚁找到食物时,它会迅速返回蚁穴,并释放更多的信息素以吸引其他蚂蚁前来共享食物。这种正反馈机制让整个蚁群能够高效地寻找食物,并且建立有效的路径从而共同努力。

蚂蚁在选择路径时会根据其他蚂蚁留下的信息素浓度做出决策。如果某条路径上的信息素浓度较高,那么更多的蚂蚁就会选择这条路径。同时,蚂蚁也会通过一定随机性的选择来探索新的路径,以期找到更短的路线。

通过这次观察活动,明明和程程不仅观察了蚂蚁的行为,了解了蚂蚁之间的协作和信息交流方式,还明白了生态系统中微小生物的重要性和复杂性,以及每个个体在整个群体中所扮演的角色。

7.2 看程序

扫描二维码,按以下方法操作,可以看到本案例的呈现效果。

1)单击 ▶运行 按钮启动程序。
2)观察到蚂蚁沿着不同的路径寻找食物,如图 7-1 所示。

图 7-1 蚂蚁寻找食物

3）最终计算出蚂蚁找到食物的最短时间，如图 7-2 所示。

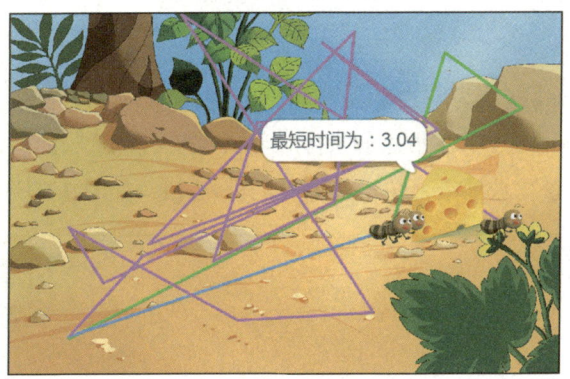

图 7-2 计算最短时间

7.3 设计思路

此程序主要涉及"找最值"与"计时器的应用"，具体实现方法如下：

1）蚂蚁随机移动，碰到奶酪时停止，并绘制出移动路径。
2）在蚂蚁碰到奶酪之后，使用变量记录蚂蚁找到奶酪的时间。
3）比较 3 只蚂蚁的寻找时间，找到最小值。

7.4 动手编程

7.4.1 动动手：布置舞台

需要准备好本章所需资源"谁拿走了奶酪"，如图 7-3 所示。

学编程3：动植物发现小创客

图 7-3　素材图片

1）进入图形化编程环境，单击"文件"菜单，选择"新建作品"命令，如图 7-4 所示。

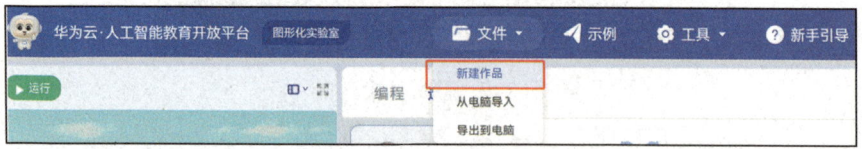

图 7-4　新建作品

2）添加背景。

①新建的作品默认为空白背景。将背景图修改为"谁拿走了奶酪"文件夹中的"土地背景"图片。在角色背景区，单击"空白背景"图标，然后单击"背景"切换到"背景"选项卡。单击最下方的 ➕ 按钮，如图 7-5 所示。

图 7-5　添加背景

②选择"素材库"选项,在弹出的"素材库"窗口中,选择左侧"自有素材"下面的"背景"选项,单击➕按钮上传自有素材中的背景,如图7-6所示。

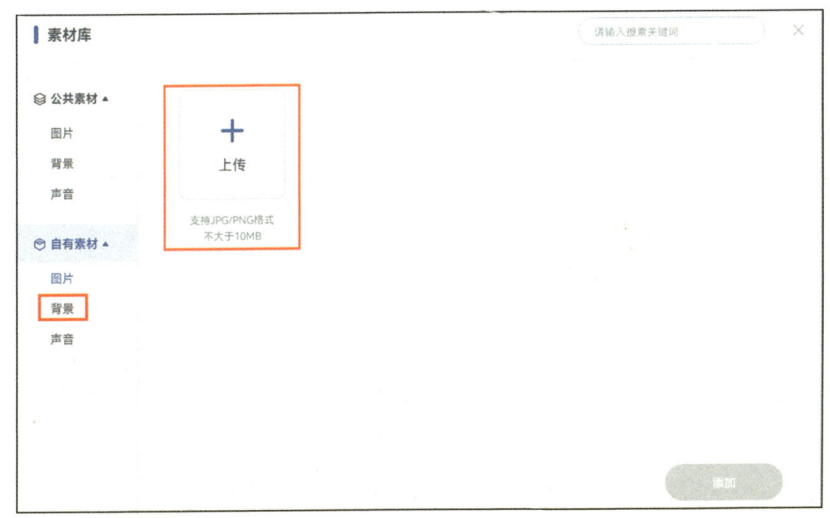

图7-6　背景上传界面

③选中"土地背景"图片,单击"打开"按钮进行上传,如图7-7所示。

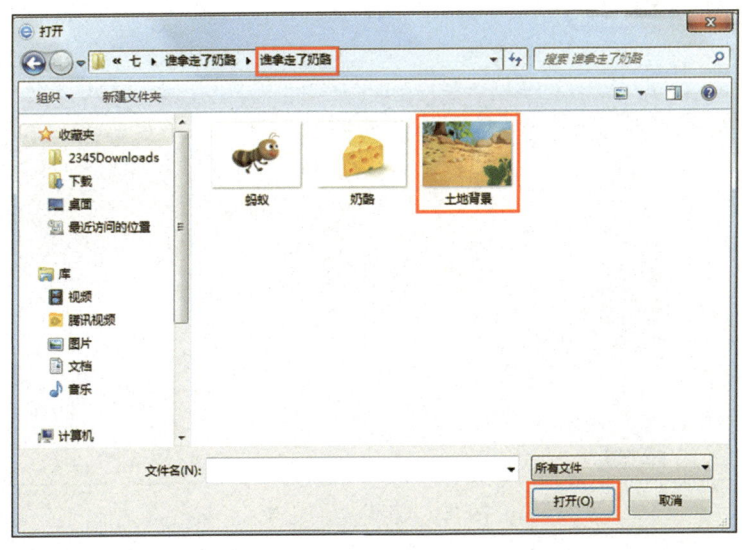

图7-7　上传"土地背景"图片

④稍等片刻就可以在"历史上传素材"中看到已经上传的背景图。选择"土地背景"图片,单击"添加"按钮即可完成添加,如图7-8所示。

图 7-8 添加"土地背景"图片

⑤将默认的空白背景删除，如图 7-9 所示。

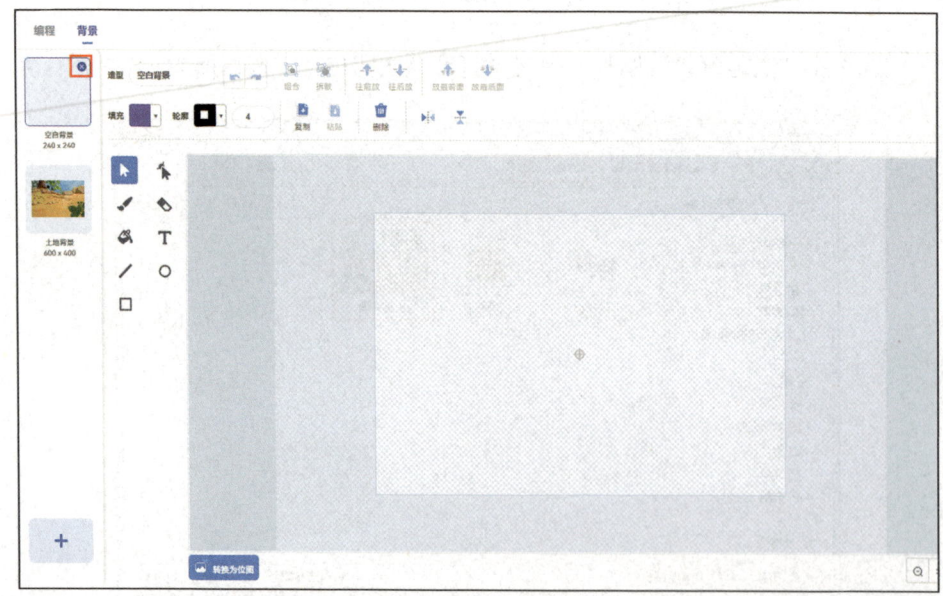

图 7-9 删除空白背景

3）添加角色和造型。

①新建"蚂蚁"角色。单击角色背景区右下方的"挑素材"按钮。选择"素材库"选项，在"自有素材"的"图片"中，上传"谁拿走了奶酪"文件夹

中的"蚂蚁"图片。上传成功后选择"蚂蚁"图片，单击"添加"按钮即可添加角色，如图7-10～图7-12所示。

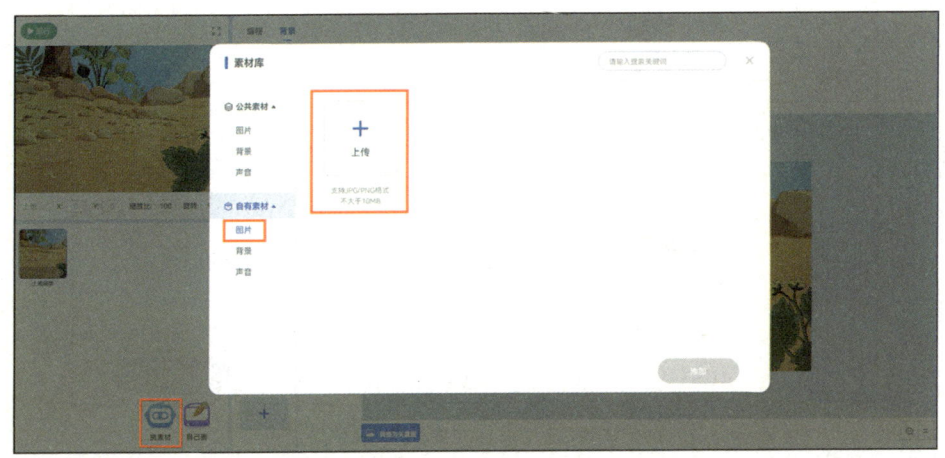

图7-10　图片上传界面

图7-11　上传"蚂蚁"图片

②调整角色的位置与大小。将"蚂蚁"角色的坐标值修改为 X: –240, Y: –150，将缩放比修改为5，如图7-13所示。

③重命名角色。在角色背景区找到角色素材，单击角色左上角的椭圆框，启动重命名功能，输入文字"蚂蚁1"，如图7-14所示。

学编程 3：动植物发现小创客

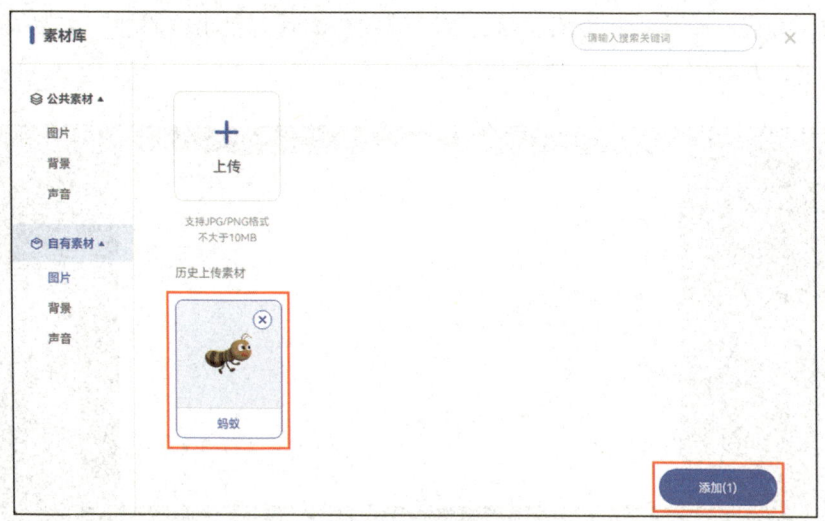

图 7-12 添加"蚂蚁"角色

图 7-13 调整"蚂蚁"角色的位置与大小　　图 7-14 将角色重命名为"蚂蚁 1"

④重复以上步骤，新建"蚂蚁 2""蚂蚁 3"角色，如图 7-15 所示。

4）新建奶酪角色。

①单击角色背景区右下方的"挑素材"按钮。选择"素材库"选项，在"自有素材"的"图片"中，上传"谁拿走了奶酪"文件夹中的"奶酪"图片。上传成功后选择"奶酪"图片，单击"添加"按钮即可添加角色，如图 7-16～图 7-18 所示。

图 7-15 新建"蚂蚁 2""蚂蚁 3"角色

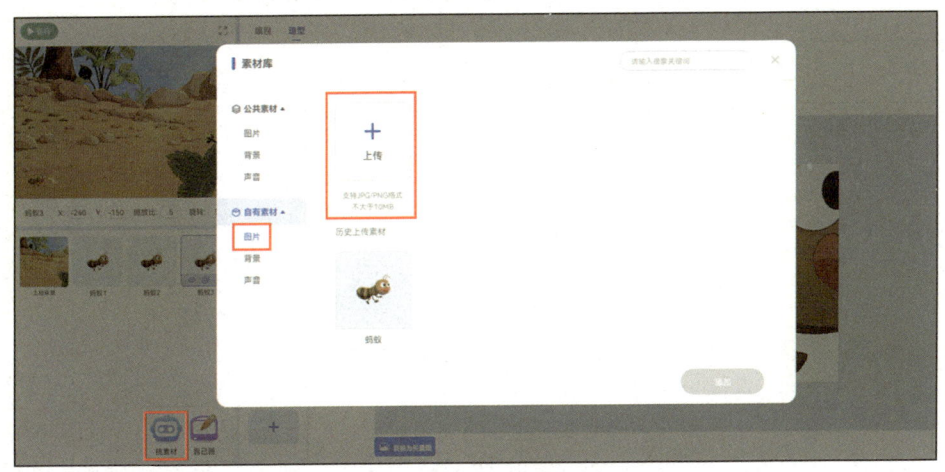

图 7-16 图片上传界面

②调整角色的位置与大小。将"奶酪"角色的坐标值修改为 X: 170, Y: 0,将缩放比修改为 10,如图 7-19 所示。

7.4.2 动动手:搭积木

"搭积木"实际上是"编写操作指令",操作步骤如下。

1. 蚂蚁随机移动,碰到奶酪时停止,并绘制出移动路径

1)单击积木区中的"编程"切换到"编程"选项卡。选择"角色背景区"的"蚂蚁 1"角色图标,在"变量 & 列表"类积木中找到 建立一个变量 ,新建 time_1 变量,如图 7-20 所示。

学编程3：动植物发现小创客

图7-17 上传"奶酪"图片

图7-18 添加"奶酪"角色

2）重复上述步骤，新建变量 time_2、time_3、temp，用于保存每只蚂蚁找到奶酪的时间及其最短时间，如图7-21所示。

3）在"事件"类积木中找到 当被点击 并把它拖曳到编程区，如图7-22所示。

图 7-19 调整"奶酪"角色的位置与大小

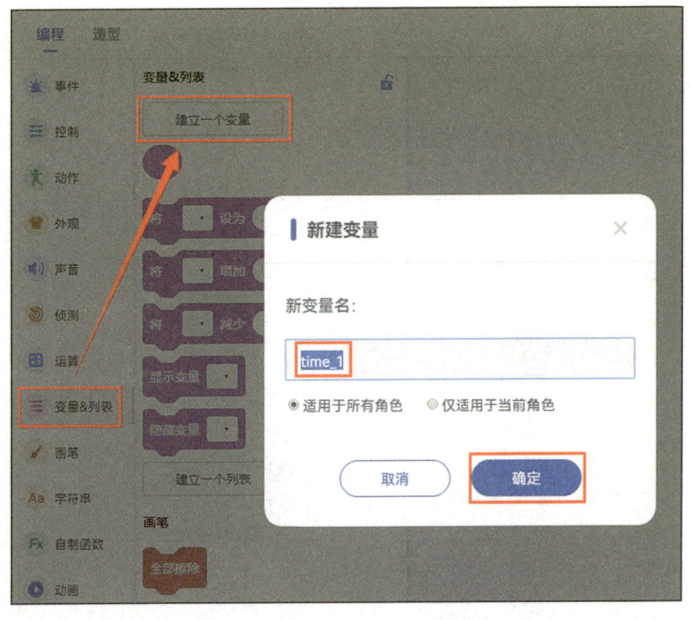

图 7-20 新建 time_1 变量

学编程3：动植物发现小创客

图 7-21 建立其他变量

图 7-22 拼接"当运行被点击"积木

4）在"变量&列表"类积木中找到 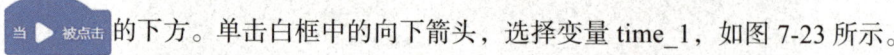 并把它拖曳到编程区

的下方。单击白框中的向下箭头，选择变量 time_1，如图 7-23 所示。

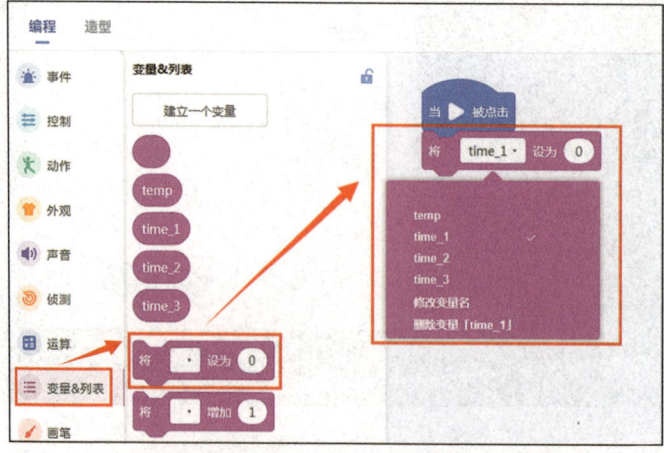

图 7-23 拼接"设为"积木

5）在"侦测"类积木中找到 计时器归零 并把它拖曳到编程区 将 time_1 设为 0 的下方，如图 7-24 所示。

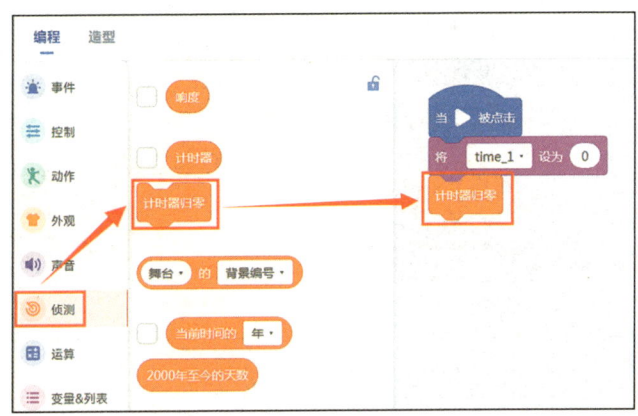

图 7-24　拼接"计时器归零"积木

6）在"控制"类积木中找到 重复执行直到 并把它拖曳到编程区 计时器归零 的下方，如图 7-25 所示。

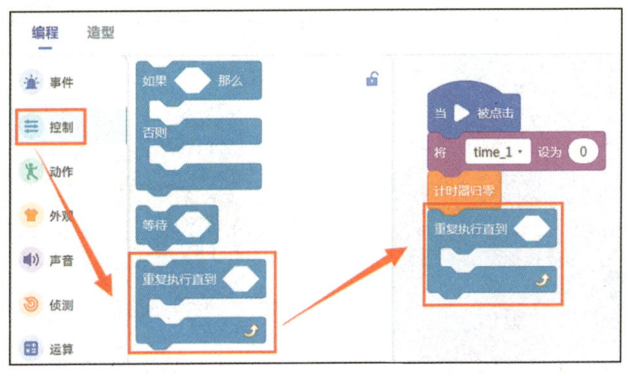

图 7-25　拼接"重复执行直到"积木

7）在"侦测"类积木中找到 碰到 舞台 ？ 并把它拖曳到编程区 重复执行直到 的六边形框中。单击白框中的向下箭头，选择"奶酪"，如图 7-26 所示。

学编程3：动植物发现小创客

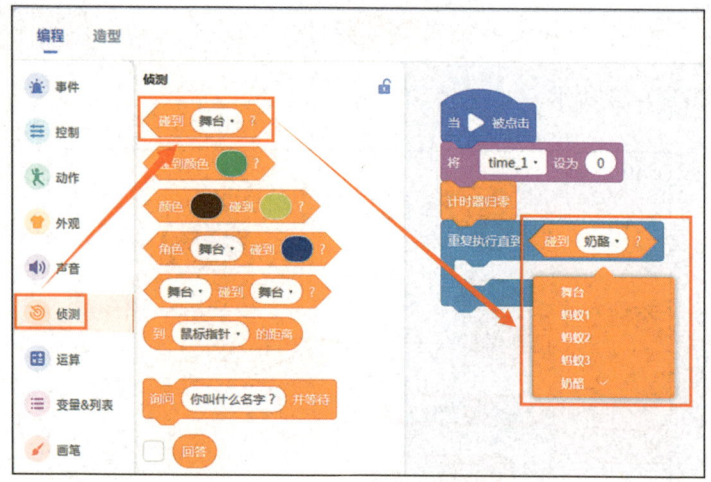

图 7-26 拼接"碰到"积木

8）在"画笔"类积木中找到 并把它拖曳到编程区 的中间。将笔的颜色设置为绿色，具体参数为颜色 30、饱和度 60、亮度 92，如图 7-27 所示。这里小朋友可以自由选择自己喜欢的颜色。

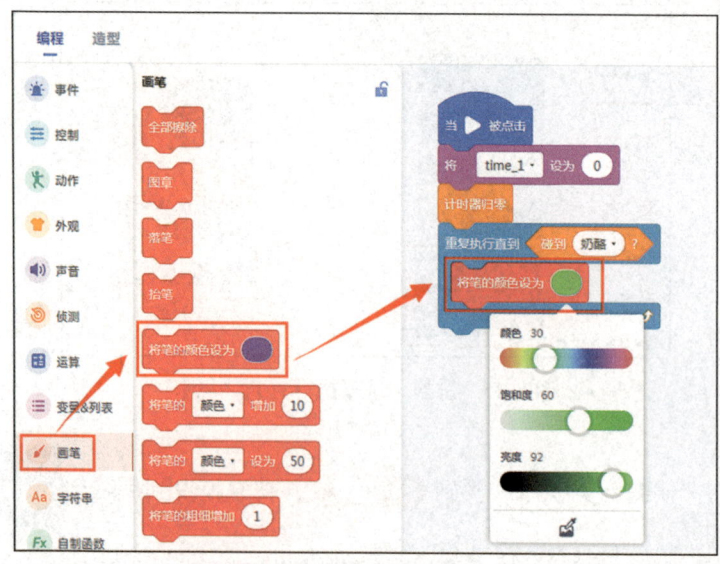

图 7-27 拼接"设置笔的颜色"积木

9）在"画笔"类积木中找到 `将笔的粗细设为 1` 并把它拖曳到编程区 `将笔的颜色设为 ●` 的下方。将其中的数值修改为"3",如图 7-28 所示。

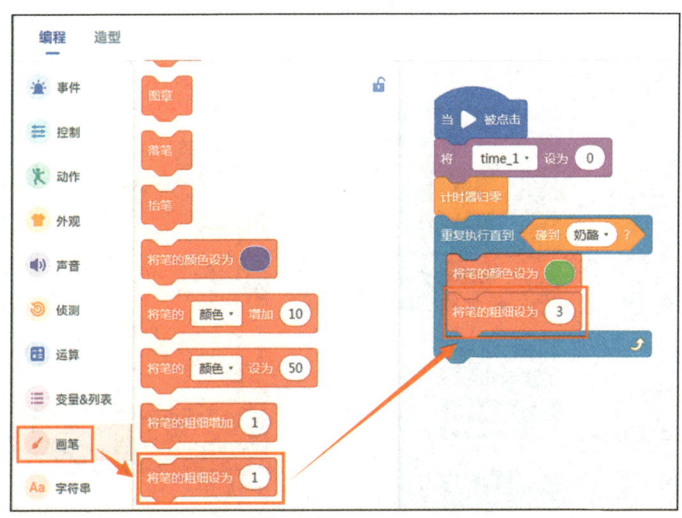

图 7-28 拼接"设置笔的粗细"积木

10）在"画笔"类积木中找到 `落笔` 并把它拖曳到编程区 `将笔的粗细设为 3` 的下方,如图 7-29 所示。

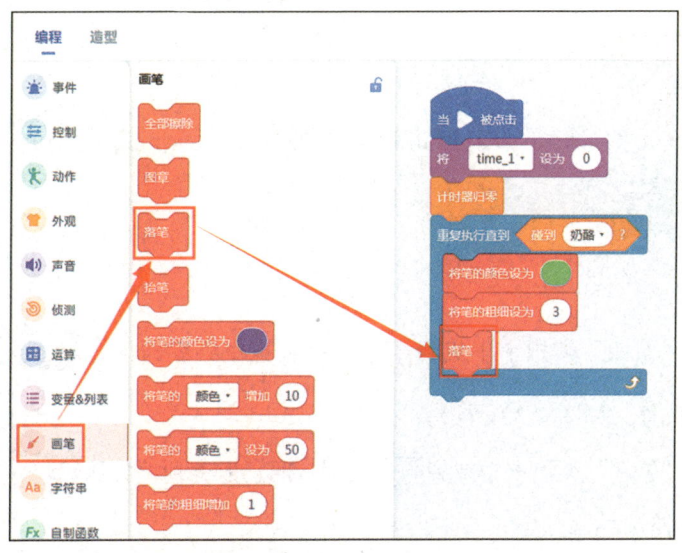

图 7-29 拼接"落笔"积木

学编程 3：动植物发现小创客

11）在"动作"类积木中，找到 <在 1 秒内滑行到 随机位置> 并把它拖曳到编程区 <落笔> 的下方。将其中的数值修改为"3"，如图 7-30 所示。

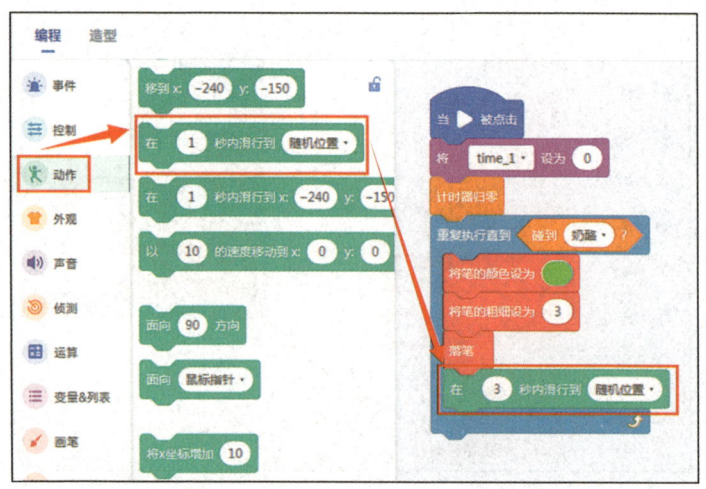

图 7-30　拼接"在 × 秒内滑行到随机位置"积木

2. 记录每只蚂蚁找到奶酪的时间

1）在"变量&列表"类积木中找到 <将 ▼ 设为 0> 并把它拖曳到编程区

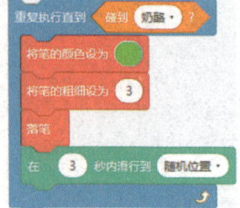

的下方。单击白框中的向下箭头，选择变量 time_1，如图 7-31 所示。

2）在"侦测"类积木中找到 <计时器> 并把它拖曳到编程区 <将 time_1 ▼ 设为 0> 中数值"0"的位置，如图 7-32 所示。

3）在"事件"类积木中找到 <广播 消息1 ▼> 并把它拖曳到编程区 <将 time_1 ▼ 设为 计时器> 的下方，如图 7-33 所示。

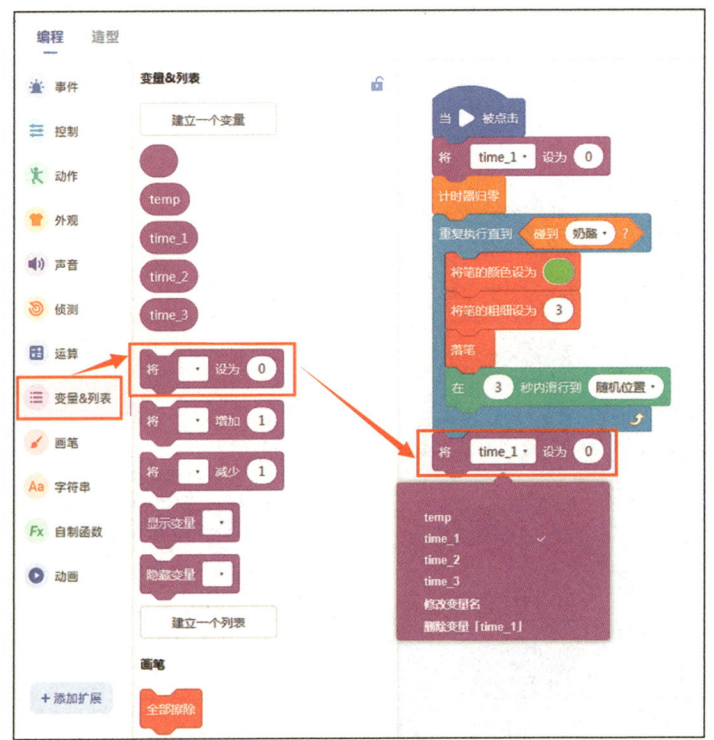

图 7-31 拼接"将变量设为"积木

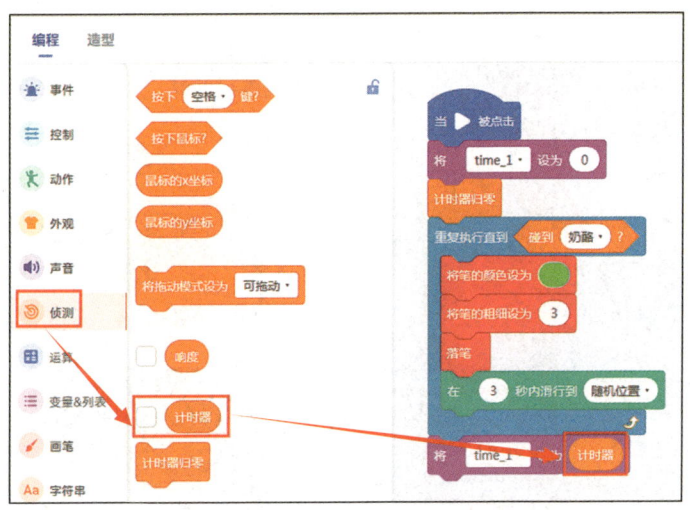

图 7-32 拼接"计时器"积木

4）在"画笔"类积木中找到 全部擦除 并把它拖曳到编程区 当被点击 的下

学编程 3：动植物发现小创客

方。此步骤是为了删除上一次运行时蚂蚁留下的路径，防止干扰，如图 7-34 所示。

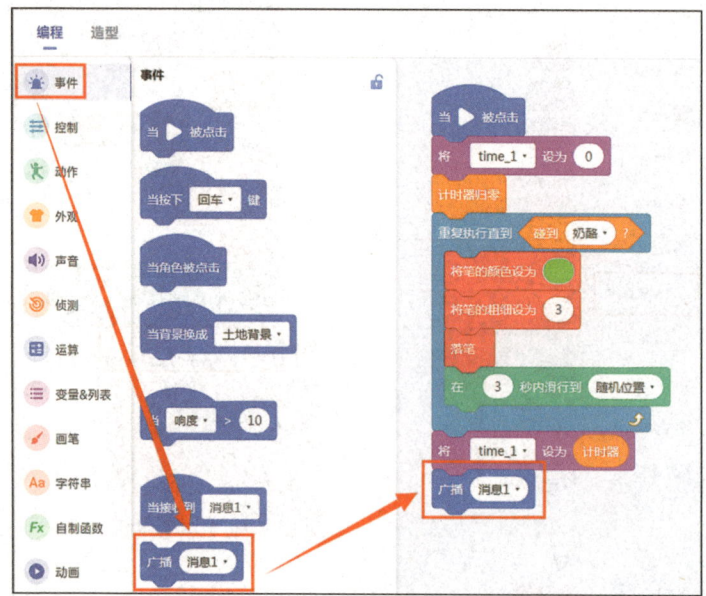

图 7-33　拼接"广播消息"积木

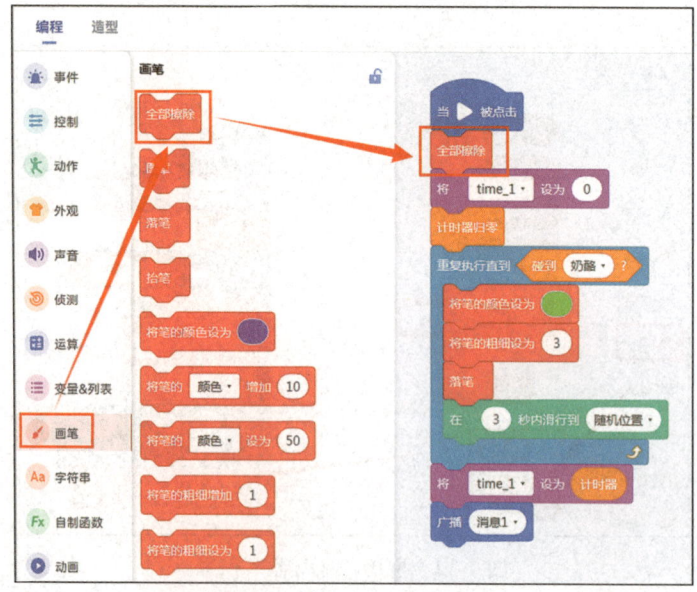

图 7-34　拼接"全部擦除"积木

5）按之前步骤，拼接"蚂蚁 2""蚂蚁 3"的积木，如图 7-35 和图 7-36 所示。

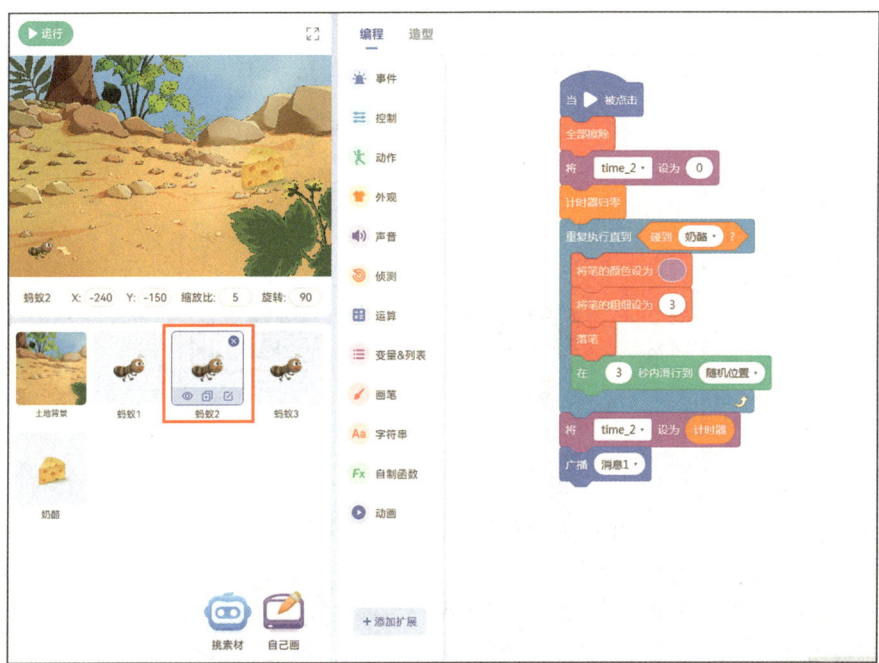

图 7-35 拼接"蚂蚁 2"的所有积木

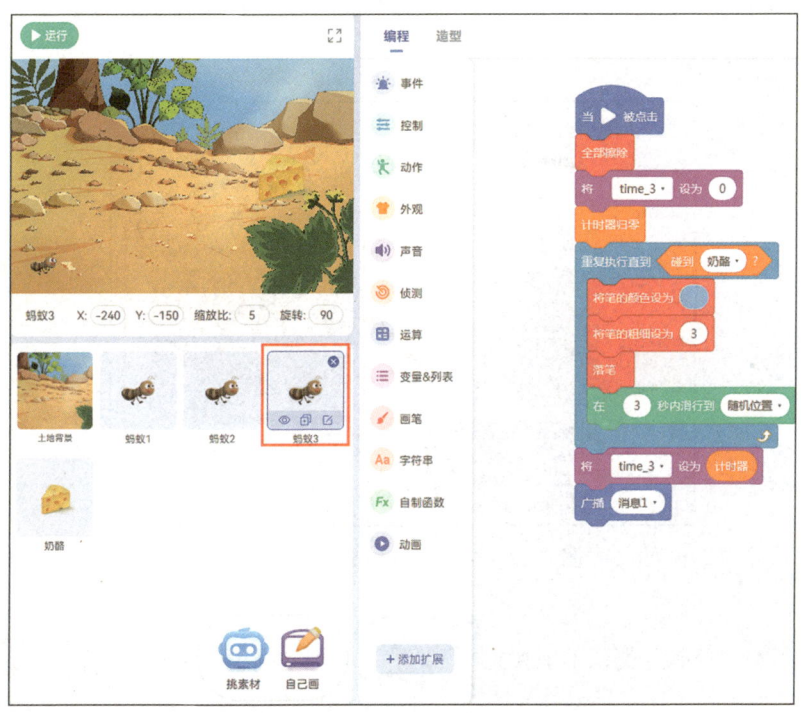

图 7-36 拼接"蚂蚁 3"的所有积木

3. 比较3只蚂蚁的寻找时间，找到最小值

1）单击积木区中的"编程"切换到"编程"选项卡。点选"角色背景区"的"奶酪"角色图标，在"事件"类积木中找到 [当接收到 消息1] 并把它拖曳到编程区，如图7-37所示。

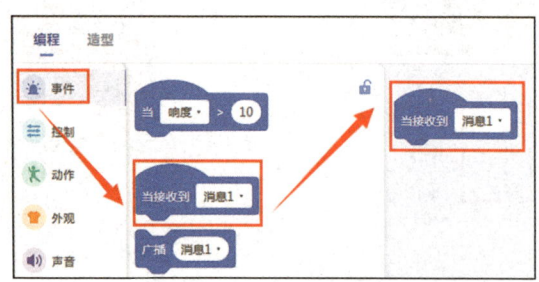

图7-37 拼接"当接收到消息"积木

2）在"变量&列表"类积木中找到 [将 ▼ 设为 0] 并把它拖曳到编程区 [当接收到 消息1] 的下方。单击白框中的向下箭头，选择变量temp，将其中的数值修改为"9999"，如图7-38所示。请小朋友思考一下为什么这里将变量temp的值设置为"9999"。

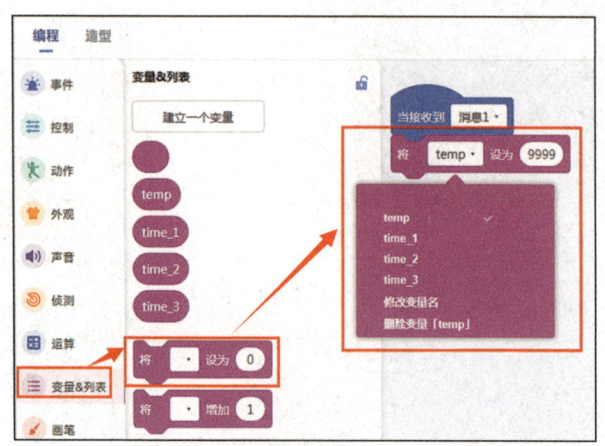

图7-38 拼接"将变量设为"积木

3）在"控制"类积木中找到 [如果 那么] 并把它拖曳到编程区 [将 temp ▼ 设为 9999] 的下方，如图7-39所示。

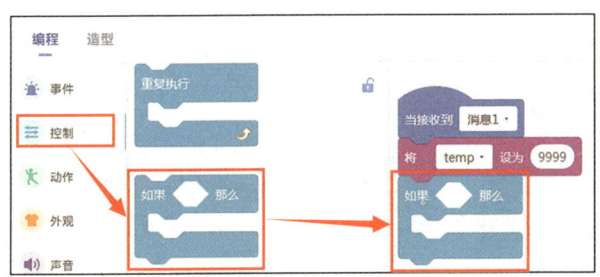

图 7-39 拼接"如果……那么……"积木

4）在"运算"类积木中找到 ◇与◇ 并把它拖曳到编程区 的六边形框中。本步骤使用两个 ◇与◇ 积木进行拼接，实现 3 个条件的与运算，如图 7-40 所示。

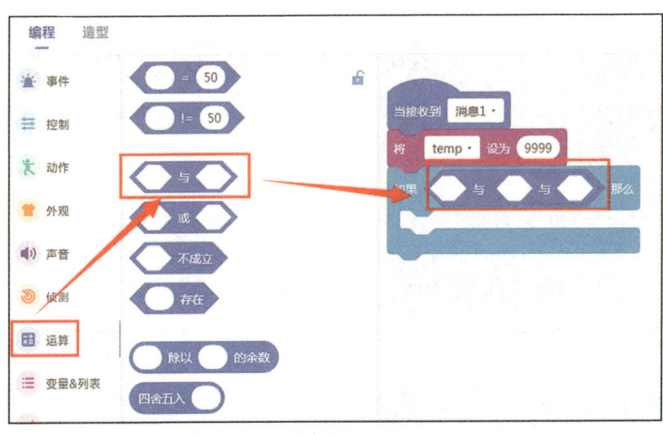

图 7-40 拼接"与"积木

5）在"运算"类积木中找到 ◯!=50 并把它分别拖曳到编程区 ◇与◇与◇ 的 3 个六边形框中。将其中的数值"50"修改为"0"，如图 7-41 所示。

6）在"变量&列表"类积木中找到 time_1 、time_2 、time_3 并把它们分别拖曳到编程区 ◯!=0 的第一个白框中，如图 7-42 所示。

7）在"控制"类积木中找到 如果◇那么 并把它拖曳到编程区

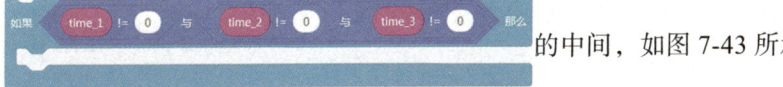

的中间，如图 7-43 所示。

学编程3：动植物发现小创客

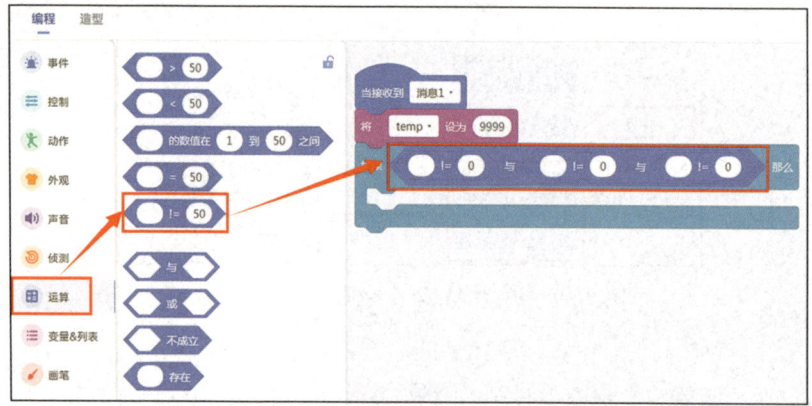

图 7-41 拼接"不等于"积木

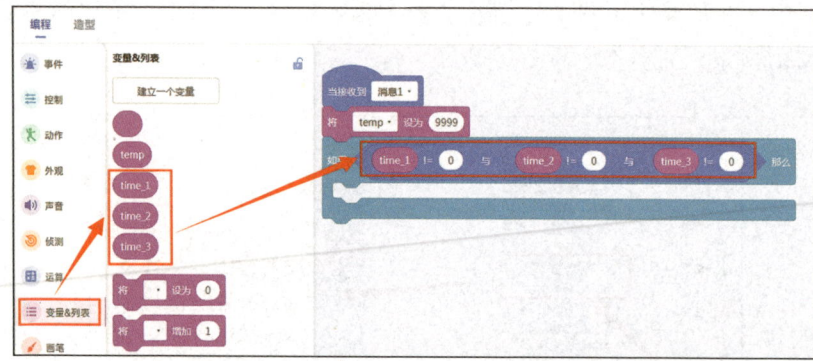

图 7-42 拼接"time_1""time_2""time_3"变量积木

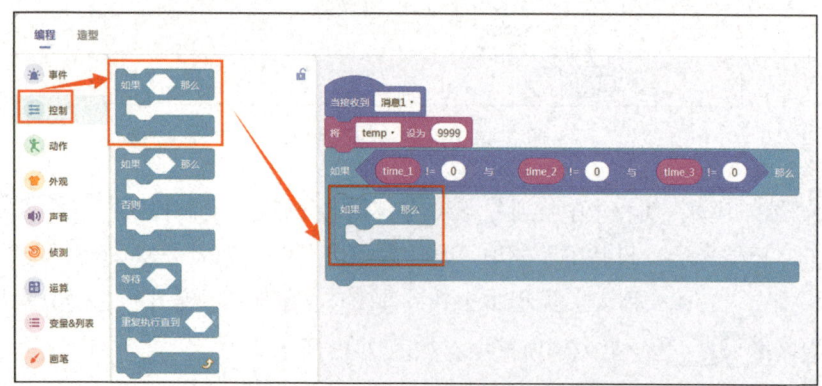

图 7-43 拼接"如果……那么……"积木

8）在"运算"类积木中找到 ◯ < 50 并把它拖曳到编程区 如果◯那么 的六边形框中，如图 7-44 所示。

204

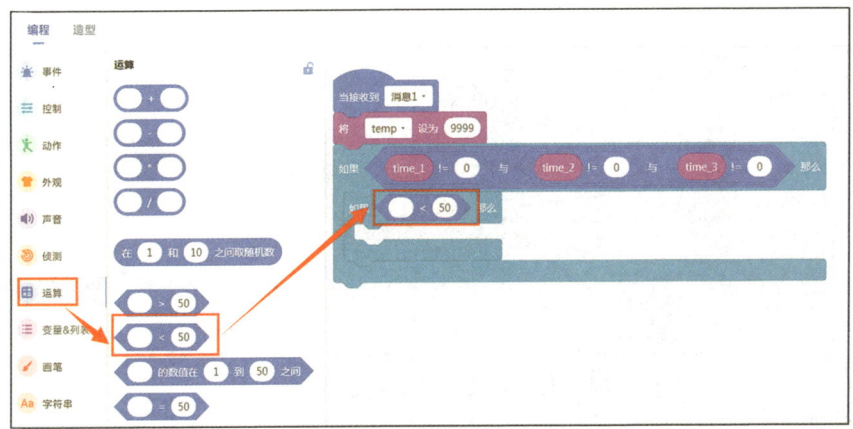

图 7-44 拼接"小于"积木

9）在"变量&列表"类积木中找到 temp 和 time_1 并把它们分别拖曳到编程区 ◯<50 的两个白框中，如图 7-45 所示。

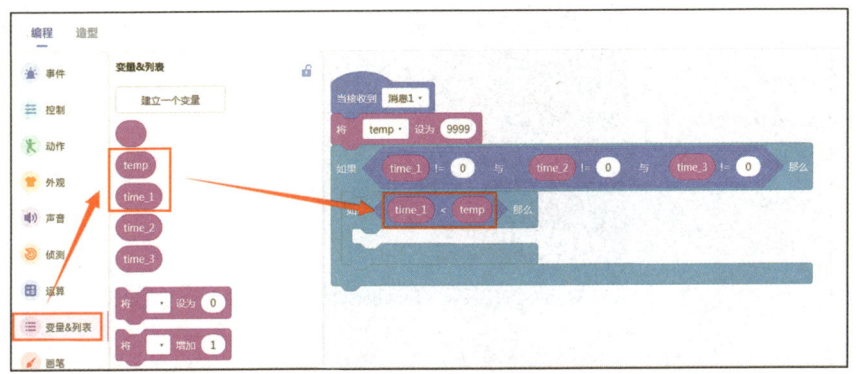

图 7-45 拼接"time_1""temp"变量积木

10）在"变量&列表"类积木中找到 将 ◯ 设为 0 并把它拖曳到编程区

的中间。单击白框中的向下箭头，选择变量 temp，将积木 time_1 拖曳到数值"0"的位置，如图 7-46 所示。

11）按上述步骤拼接比较 time_2、time_3 与 temp 的大小，找到最小值，并把它保存到 temp 变量中的积木，如图 7-47 所示。

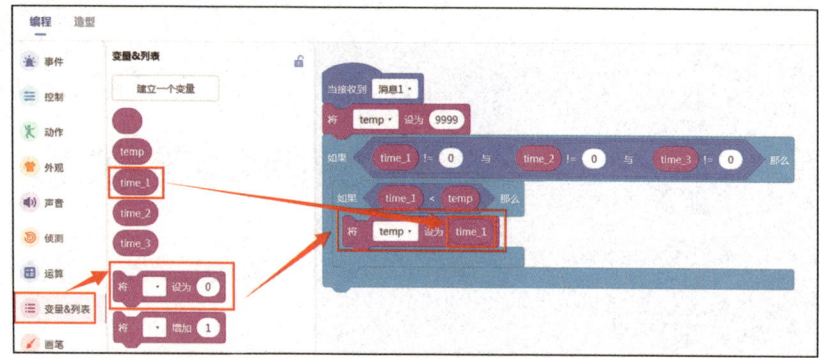

图 7-46 拼接"将变量设为"积木

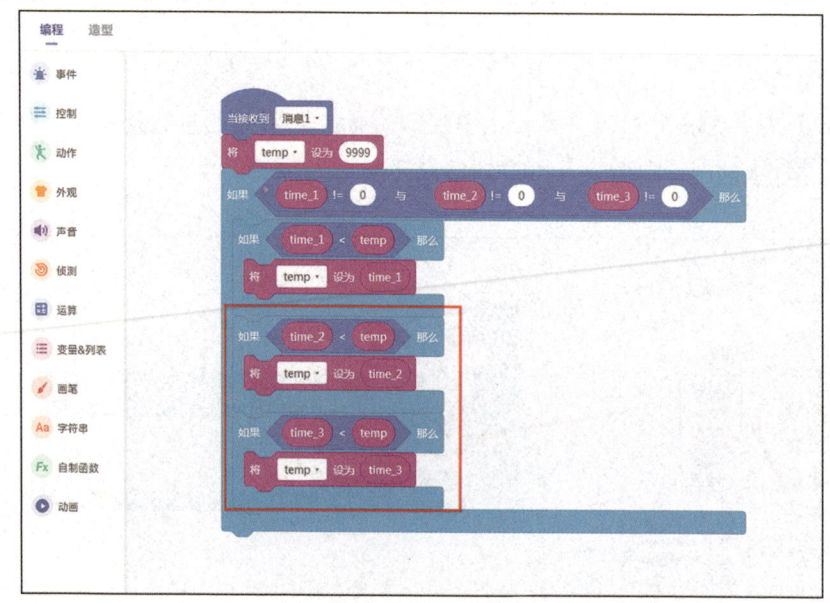

图 7-47 将最小值保存到 temp 变量中的积木

12）在"外观"类积木中找到 说 你好！ 2 秒 并把它拖曳到编程区

的下方，如图 7-48 所示。

13）在"字符串"类积木中找到 连接 apple 和 banana 并把它拖曳到编程区 说 你好！ 2 秒 的第一个白框中。将积木 连接 apple 和 banana 中的"apple"修改为 "最短时间为:"，如图 7-49 所示。

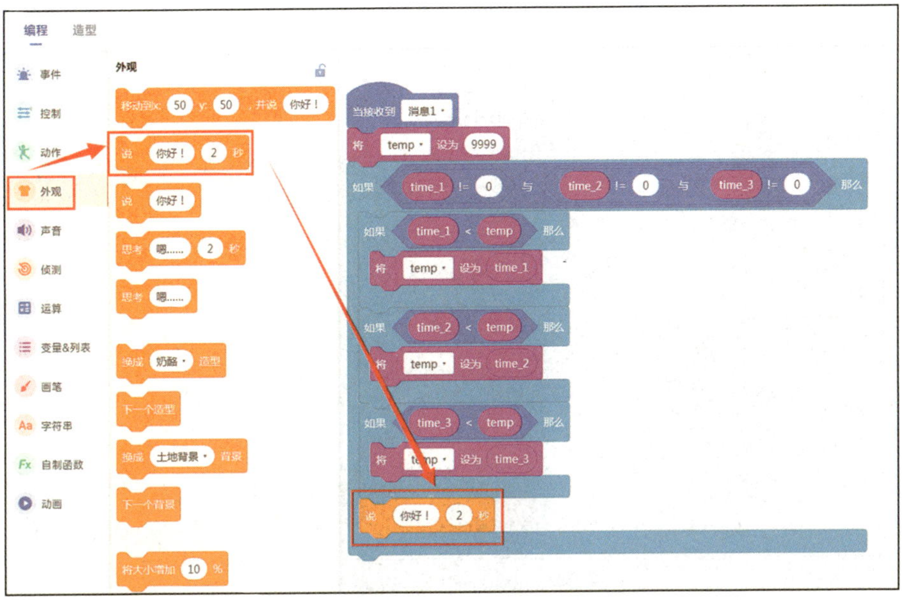

图 7-48 拼接"说"积木

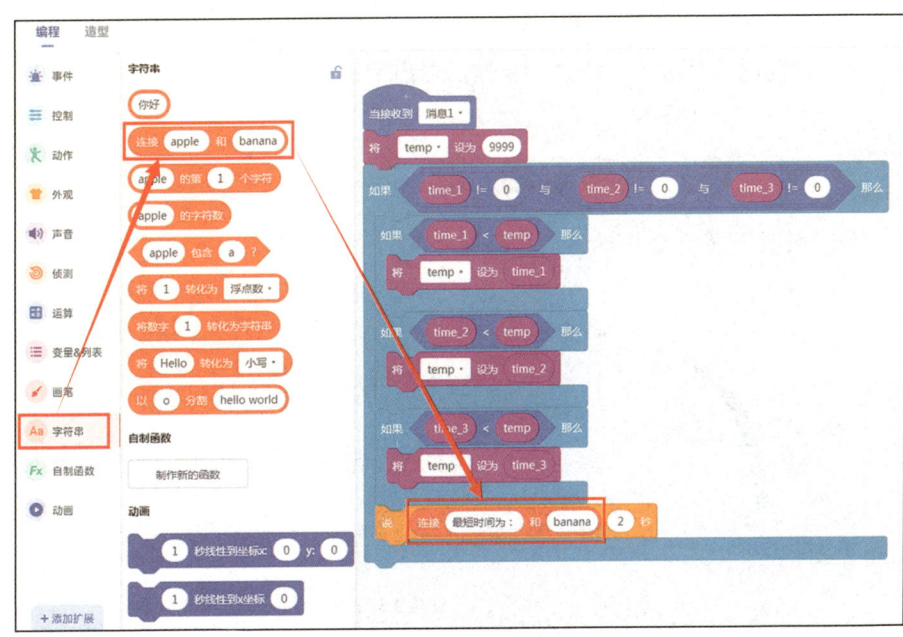

图 7-49 拼接"连接"积木

14）在"变量 & 列表"类积木中找到 temp 并把它拖曳到编程区 连接 最短时间为: 和 banana 的第二个白框中，如图 7-50 所示。

207

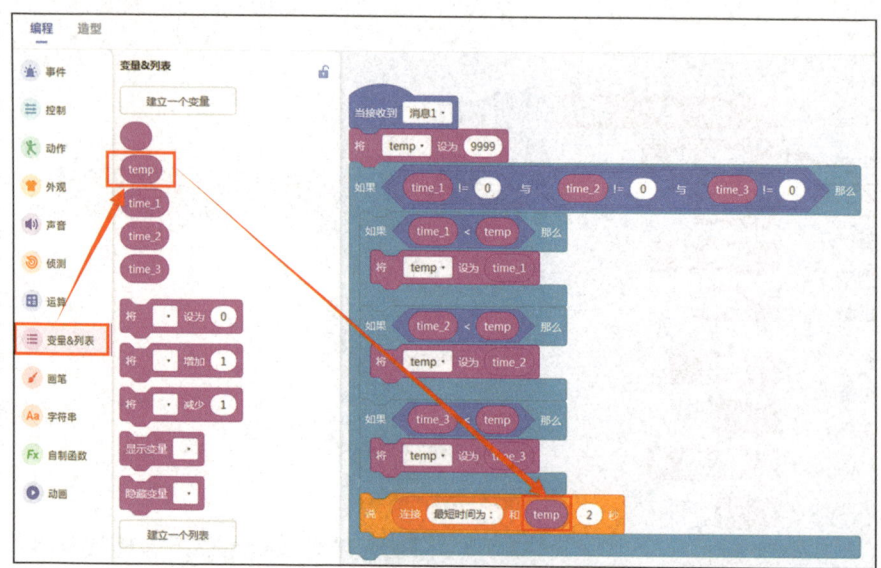

图 7-50 拼接"temp 变量"积木

7.4.3 动动手：保存作品

参考之前的保存方式，将这个新作品导出到计算机的专属文件夹中。

7.5 理一理：编程思路

"谁拿走了奶酪"程序的编写思路如图 7-51 所示。

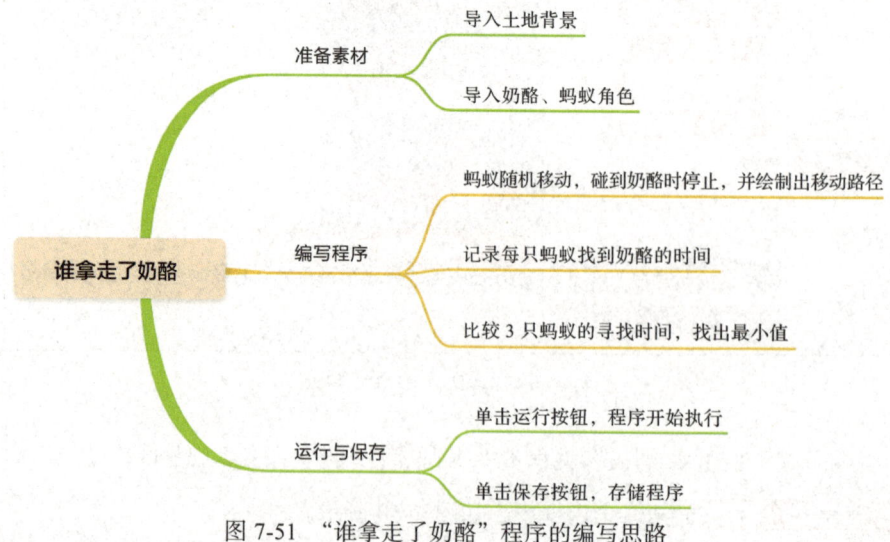

图 7-51 "谁拿走了奶酪"程序的编写思路

7.6 学做小小程序员

找最小值（编程能力等级 GESP 三级）

在一个列表中查找最小值是通过循环过程来实现的，需要一个变量来存放查找到的最小值。首先，将待查找的数字集合存放到一个列表中，然后定义一个变量，并将这个变量的初始值设置为一个足够大的数字。接下来，将变量值与列表中的每一个元素值进行比较，如果列表元素小于变量值，则说明找到了更小的值，这时需要将这个元素值赋给变量。当所有列表元素都与变量值比较后，变量中就存放了当前列表元素集合中的最小值。

7.7 走近信息科技

蚂蚁寻找食物时通过释放信息素来合作从而找到最佳路径的过程是一种典型的群智能算法。群智能算法是一种新兴的演化计算技术，它与人工生命，特别是进化策略以及遗传算法有着极为特殊的联系。

群智能理论研究领域主要有两种算法，分别是蚁群算法以及模拟鸟群觅食行为的粒子群算法。本章介绍的蚁群算法是对蚂蚁群落食物采集过程的模拟，这种方法已成功应用于许多离散优化问题。蚁群在寻找食物时通常可以找到巢穴到食物之间最短的路径，每只蚂蚁个体的智能度很低，但是蚂蚁通过彼此之间的交流，使整个群体的智能度很高，这一现象为我们搜索问题最优解带来了启发。

每只蚂蚁在寻找道路时走的路径是随机的，并且会在路上释放信息素，那么在单位时间内最优道路上通过的蚂蚁数量最多，信息素的浓度也最高，新加入的蚂蚁和返巢的蚂蚁就会沿着信息素浓度高的路径走。这样最优路径上的信息素浓度会越来越高，其他路上的信息素会随着挥发浓度越来越低，这样就形成了一个正反馈，最终，几乎所有蚂蚁都会走最优路径。

第 8 章

水稻的生长

8.1 去观察

今天柚子老师带领同学们来到了农业博物馆,准备了解水稻的生长过程。在博物馆周围他们看到了一片碧绿的海洋,老师笑着告诉他们,这就是水稻生长的家园。

在展厅内陈列着种植水稻各个步骤的场景模型,柚子老师向同学们讲解了种植水稻的第一步——播种。他们看到农民们拿着稻谷种子,沿着整齐的农田将种子撒播到水田里。

明明好奇地问:"为什么水稻要种植在水田中呢?"

老师解释说:"水田里的泥土富含养分,有利于水稻的生长,而控制适量的水分也能保护稻苗免受干旱或水涝的影响。"

接着,老师带领同学们继续参观。他们看到了在幼苗阶段刚刚发芽的稻苗微微晃动着嫩绿的叶子,仿佛在与他们打招呼。老师告诉同学们,稻苗在这个阶段需要充足的阳光、水分和养分,同时也需要农民进行田间管理,包括及时除草和防治病虫害,这样它们才能健康成长。

在下一个场景中稻苗长高了,进入分蘖(niè)期,随后开始孕穗和抽穗。同学们发现,原本单一的植株变得丰满起来,侧枝伸展出许多稻穗。老师解释说,这是水稻植株生长的一种方式,每个稻穗都能结出饱满的谷粒,最终长成可食用的稻米。接下来,同学们还观察到了水稻开花的美景。小小的花朵在稻穗上绽放,散发出淡淡的清香。

参观结束后,同学们走出博物馆,看着外面长势良好、绿油油的水稻,他们由衷地感叹自然界的神奇和生命力的强大。在与大自然亲密接触的过程中,同学们不仅收获了知识,更体会到了人与自然和谐共生的价值。

第 8 章 水稻的生长

8.2 看程序

扫描二维码,按以下方法操作,可以看到本案例的呈现效果。

1)单击 运行 按钮,启动程序。
2)观察到用户输入环境变量值,如图 8-1 所示。

图 8-1　输入环境变量值

3)观察到水稻的生长状态随着环境变量值的增加而改变,从幼苗到成熟的变化,如图 8-2 所示。

图 8-2　观察水稻变化

8.3 设计思路

此程序主要涉及"定义函数"与"字符串的应用",具体实现方法如下。

1)通过输入值(S代表阳光,W代表水分,F代表肥料)增加环境变量的值。

2)利用字符串"包含"功能判断输入值是否满足3种环境变量的条件。

3)定义函数,实现当环境变量到达一定数量时,水稻切换不同的造型,从而实现从幼苗到成熟的变换。

8.4 动手编程

8.4.1 动动手:布置舞台

准备本章所需资源"水稻的生长",如图8-3所示。

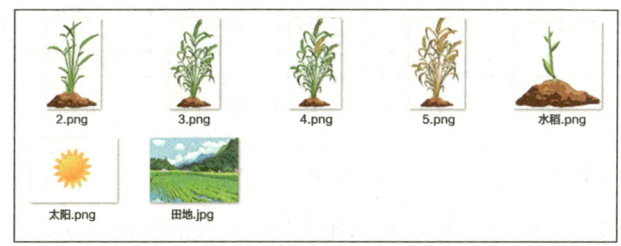

图8-3 素材图片

1)进入图形化编程环境,单击"文件"菜单,选择"新建作品"命令,如图8-4所示。

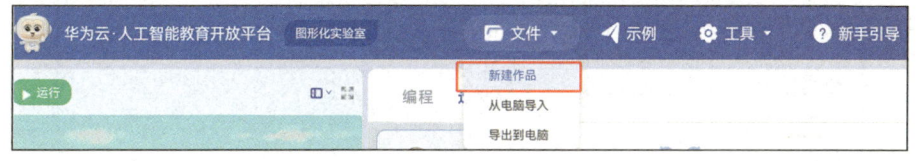

图8-4 新建作品

2)添加背景。

①新建的作品默认为空白背景。将背景图修改为"水稻的生长"文件夹中的"田地"图片。在角色背景区,单击"空白背景"图标,然后单击"背景"切换到"背景"选项卡。单击最下方的+按钮,如图8-5所示。

学编程 3：动植物发现小创客

图 8-5　添加背景

②选择"素材库"选项。在所弹出的"素材库"窗口中，选择左侧"自有素材"下面的"背景"选项，单击 + 按钮上传自有素材中的背景，如图 8-6 所示。

图 8-6　背景上传界面

③选中"田地"图片,单击"打开"按钮进行上传,如图8-7所示。

图8-7 上传"田地"图片

④稍等片刻就可以在"历史上传素材"中看到已经上传的背景图。选择"田地"背景图,单击"添加"按钮即可完成添加,如图8-8所示。

图8-8 添加"田地"背景

学编程3：动植物发现小创客

⑤将默认的空白背景删除，如图8-9所示。

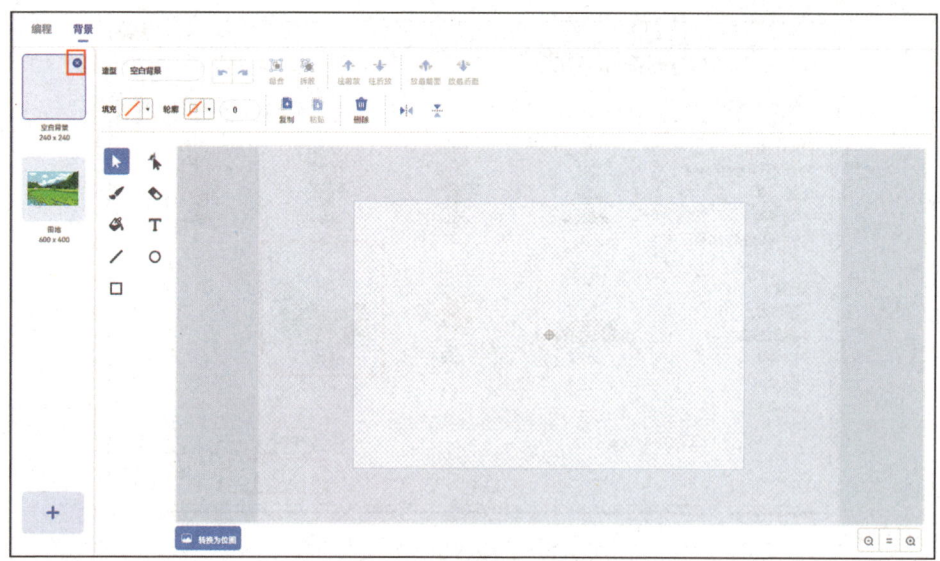

图8-9　删除空白背景

3）添加角色和造型。

①新建"水稻"角色。单击角色背景区右下方的"挑素材"按钮。选择"素材库"选项，在"自有素材"的"图片"中，上传"水稻的生长"文件夹中的"水稻"图片。上传成功后选择"水稻"图片，单击"添加"按钮即可添加角色，如图8-10～图8-12所示。

图8-10　图片上传界面

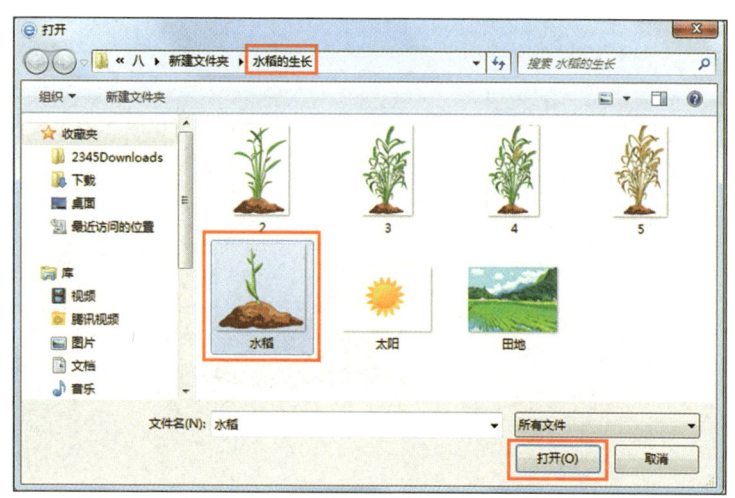

图 8-11 上传"水稻"图片

图 8-12 添加"水稻"角色

②添加造型。在角色背景区，选择希望增加造型的"水稻"角色图标，单击积木区中的"造型"切换到"造型"选项卡。单击最下方的 ✚ 按钮，出现两种增加造型的方法——"新建造型"和"素材库"，如图 8-13 所示。

③选择"素材库"选项，在弹出的窗口中选择"自有素材"下的"图片"，依次上传不同"水稻"造型图片，上传成功之后单击"添加"按钮即可完成添加，如图 8-14～图 8-16 所示。

图 8-13　添加造型界面

图 8-14　图片上传界面

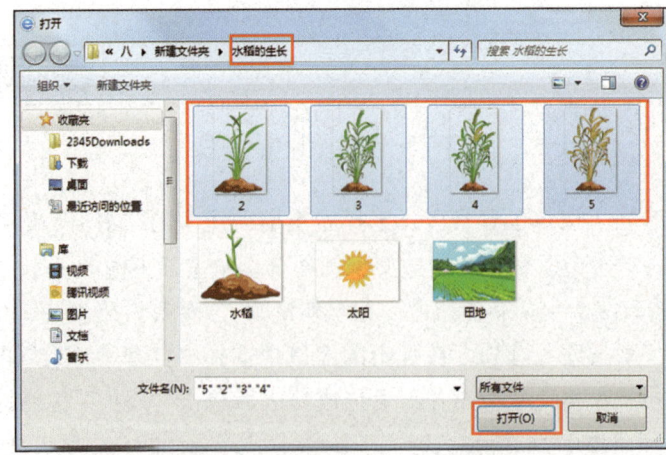

图 8-15　上传"水稻"造型图片

图 8-16 添加"水稻"造型

④调整角色的位置与大小。将"水稻"角色的位置坐标修改为 X: –30，Y: –100，将缩放比修改为 50，如图 8-17 所示。

图 8-17 调整"水稻"角色的位置与大小

⑤新建"太阳"角色。单击角色背景区右下方的"挑素材"按钮。选择"素材库"选项,在"自有素材"下的"图片"中,上传"水稻的生长"文件夹中的"太阳"图片。上传成功后选择"太阳"图片,单击"添加"按钮即可添加角色,如图 8-18～图 8-20 所示。

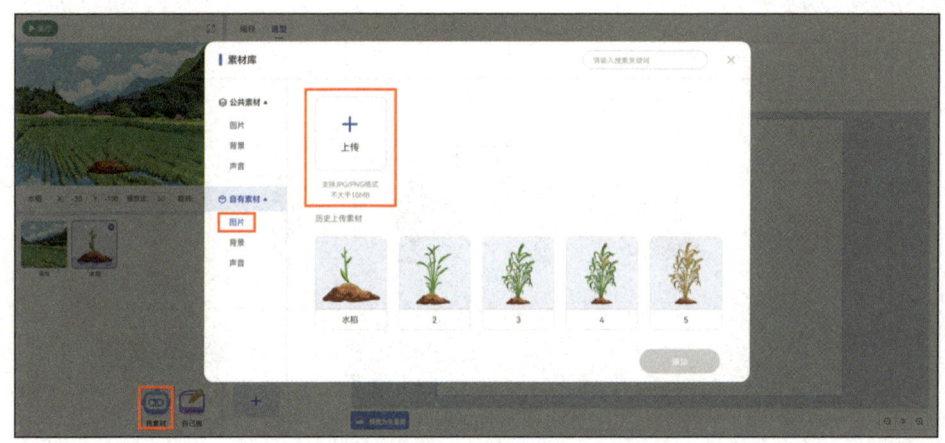

图 8-18　图片上传界面

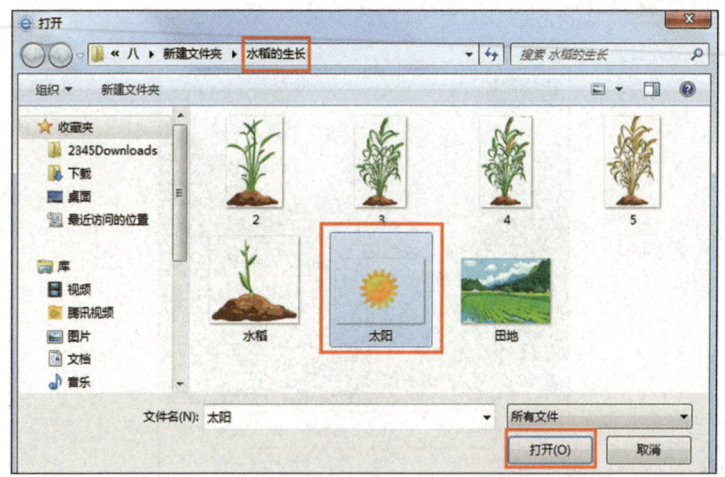

图 8-19　上传"太阳"图片

⑥调整角色的位置与大小。将"太阳"角色的位置坐标修改为 X: –260,Y: 100,将缩放比修改为 10,如图 8-21 所示。

图 8-20 添加"太阳"角色

图 8-21 调整"太阳"角色的位置与大小

8.4.2 动动手：搭积木

"搭积木"实际上是"编写操作指令"，操作步骤如下。

1. 通过输入值增加环境变量的值，并判断是否满足 3 种环境变量的条件

1）单击积木区中的"编程"切换到"编程"选项卡。点选"角色背景区"

的"水稻"角色图标，在"事件"类积木中找到 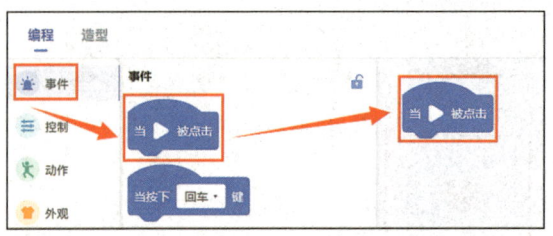 并把它拖曳到编程区，如图 8-22 所示。

图 8-22　拼接"当运行被点击"积木

2）在"侦测"类积木中找到 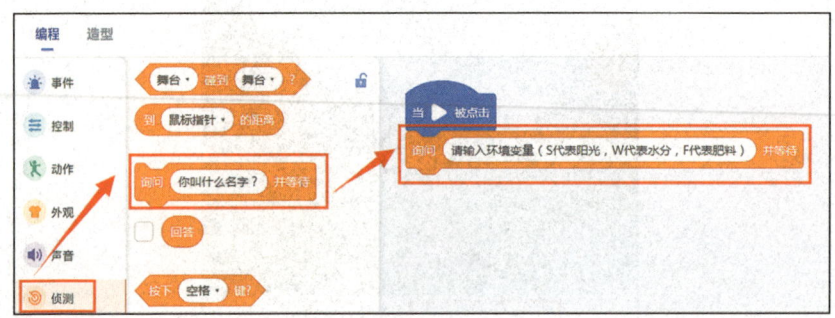 并把它拖曳到编程区 当▶被点击 的下方。将其中的文字修改为"请输入环境变量（S代表阳光，W代表水分，F代表肥料）"，如图 8-23 所示。

图 8-23　拼接"询问"积木

3）在"控制"类积木中找到  并把它拖曳到编程区 的下方，如图 8-24 所示。

4）在"运算"类积木中找到  并把它拖拽到编程区 的

六边形框中。这里使用两个 ⬡与⬡ 积木，实现 3 个条件的与运算，如图 8-25 所示。

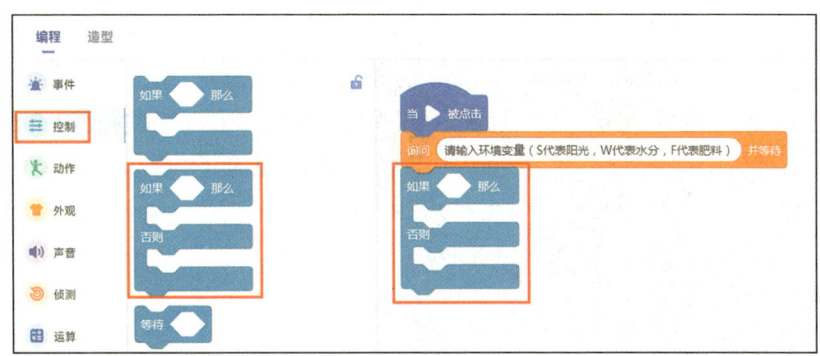

图 8-24　拼接"如果……那么……否则……"积木

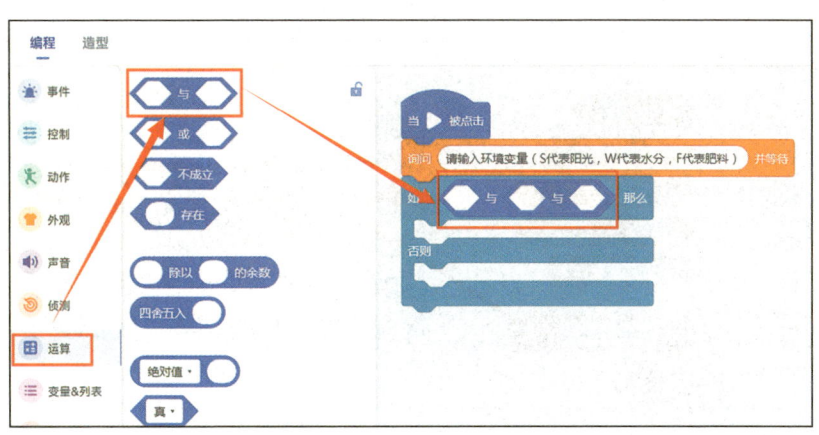

图 8-25　拼接"与"积木

5）在"字符串"类积木中找到 ⬡苹果 包含 果⬡ 并把它拖曳到编程区第一个六边形框中。将积木 ⬡苹果 包含 果⬡ 中的第二个白框为修改字符"S"，如图 8-26 所示。

6）在"侦测"类积木中找到 回答 并把它拖曳到编程区 ⬡苹果 包含 S⬡ 的第一个白框中，如图 8-27 所示。

7）按上述步骤拼接判断回答中是否包含字符"W"和"F"的积木，具体代码如图 8-28 所示。

学编程3：动植物发现小创客

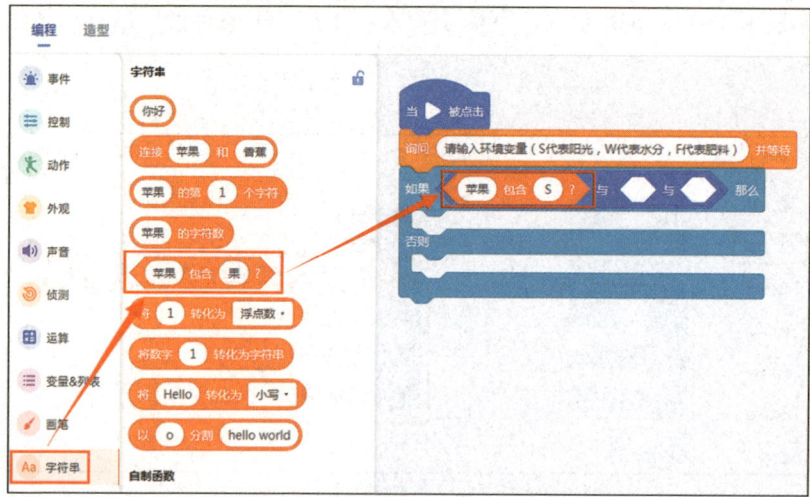

图 8-26 拼接"包含"积木

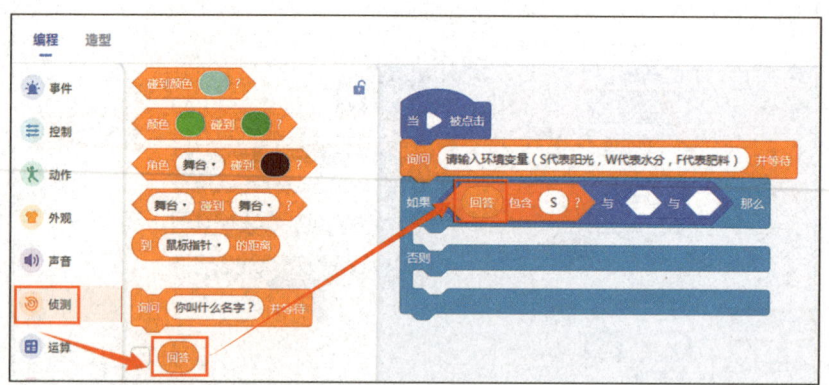

图 8-27 拼接"回答"积木

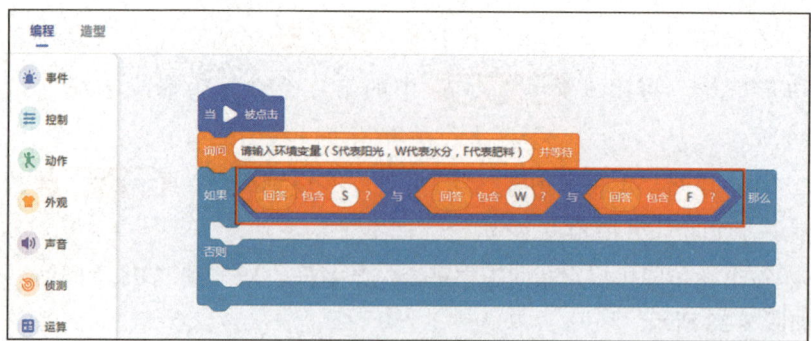

图 8-28 拼接"判断条件"积木

8)在"自制函数"类积木中找到 制作新的函数 ，建立"生长"函数，如图 8-29 所示。

图 8-29 制作"生长"积木

9)在"自制函数"类积木中找到 生长 并把它拖曳到编程区的中间，如图 8-30 所示。

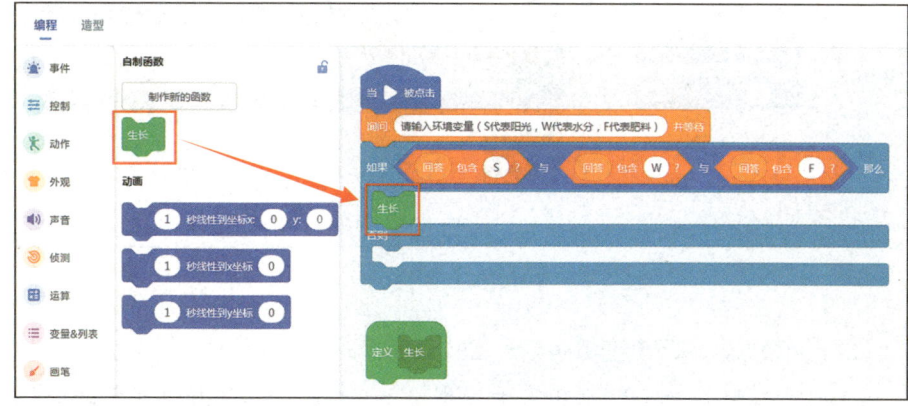

图 8-30 拼接"生长"积木

10）在"侦测"类积木中找到 ![询问你叫什么名字?并等待] 并把它拖曳到编程区的中间。将其中的文字修改为"输入有误，请重新输入"，如图 8-31 所示。

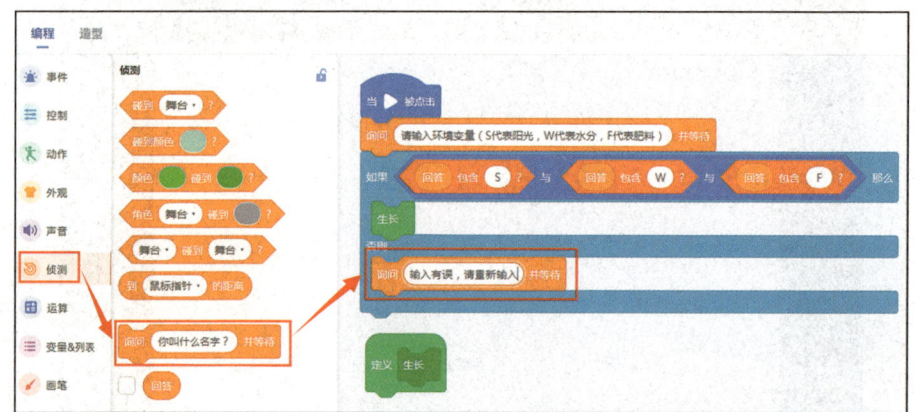

图 8-31　拼接"询问"积木

11）在"自制函数"类积木中找到 ![生长] 并把它拖曳到编程区 ![询问 输入有误，请重新输入 并等待] 的下方，如图 8-32 所示。

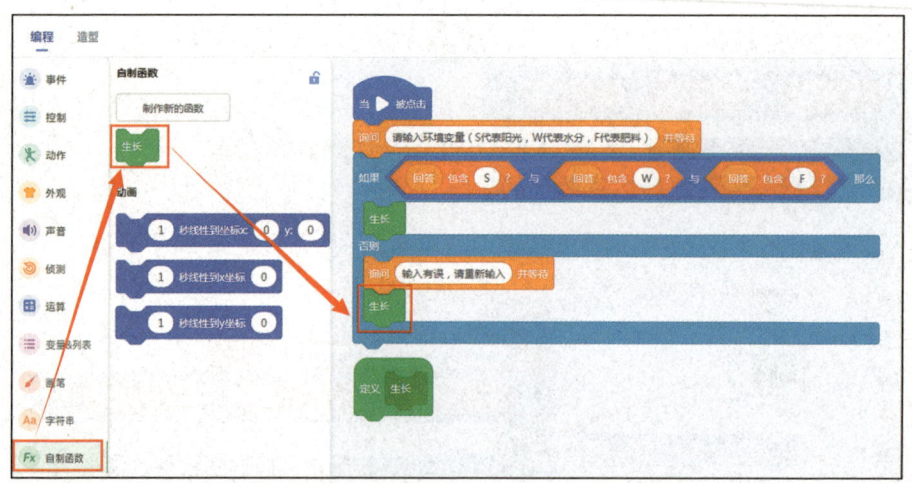

图 8-32　拼接第二个"生长"积木

2. 定义函数，当环境变量到达一定数值后水稻切换造型

1）在"变量&列表"类积木中找到 ![建立一个变量]，点击建立变量 temp，如图 8-33 所示。

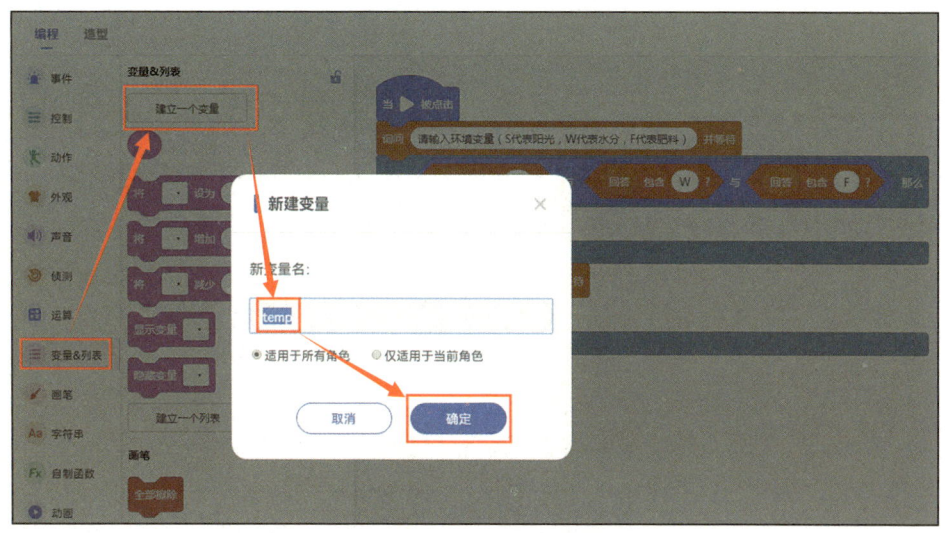

图 8-33 新建 temp 变量

2）在"变量&列表"类积木中找到 ![将 设为 0] 并把它拖曳到编程区 ![定义 生长] 的下方。单击白框中的向下箭头，选择变量 temp，如图 8-34 所示。

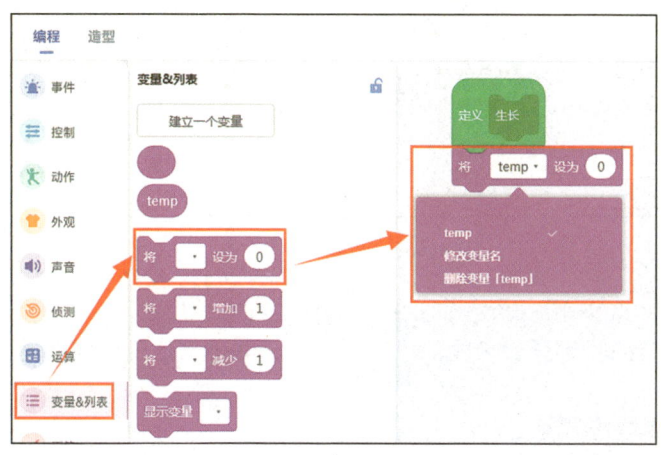

图 8-34 拼接"将变量设为"积木

3）在"字符串"类积木中找到 ![苹果 的字符数] 并把它拖曳到编程区 ![将 temp 设为 0] 中数值"0"的位置，如图 8-35 所示。

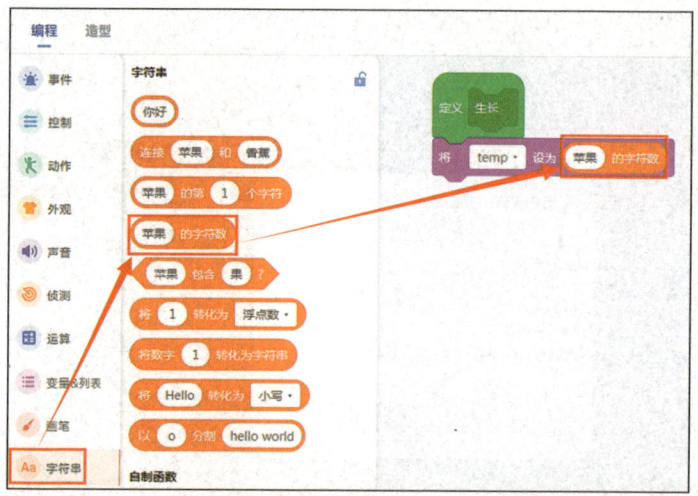

图 8-35 拼接"字符数"积木

4）在"侦测"类积木中找到 回答 并把它拖曳到编程区 苹果的字符数 中的白框中，如图 8-36 所示。

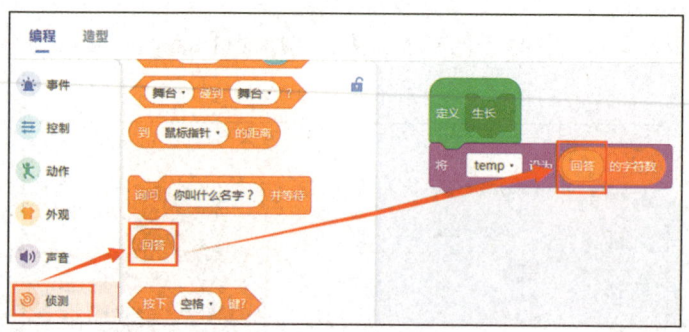

图 8-36 拼接"回答"积木

5）在"控制"类积木中找到 如果 那么 ，并把它拖曳到编程区 将 temp 设为 回答的字符数 的下方，如图 8-37 所示。

6）在"运算"类积木中找到 的数值在 1 到 50 之间 并把它拖曳到编程区 如果 那么 的六边形框中。将其中的数值分别修改为"3"和"5"，如图 8-38 所示。

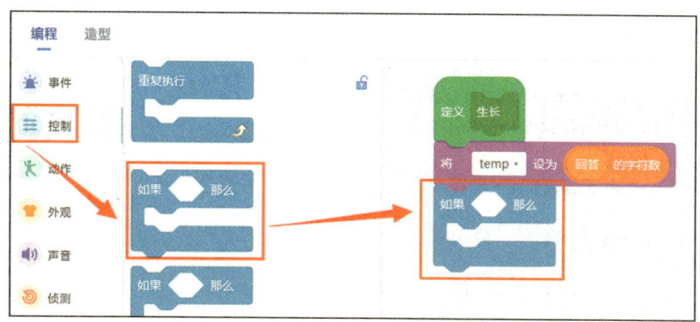

图 8-37 拼接"如果……那么……"积木

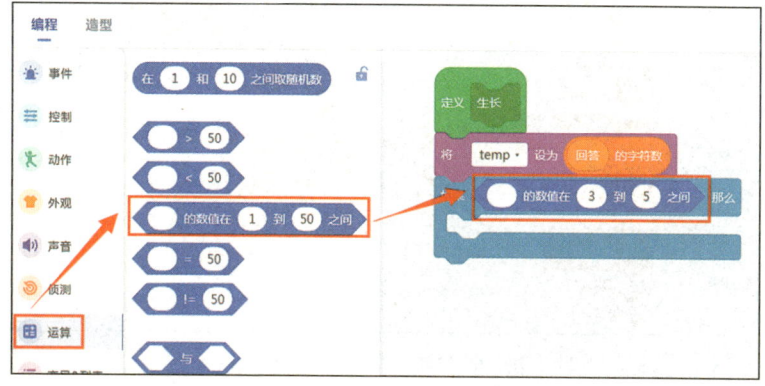

图 8-38 拼接"数值"积木

7）在"变量 & 列表"类积木中找到 temp 并把它拖曳到编程区 的数值在 3 到 5 之间 的第一个白框中，如图 8-39 所示。

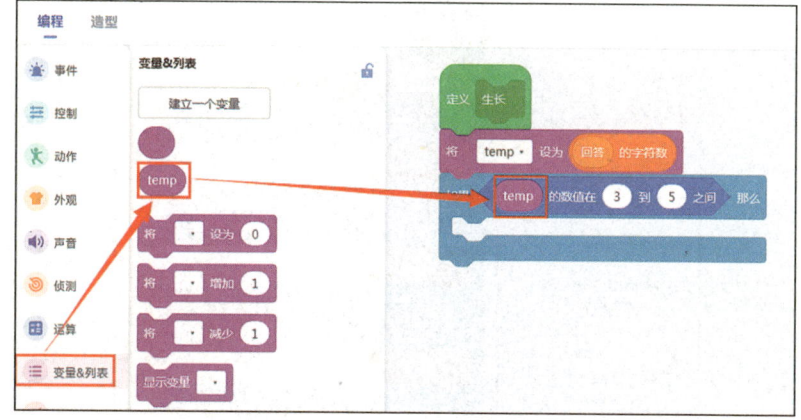

图 8-39 拼接"temp 变量"积木

8）在"外观"类积木中找到  并把它拖曳到编程区

的中间。单击白框中的向下箭头,选择造型"2",如图 8-40 所示。

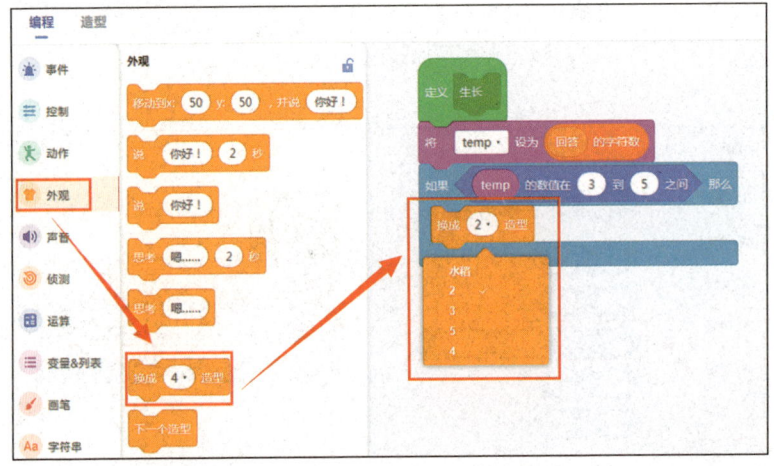

图 8-40 拼接第一个"换造型"积木

9）按之前步骤编写变量 temp 在 "5～8" 和 "8～12" 之间时切换相应造型的代码,如图 8-41 所示。

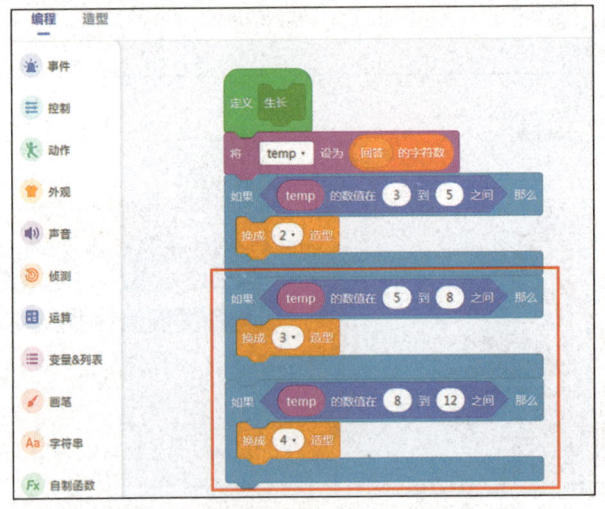

图 8-41 拼接第二个和第三个"换造型"积木

10）在"控制"类积木中找到  并把它拖曳到编程区

 的下方，如图 8-42 所示。

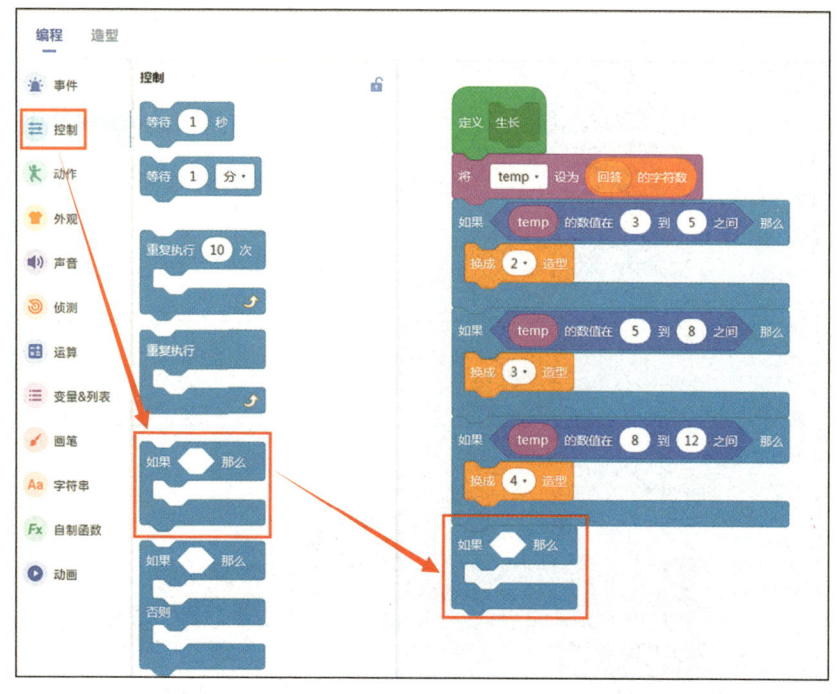

图 8-42　拼接"如果……那么……"积木

11）在"运算"类积木中找到 ![] 并把它拖曳到编程区  的六边形框中。将数值"50"修改为"12"，如图 8-43 所示。

12）在"变量&列表"类积木中找到 [temp] 并把它拖曳到编程区 的第一个白框中，如图 8-44 所示。

学编程 3：动植物发现小创客

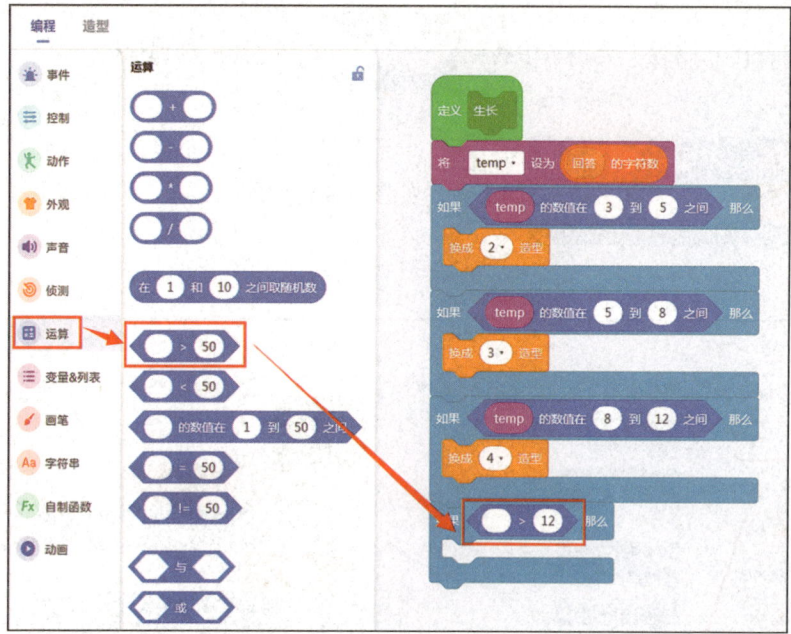

图 8-43 拼接"大于"积木

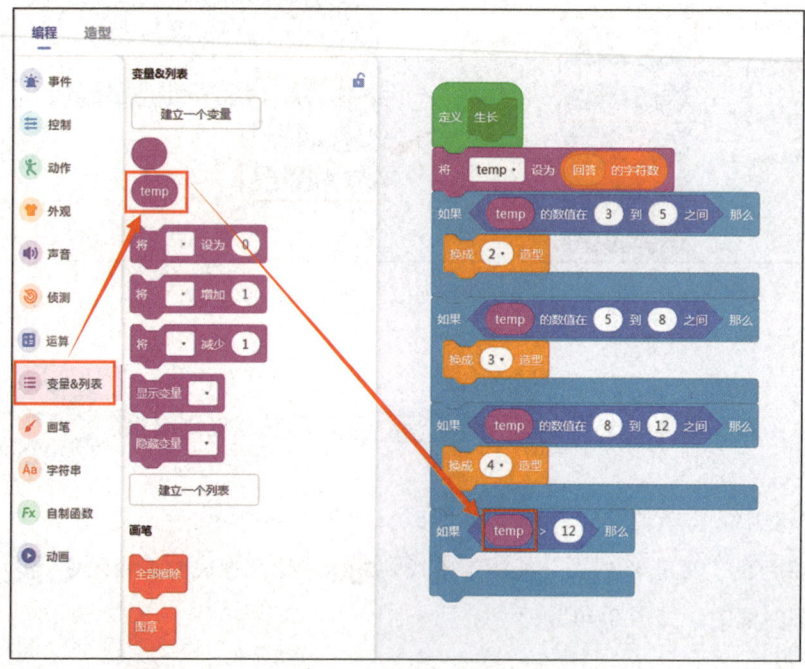

图 8-44 拼接 temp 变量积木

13）在"外观"类积木中找到  并把它拖曳到编程区的中间。单击白框旁边的向下箭头，选择造型"5"，如图 8-45 所示。

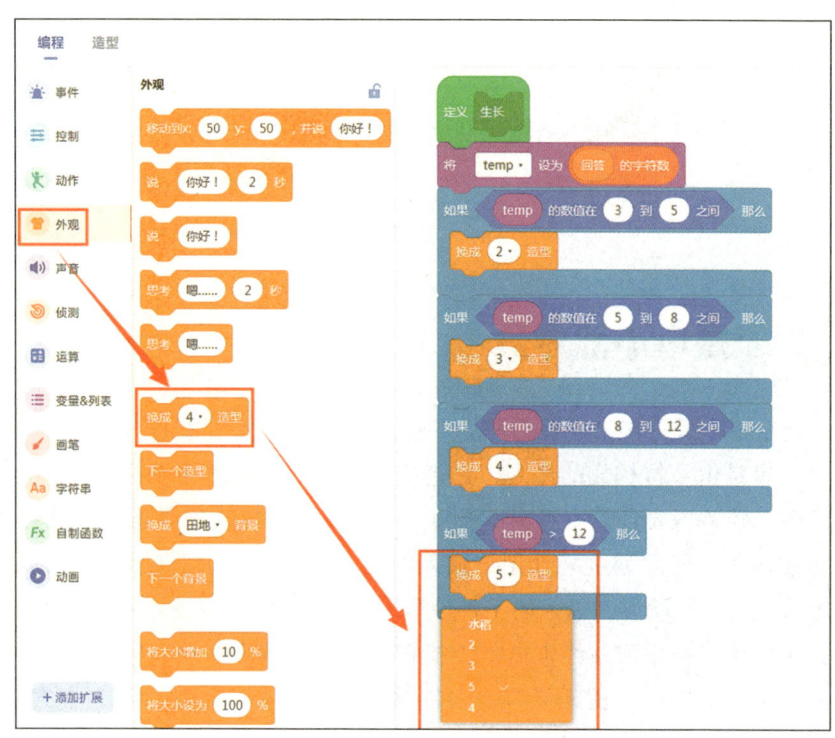

图 8-45　拼接第四个"换造型"积木

8.4.3　动动手：保存作品

参考之前的作品保存方式，将这个新作品导出到计算机的专属文件夹中。

8.5　理一理：编程思路

"水稻的生长"程序的编写思路如图 8-46 所示。

学编程 3：动植物发现小创客

图 8-46 "水稻的生长"程序的编写思路

8.6 学做小小程序员

1. 字符串（编程能力等级 GESP 三级）

字符串是由字符构成的序列，它包含的字符数量被称为字符串长度。在程序设计中，经常需要计算字符串的长度，如验证用户输入的手机号码是否为 11 位。本案例中，程序通过统计用户输入的代表阳光、水分和肥料的字符数量，来显示水稻的生长阶段，输入的字符越多，字符串越长，表示水稻生长得越好。此外，在使用字符串时，经常需要查找它是否包含特定字符。例如，在学生中搜索姓"王"的同学，就需要判断名字是否包含"王"这个字符。本案例中，通过判断字符串是否同时包含代表阳光、水分和肥料的字符，来判断水稻是否正常生长。如果在输入的字符中缺少某一个字符，就代表水稻没有获得相应的生长条件，不能生长。在程序设计中，计算字符串长度和判断是否包含特定字符的功能都由特定函数来实现。

2. 函数（编程能力等级 GESP 三级）

在程序设计中，函数是能够完成特定功能的代码的集合。如果在程序设计时，某一项功能经常被使用，就应该将它设计为一个函数。这样不仅能够大幅减少程序中重复代码的数量，也方便程序设计人员对程序进行修改。例如，程序中有 20 处需要计算字符串长度，如果不使用函数，就需要编写 20 段重复的代码。如果将计算字符串长度的功能定义为一个函数，那么相应的代码只需要写一遍函数的定义，在使用这个功能的地方仅需要进行程序调用即可。这样程序的重复代码就大幅减少了，修改计算字符串长度的代码时，也只需要在函数定义时修改，不需要在 20 处同时修改了。

在程序设计中，函数都有唯一的名字，这个名字是在函数定义时确定的，在使用这个函数时，只需要按照名字调用即可。此外，如果函数需要从调用它的程序中接收信息，那么在定义时需要用到输入参数，如果函数需要向调用它的程序返回结果，那么就需要用到输出参数。

8.7 走近信息科技

本章使用了函数。在日常生活中，我们经常能够遇到使用函数的例子。例如，我们乘坐公交车刷卡时，刷卡机需要首先识别这张卡，然后扣除乘车费用。那么在公交卡系统中就会定义两个函数：一个函数用于识别公交卡，每一次刷卡都需要用到这个功能，因此在编程时把这个功能定义成一个函数，这个函数就会被反复调用，而不用重复编程；另一个函数是扣除金额的过程，这个函数的功能就是从公交卡的余额中减去本次乘车费用，它需要知道公交卡刷卡之前的余额，同时能够计算出扣除本次乘车费用之后的余额，并把这个数字作为结果存到数据库中。函数读取的值和计算后传递给调用者的值统称为函数的参数，其中，它读取的值被称为输入参数，它传回的值被称为输出参数。输入和输出参数能够保证函数获得完成功能需要的信息并向调用它的函数传递它得到的信息。

第 9 章

万花丛识花

9.1 去观察

春天的阳光洒满了整个花园,鲜花散发出的香气弥漫在空气中。柚子老师带着一群兴奋的学生走进花园,指着周围各种各样的花朵说:"同学们,我们今天要在这个美丽的花园中寻找我们梦想中的花朵,每个人都会找到属于自己的特别之花。"

同学们观察着花园的布局和丰富多样的花卉。他们迫不及待地想要开始探险。

在开始之前,柚子老师向同学们介绍了一种高效的查找方法——二分搜索,以帮助同学们快速找到目标花朵。柚子老师说:"同学们,二分搜索是一种通过每次将问题的搜索范围缩小一半来快速找到目标的方法。在我们的花园探险中,我们可以将花园划分为几个区域,并根据不同的花卉类型将它们放置在相应的区域内。现在假设我们要寻找一朵特定类型的花,我们可以从花园的中间开始观察。如果这朵花位于中间区域,那么恭喜你,你已经找到了目标!如果没有找到,我们可以根据花朵的排列顺序判断它是在左侧区域还是在右侧区域。接下来,我们只需要将搜索范围缩小到新的区域,并再次重复这个过程,直到找到目标花朵为止。这种方法的好处是,随着每次搜索的进行,我们可以迅速排除大量的非目标区域,提高效率。所以,当我们开始探险时,记得使用二分搜索的方法。祝你们都能找到自己心仪的花!"

同学们每人手持一张自制的花朵特征表,记录自己想要找到的花朵颜色、形状和特征等信息。他们仔细观察,寻找着自己心仪的目标花朵。

探索的过程充满了欢声笑语,同学们互相交流、帮助和鼓励。时间一分一秒过去,程程第一个发现了自己心仪的花朵。他激动地跑向老师,展示着找到的花朵,脸上洋溢着幸福的笑容。之后其他学生也纷纷找到了属于自己的特别之花,在花园中欢呼雀跃。

这次探险不仅让学生们体验到了寻找梦想的喜悦,更培养了他们的观察力、

学编程 3：动植物发现小创客

合作意识和坚持不懈的精神。在这个阳光明媚的春天，孩子们与柚子老师一起跳跃在花朵的海洋中，享受探险的乐趣，收获友谊与成长。

9.2 看程序

扫描二维码，按以下方法操作，可以看到本案例的呈现效果。

1）单击 运行 按钮，启动程序。

2）观察到输入欲查找的花朵名称后，等待几秒程序找到该花朵，如图 9-1 和图 9-2 所示。

图 9-1　用户输入

图 9-2　显示搜索结果

9.3 设计思路

此程序主要涉及"定义列表"与"二分搜索",具体实现步骤如下。

1)创建有序花朵列表。
2)请求用户输入欲查找花朵名称。
3)利用二分搜索查找匹配的花朵。
4)显示搜索结果。

9.4 动手编程

9.4.1 动动手:布置舞台

准备好本章所需资源"万花丛识花",如图 9-3 所示。

图 9-3　素材图片

1)进入图形化编程环境,单击"文件"菜单,选择"新建作品"命令,如图 9-4 所示。

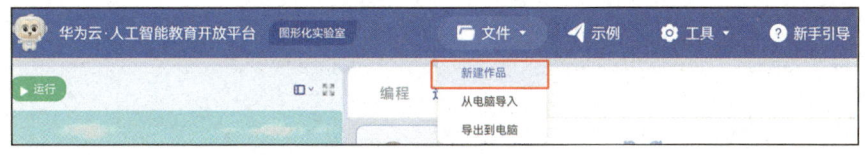

图 9-4　新建作品

2)添加背景。

① 新建的作品默认为空白背景。将背景图修改为"万花丛识花"文件夹中的"花园"图片。在角色背景区,单击"空白背景"图标,然后单击"背景"切换到"背景"选项卡。单击最下方的 + 按钮,如图 9-5 所示。

图 9-5 添加背景

②选择单击"素材库"按钮,在弹出的"素材库"窗口中,选择左侧"自有素材"下面的"背景",单击 ✚ 按钮上传自有素材中的背景,如图 9-6 所示。

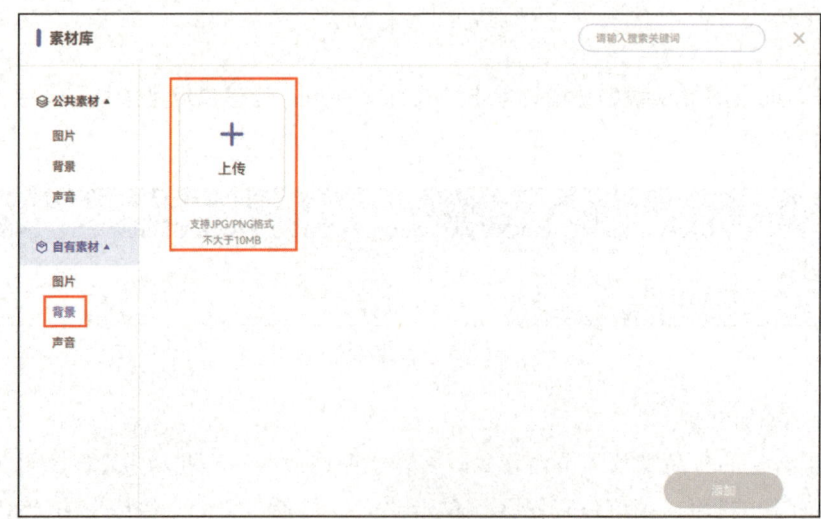

图 9-6 背景上传界面

③选中"花园"图片,单击"打开"按钮进行上传,如图 9-7 所示。

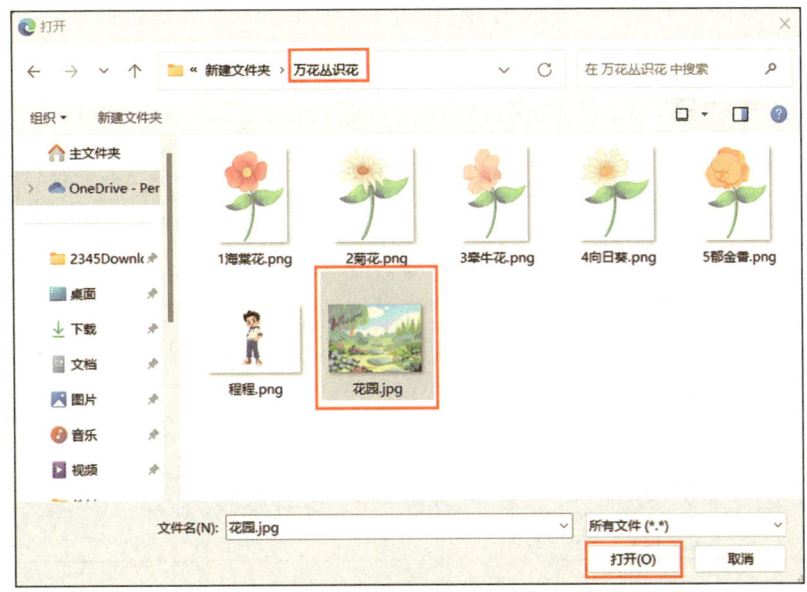

图 9-7　上传"花园"图片

④稍等片刻就可以在"历史上传素材"中看到已经上传的背景图。选择"花园"背景,单击"添加"按钮即可完成添加,如图 9-8 所示。

图 9-8　添加"花园"背景

⑤将默认的空白背景删除，如图9-9所示。

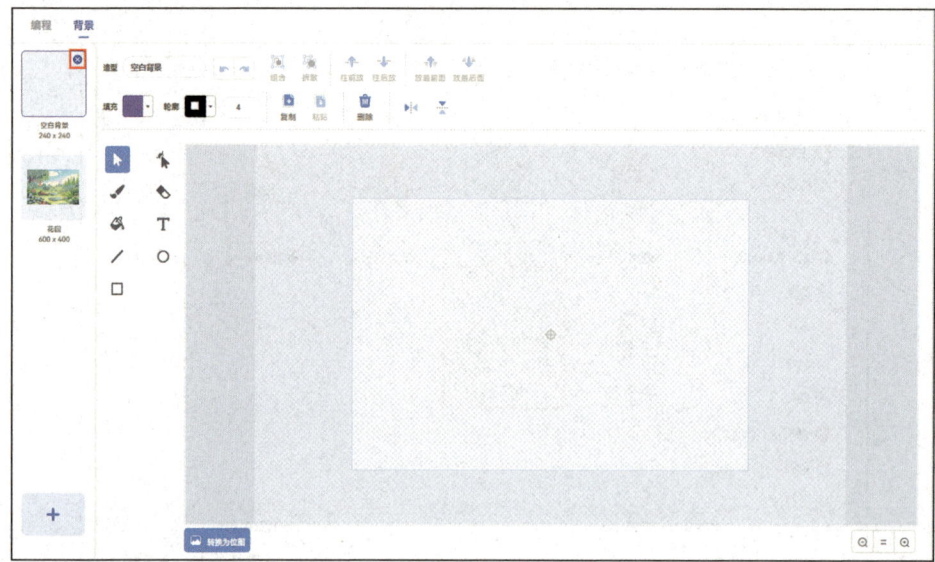

图9-9　删除空白背景

3）添加角色和造型。

①新建花朵角色。单击角色背景区右下方的"挑素材"按钮。选择"素材库"选项，在"自有素材"下的"图片"中，上传"万花丛识花"文件夹中的5种花朵图片。上传成功后选择新上传的素材，单击"添加"按钮即可添加角色，如图9-10～图9-12所示。

图9-10　背景上传界面

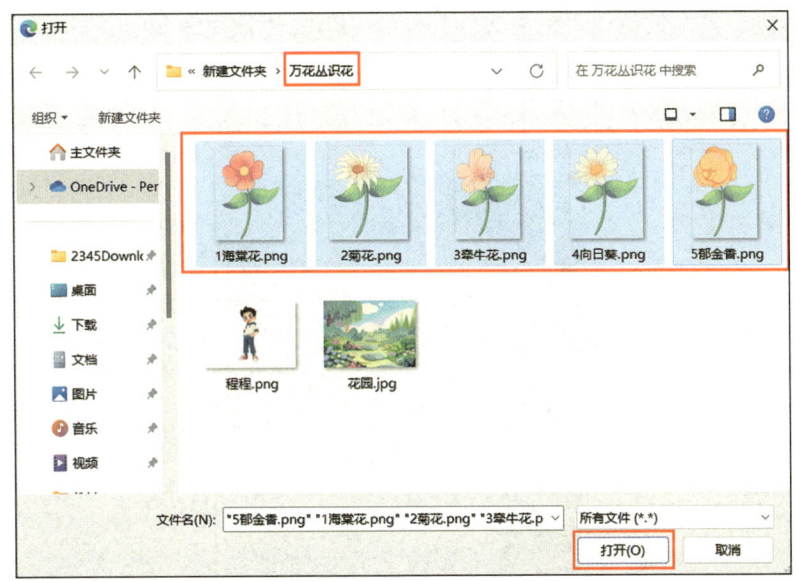

图 9-11　上传 5 张花朵图片

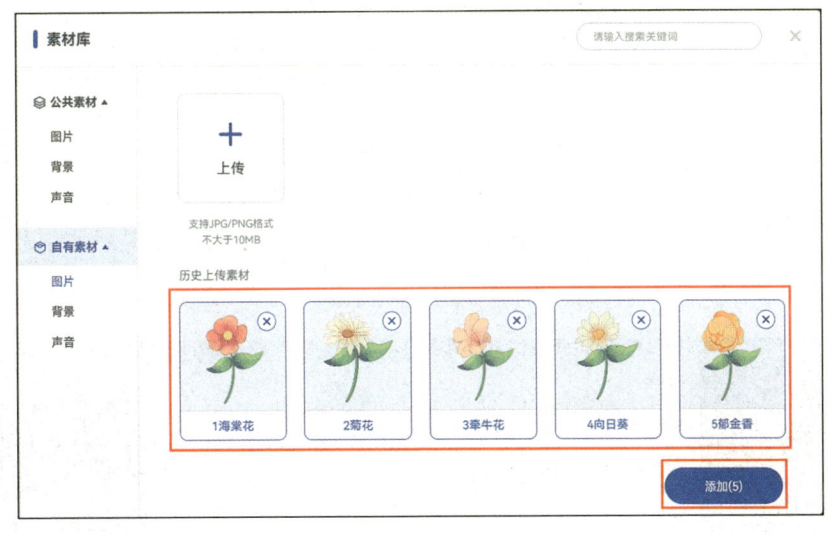

图 9-12　添加 5 个角色

②调整 5 个角色的位置和大小，修改后的效果如图 9-13 所示。具体参数如下：

"1 海棠花"的位置坐标为 X: –30, Y: –160，缩放比为 20。

"2 菊花"的位置坐标为 X: –70, Y: –170，缩放比为 20。

"3 牵牛花"的位置坐标为 X: –110, Y: –180，缩放比为 20。

"4向日葵"的位置坐标为 X: –160, Y: –170，缩放比为 20。

"5郁金香"的位置坐标为 X: –210, Y: –180，缩放比为 20。

图 9-13 调整 5 个角色的位置和大小

③新建"程程"角色。单击角色背景区右下方的"挑素材"按钮。选择"素材库"选项，在"自有素材"下的"图片"中，上传"万花丛识花"文件夹中的"程程"图片。选择新上传的素材，单击"添加"按钮即可添加角色，如图 9-14～图 9-16 所示。

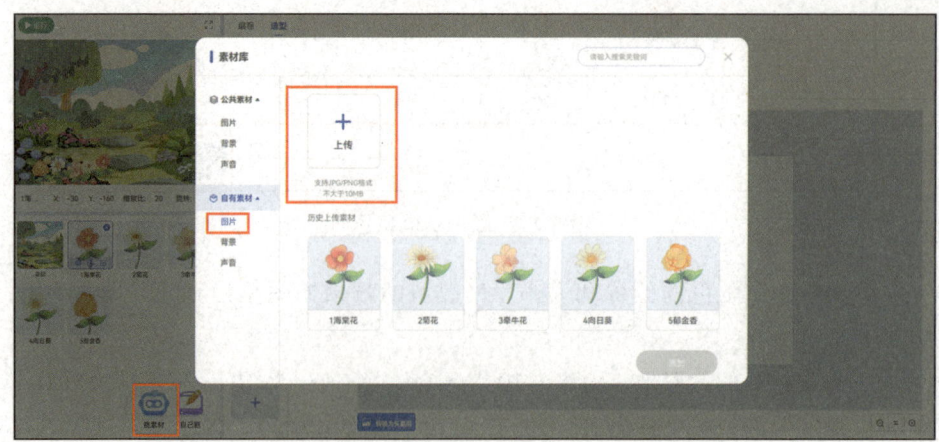

图 9-14 图片上传界面

244

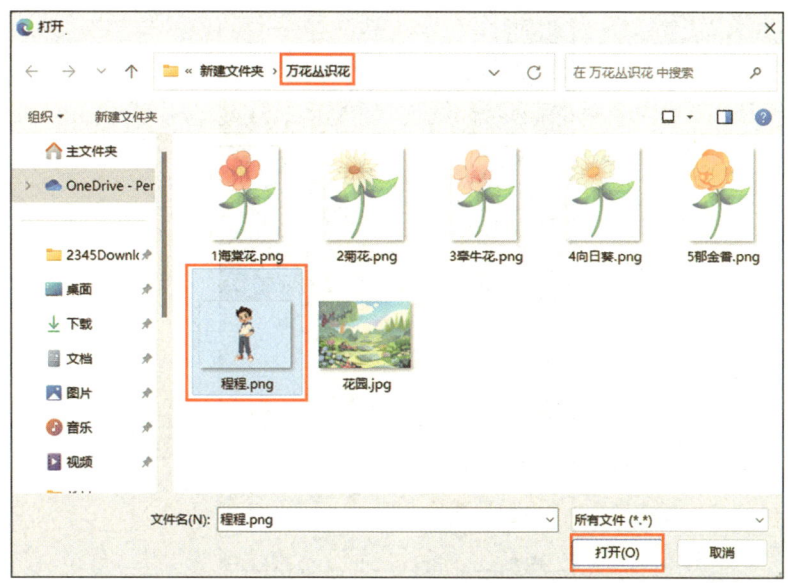

图 9-15　上传"程程"图片

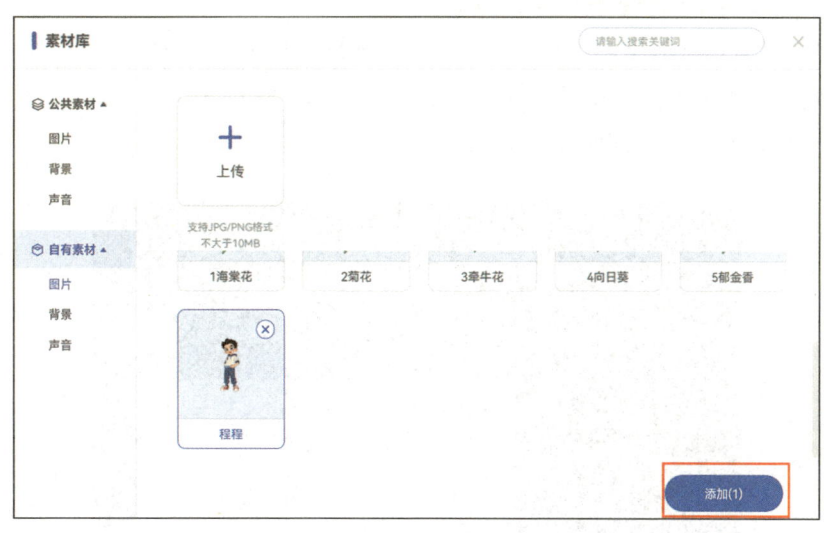

图 9-16　添加"程程"角色

④调整"程程"角色的位置和大小。将角色的位置坐标修改为"X: 130, Y: –100",将缩放比修改为"20",如图 9-17 所示。

9.4.2　动动手:搭积木

"搭积木"实际上是"编写操作指令",操作步骤如下。

学编程3：动植物发现小创客

图 9-17 调整"程程"角色的位置和大小

1. 创建包含花朵名称的有序列表

1）单击积木区中的"编程"切换到"编程"选项卡。点选"角色背景区"的"程程"角色图标，在"变量&列表"类积木中找到 建立一个列表 ，单击新建"flowers"列表，如图 9-18 所示。

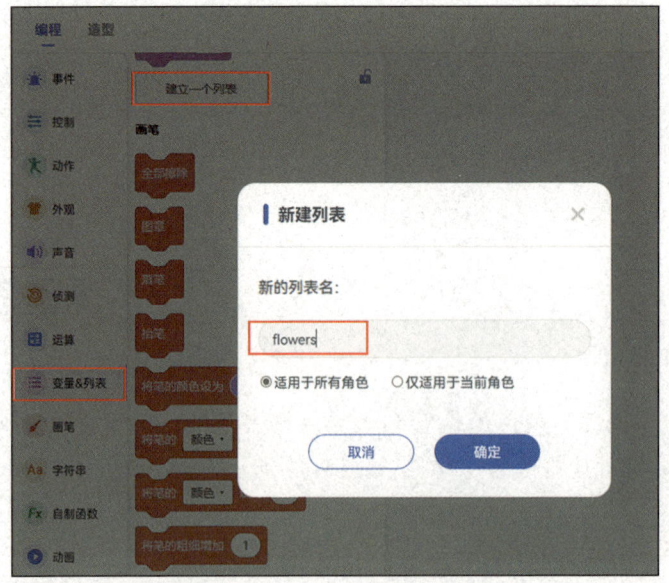

图 9-18 新建"flowers"列表

2）在"事件"类积木中找到 当▶被点击 并把它拖曳至编程区，如图 9-19 所示。

图 9-19　拼接"当运行被点击"积木

3）在"变量 & 列表"类积木中找到 删除 flowers▼ 的全部项目 并把它拖曳至编程区 当▶被点击 的下方，如图 9-20 所示。

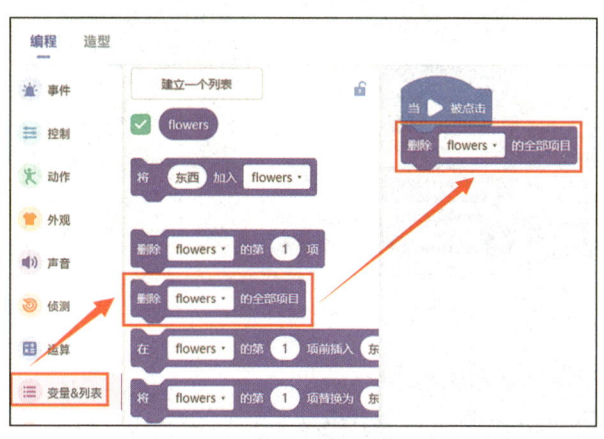

图 9-20　拼接"删除列表的全部项目"积木

4）在"变量 & 列表"类积木中，找到 将 东西 加入 flowers▼ 并把它拖曳至编程区 删除 flowers▼ 的全部项目 的下方。将椭圆形白框中的文字修改为"1 海棠花"，如图 9-21 所示。

5）按上述步骤，将"2 菊花""3 牵牛花""4 向日葵""5 郁金香"都加入 "flowers"列表，如图 9-22 所示。

学编程3：动植物发现小创客

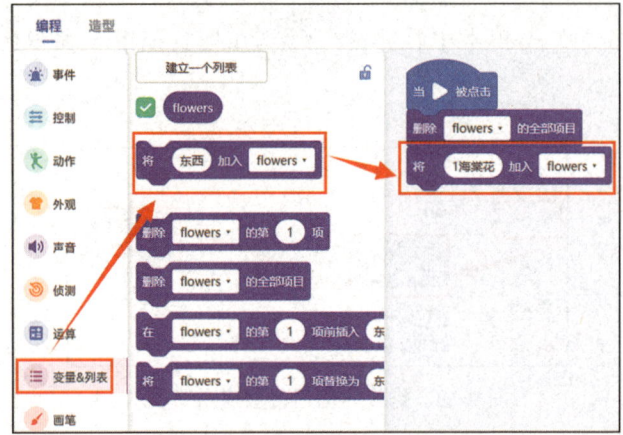

图 9-21 拼接"加入"积木

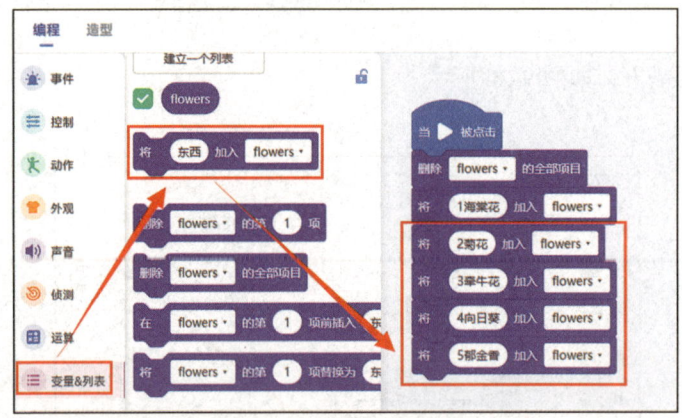

图 9-22 拼接多个"加入"积木

2.请求用户输入欲查找的花朵名称

1）在"事件"类积木中找到 ![被点击] 并把它拖曳至编程区，如图 9-23 所示。

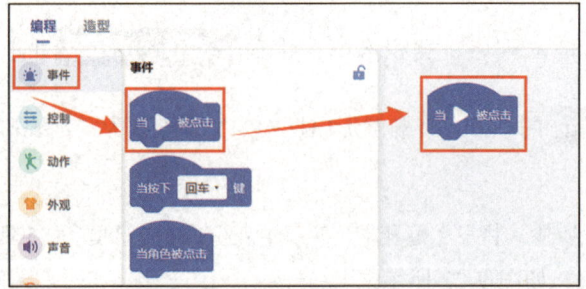

图 9-23 拼接"当运行被点击"积木

2）在"侦测"类积木中找到 [询问 你叫什么名字？ 并等待]，并把它拖曳至编程区 [当 ▶ 被点击] 的下方。将其中的文字修改为"请输入欲查找花朵"，如图 9-24 所示。

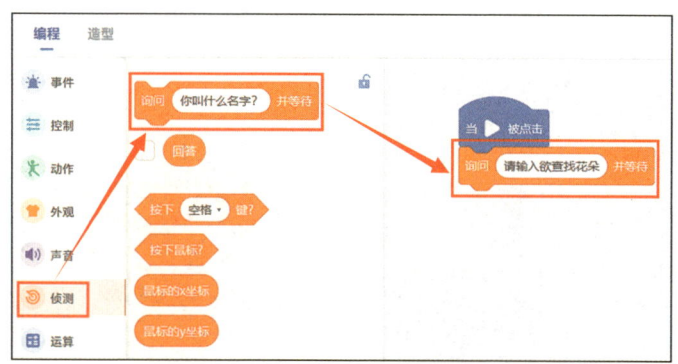

图 9-24 拼接"询问"积木

3. 利用二分搜索算法进行查找

1）在"变量 & 列表"类积木中找到 [建立一个变量]，单击建立变量 left，如图 9-25 所示。

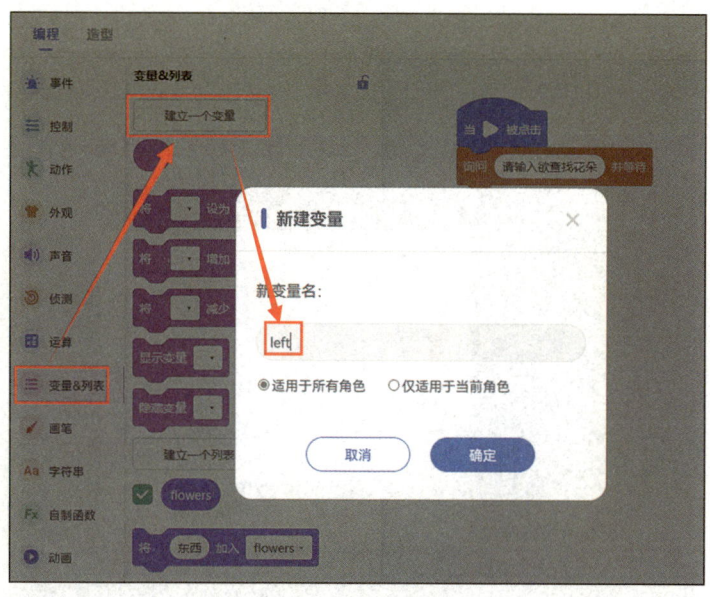

图 9-25 新建变量 left

2）在"变量&列表"类积木中找到 并把它拖曳至编程区 的下方。单击白框中的向下箭头，选择变量 left，将数值"0"修改为"1"，如图 9-26 所示。

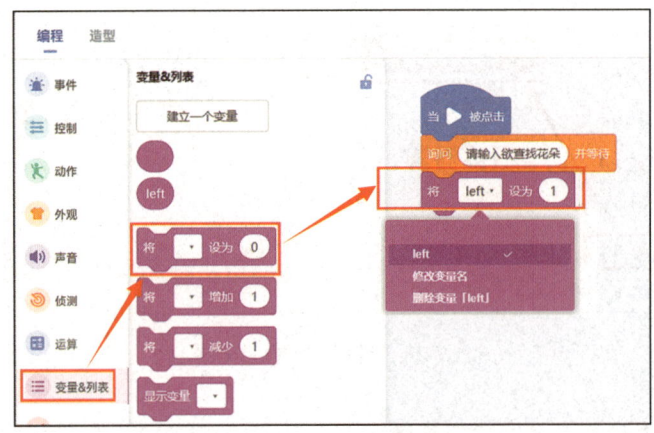

图 9-26　拼接"将变量设为"积木

3）在"变量&列表"类积木中找到 ，单击建立变量 right，如图 9-27 所示。

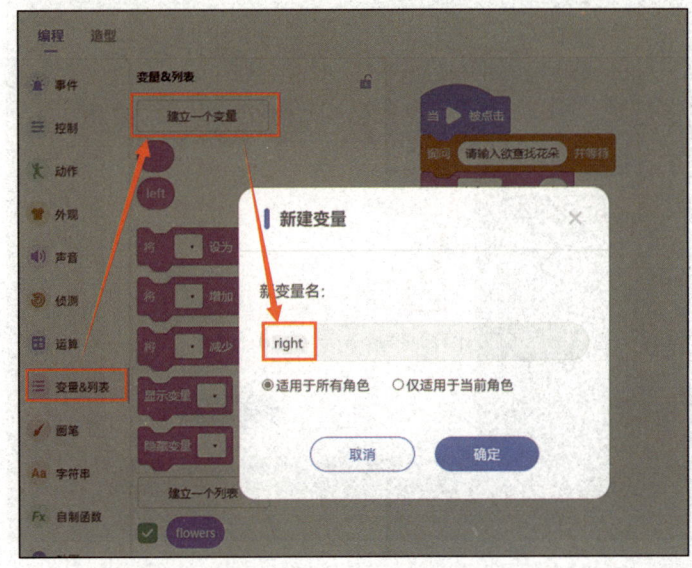

图 9-27　新建变量 right

4）在"变量&列表"类积木中找到 ![将设为0] 并把它拖曳至编程区 ![将left设为1] 的下方。单击白框中的向下箭头，选择变量right，如图9-28所示。

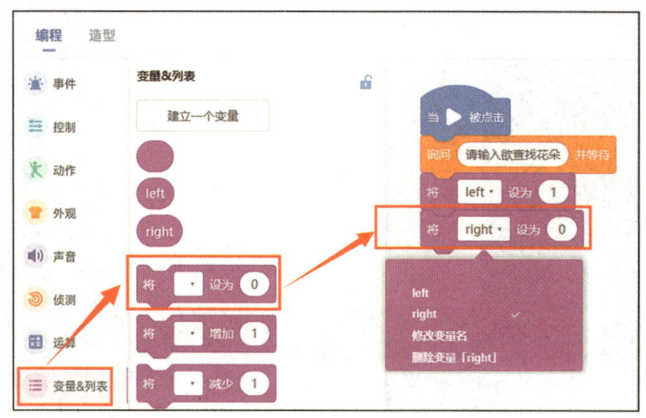

图9-28 拼接"将变量设为"积木

5）在"变量&列表"类积木中找到 ![flowers的项目数] 并把它拖曳至编程区 ![将right设为0] 中数值"0"的位置，如图9-29所示。

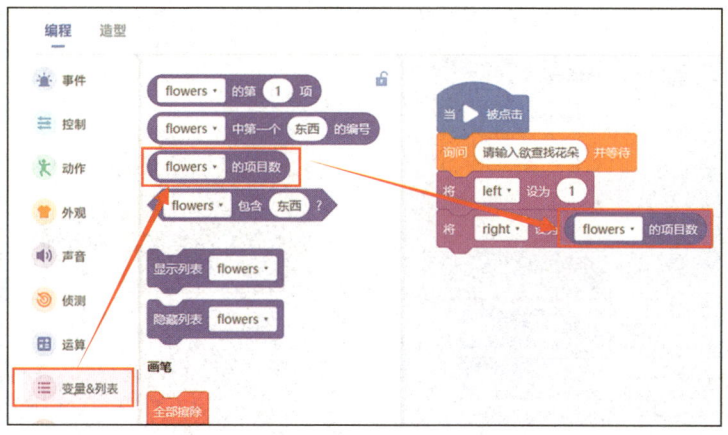

图9-29 拼接"列表项目数"积木

6）在"变量&列表"类积木中找到 ![建立一个变量]，单击建立变量found，如图9-30所示。

第 9 章 万花丛识花

251

图 9-30 新建变量 found

7）在"变量 & 列表"类积木中找到 并把它拖曳至编程区 的下方。单击白框中的向下箭头，选择变量 found，如图 9-31 所示。

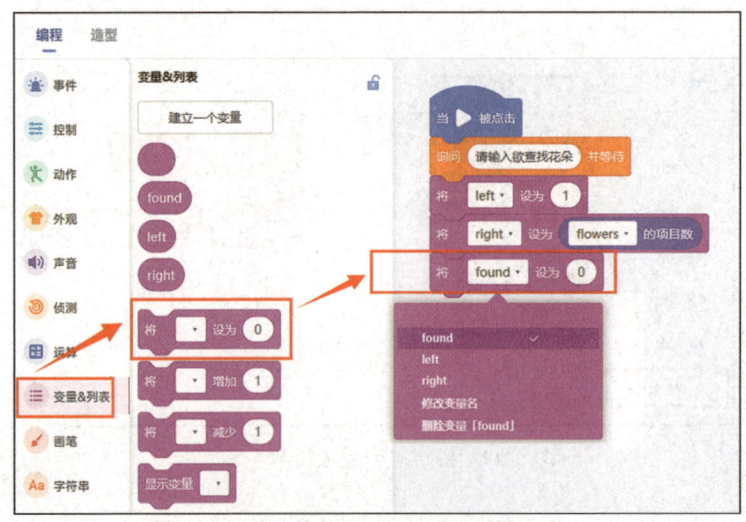

图 9-31 拼接"将变量设为"积木

8）在"运算"类积木中找到 并把它拖曳至编程区 中数值"0"的位置。单击白框中的向下箭头，选择"假"，如图9-32所示。

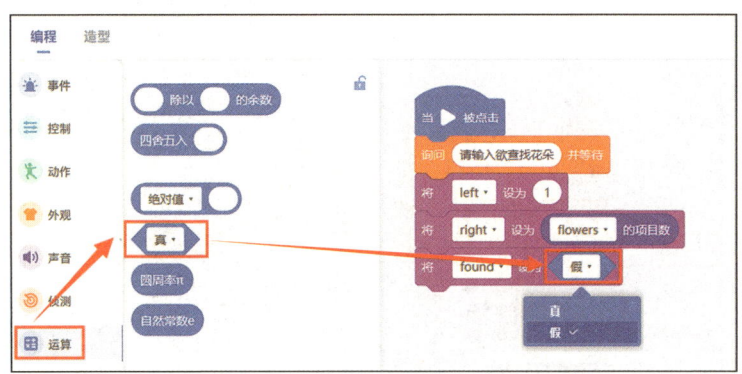

图9-32 拼接"判断"积木

9）在"变量&列表"类积木中找到 ，单击建立变量target，如图9-33所示。

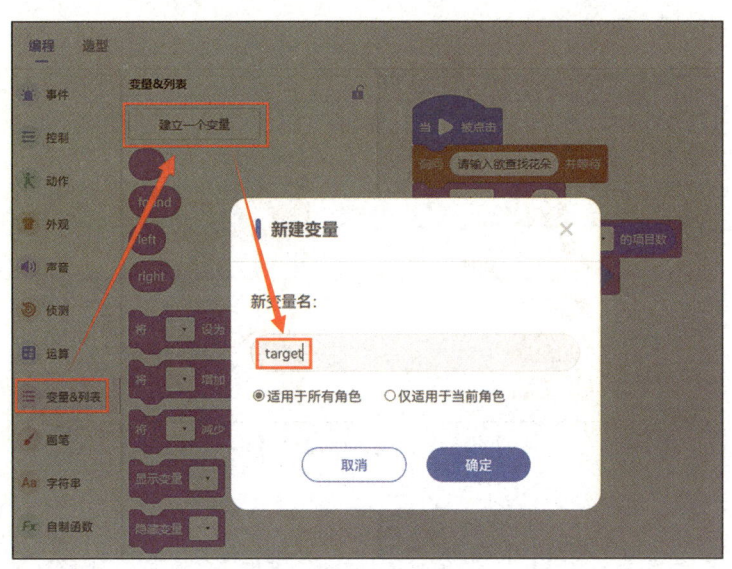

图9-33 新建变量target

10）在"变量&列表"类积木中找到 并把它拖曳至编程区 的下方。单击白框中的向下箭头，选择变量target，如图9-34所示。

学编程 3：动植物发现小创客

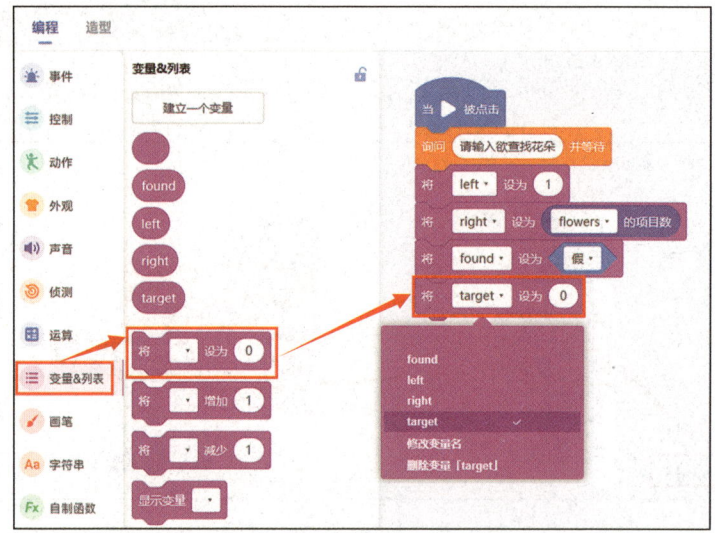

图 9-34 拼接"将变量设为"积木

11）在"侦测"类积木中找到 回答 并把它拖曳至编程区 将 target▼ 设为 0 中数值"0"的位置，如图 9-35 所示。

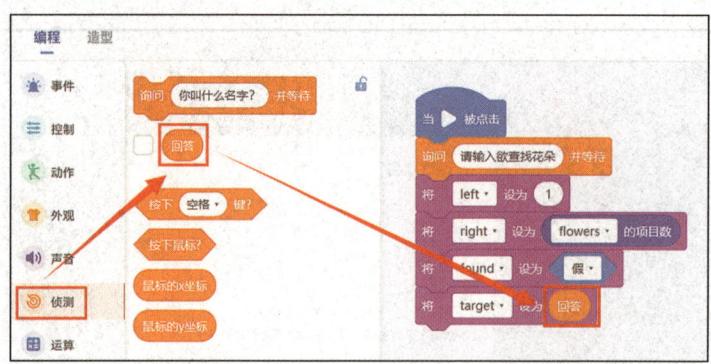

图 9-35 拼接"回答"积木

12）在"控制"类积木中找到 重复执行直到 并把它拖曳至编程区 将 target▼ 设为 回答 的下方，如图 9-36 所示。

13）在"运算"类积木中找到 或 并把它拖曳至编程区 重复执行直到 的六边形框中，如图 9-37 所示。

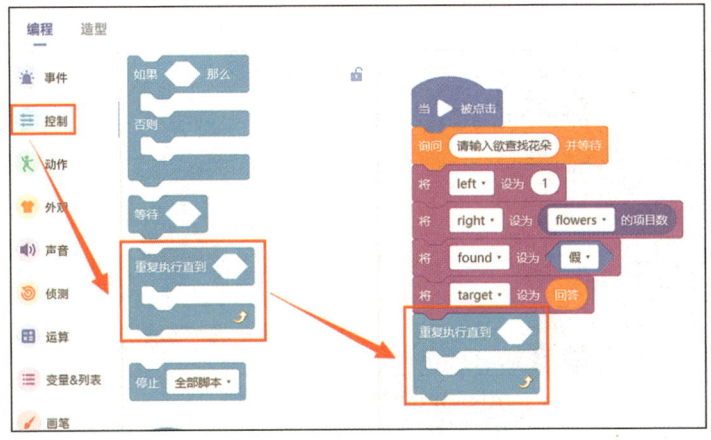

图 9-36 拼接"重复执行直到"积木

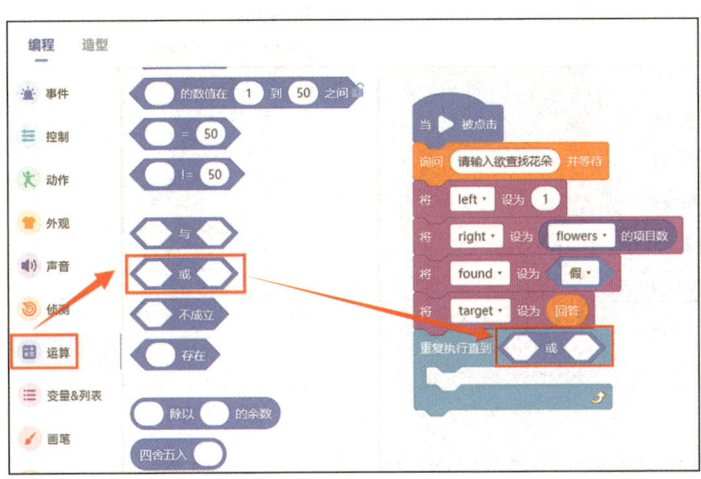

图 9-37 拼接"或"积木

14）在"运算"类积木中找到 并把它拖曳至编程区 中的第一个六边形框中，如图 9-38 所示。

15）在"变量 & 列表"类积木中找到 found 并把它拖曳至编程区 的第一个白框中，如图 9-39 所示。

16）在"运算"类积木中找到 并把它拖曳至编程区 found 的第二个白框中，如图 9-40 所示。

学编程3：动植物发现小创客

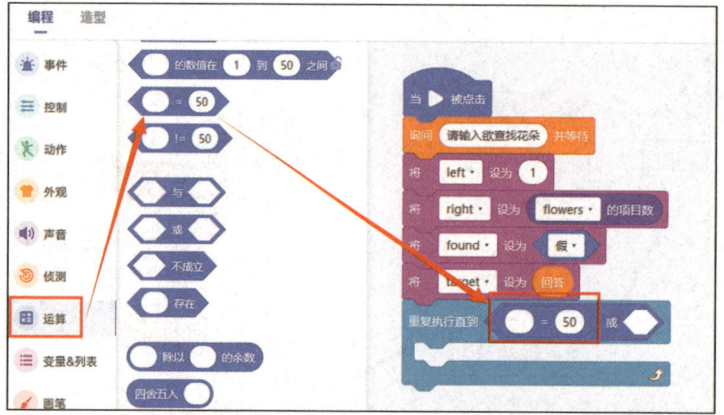

图9-38 拼接"等于"积木

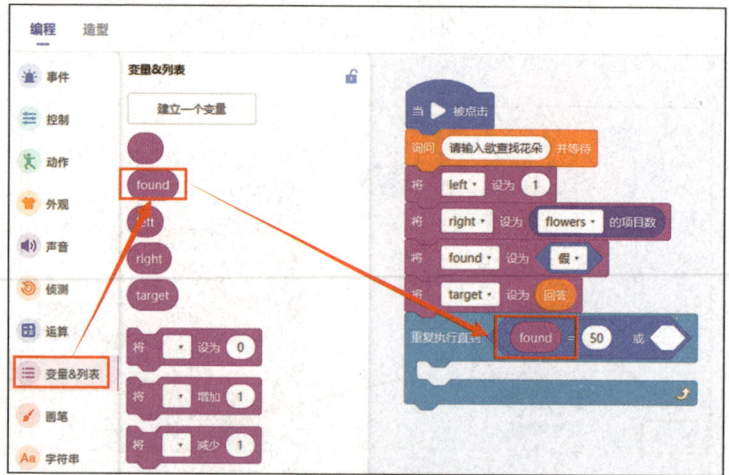

图9-39 拼接"found 变量"积木

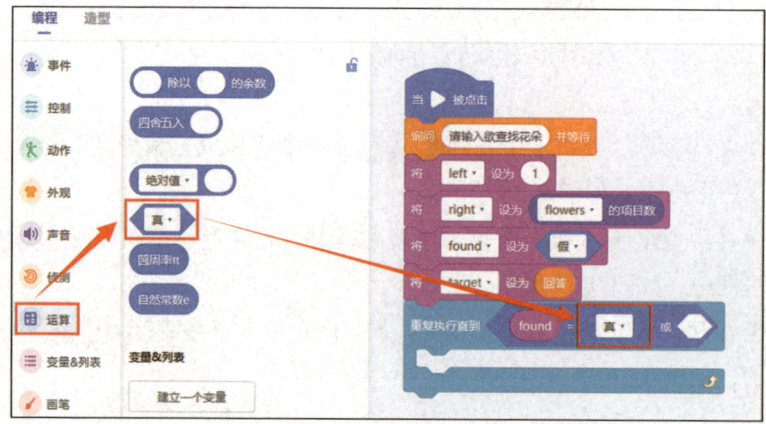

图9-40 拼接"判断"积木

17）在"运算"类积木中找到 ◯>50 并把它拖曳至编程区的六边形框中，如图 9-41 所示。

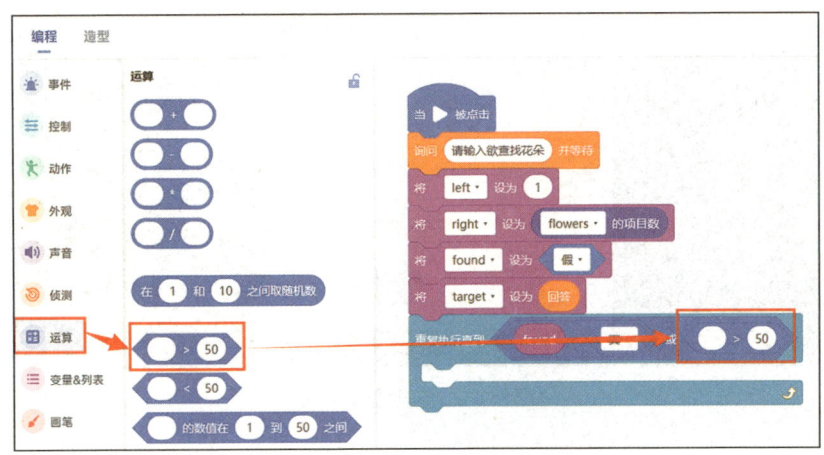

图 9-41　拼接"大于"积木

18）在"变量&列表"类积木中找到 left 和 right 并分别把它们拖曳至编程区 ◯>50 的两个白框中，如图 9-42 所示。

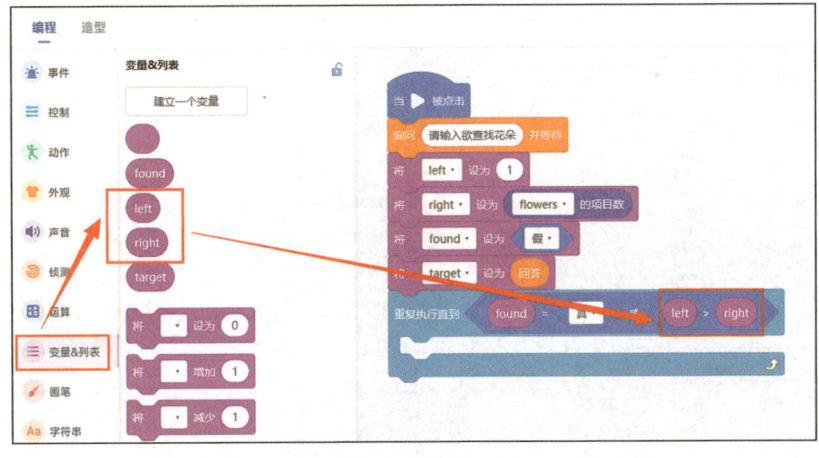

图 9-42　拼接"left 变量""right 变量"积木

19）在"变量&列表"类积木中找到 建立一个变量 ，单击建立变量 mid，如图 9-43 所示。

学编程 3：动植物发现小创客

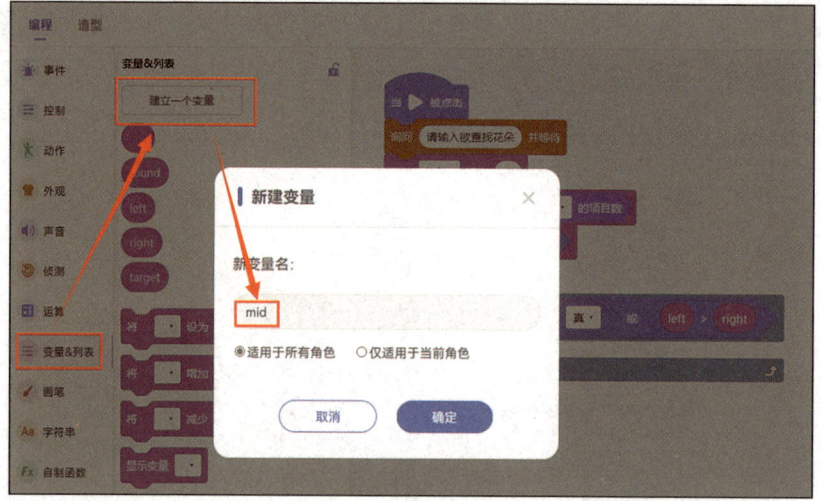

图 9-43　新建变量 mid

20）在"变量&列表"类积木中找到 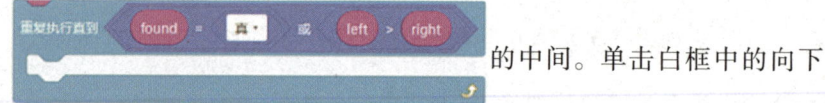 并把它拖曳至编程区的中间。单击白框中的向下箭头，选择变量 mid，如图 9-44 所示。

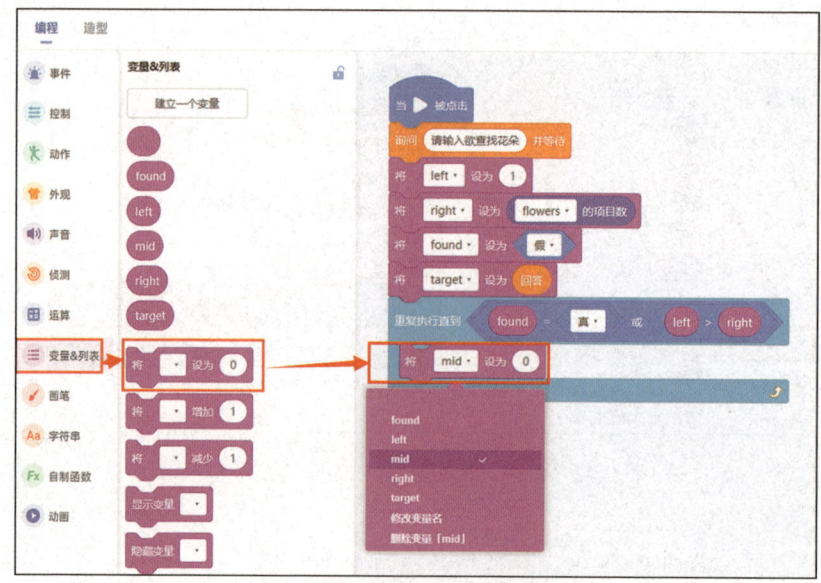

图 9-44　拼接"将变量设为"积木

21）在"运算"类积木中找到 ◯/◯ 并把它拖曳至编程区 将 mid▼ 设为 0 中数值"0"的位置。在积木第二个白框中输入"2"，如图 9-45 所示。

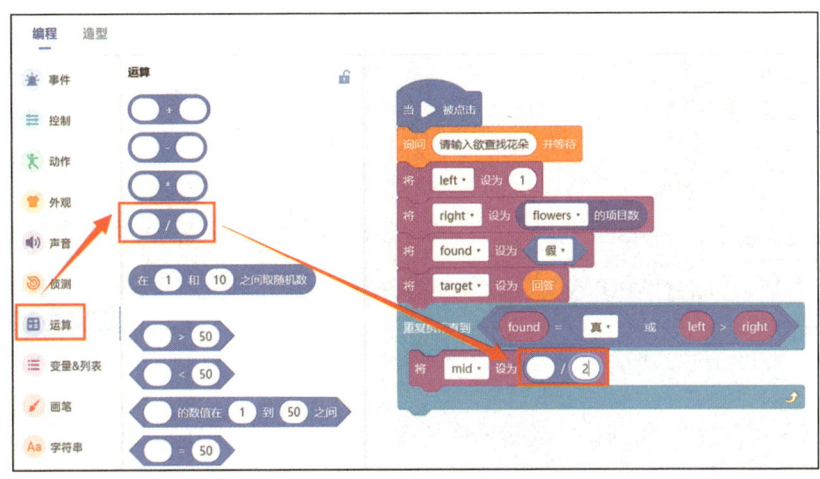

图 9-45　拼接"除法"积木

22）在"运算"类积木中找到 ◯+◯ 并把它拖曳至编程区 ◯/◯ 中的第一个白框中，如图 9-46 所示。

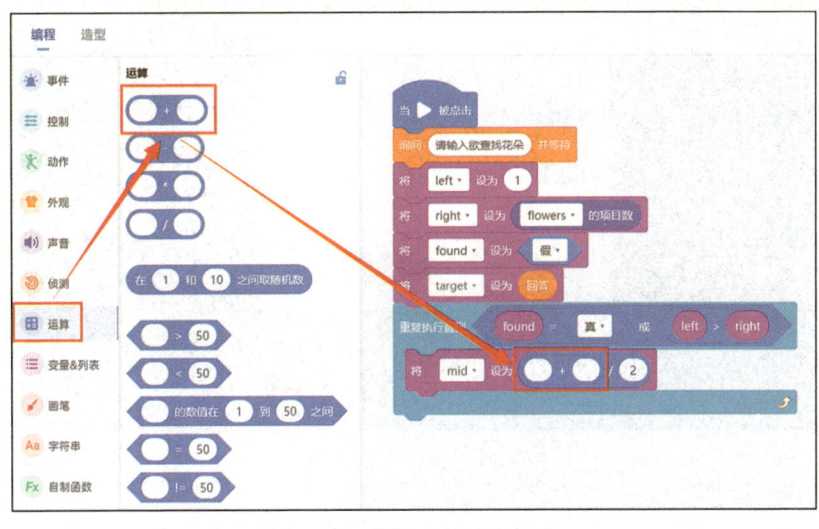

图 9-46　拼接"加法"积木

23）在"变量&列表"类积木中找到 left 和 right 并把它们拖曳至编程区 ◯+◯ 的白框中，如图 9-47 所示。

学编程3：动植物发现小创客

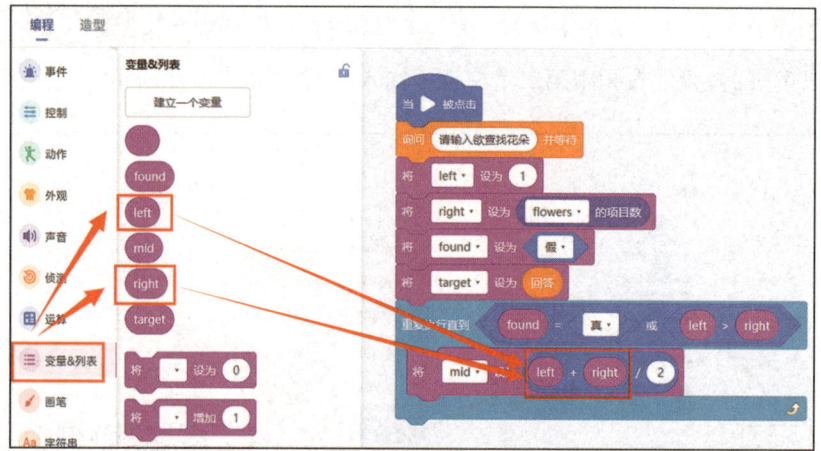

图9-47　拼接"left变量""right变量"积木

24）在"变量&列表"类积木中找到 ，单击建立变量flower，如图9-48所示。

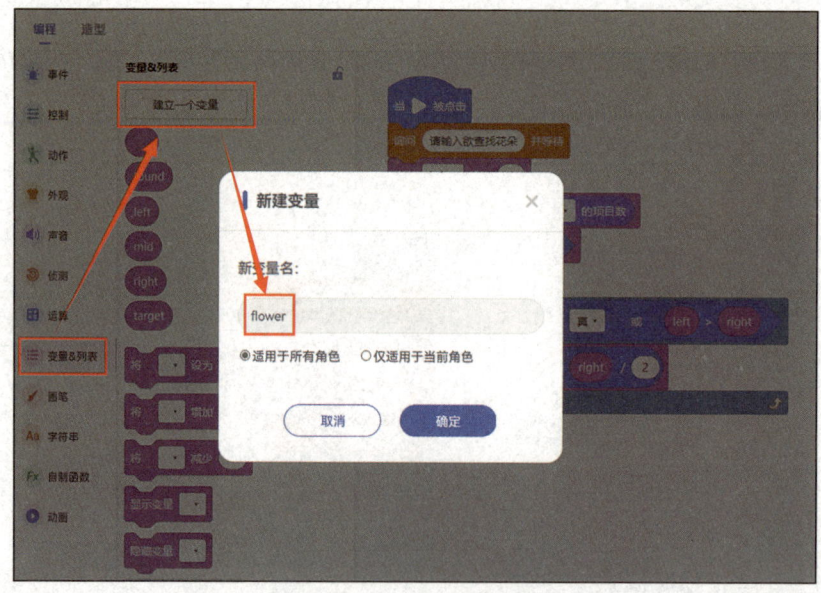

图9-48　新建变量flower

25）在"变量&列表"类积木中找到 并把它拖曳至编程区 的下方，单击白框中的向下箭头，选择变量flower 如图9-49所示。

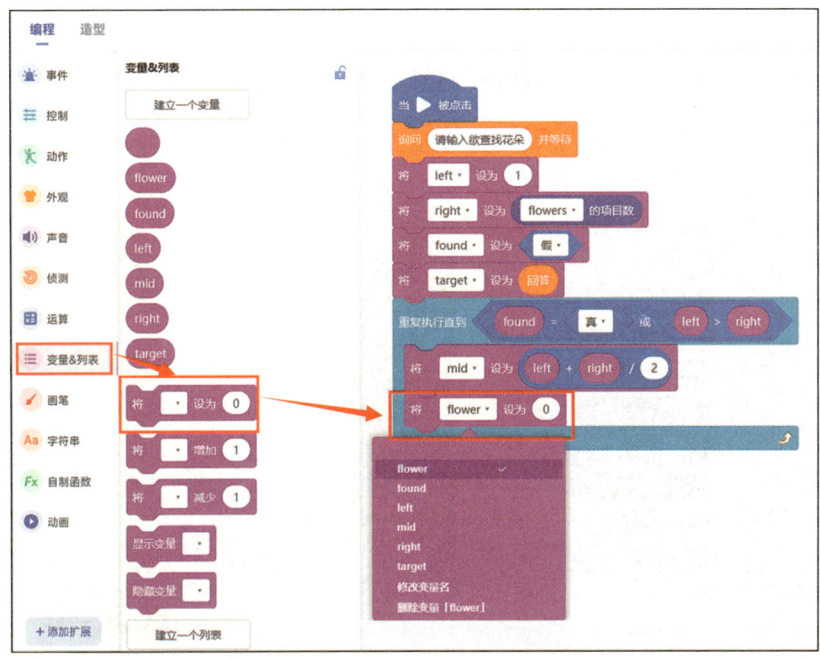

图 9-49 拼接"将变量设为"积木

26)在"变量&列表"类积木中找到 flowers的第1项 并把它拖曳至编程区 将flower设为0 中数值"0"的位置,如图 9-50 所示。

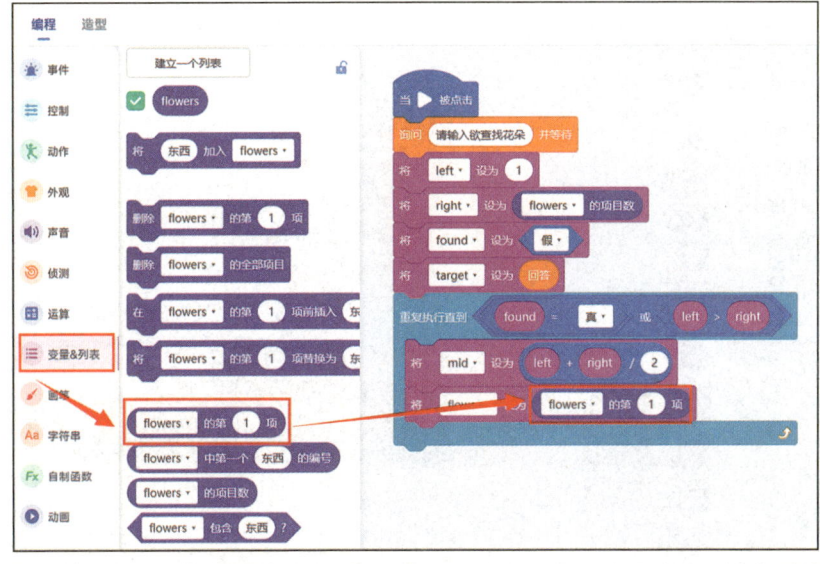

图 9-50 拼接"列表的第 1 项"积木

27）在"字符串"类积木中找到 将 1 转化为 浮点数 并把它拖曳至编程区 flowers 的第 1 项 中数值"1"的位置。单击"浮点数"旁边的向下箭头，选择"整数"，如图9-51所示。

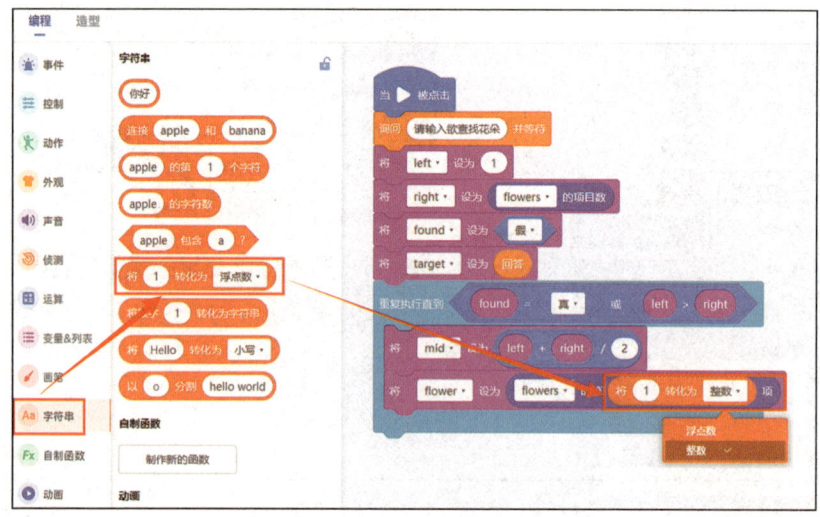

图9-51 拼接"转化"积木

28）在"变量&列表"类积木中找到 mid 并把它拖曳至编程区 将 1 转化为 整数 中数值"1"的位置，如图9-52所示。

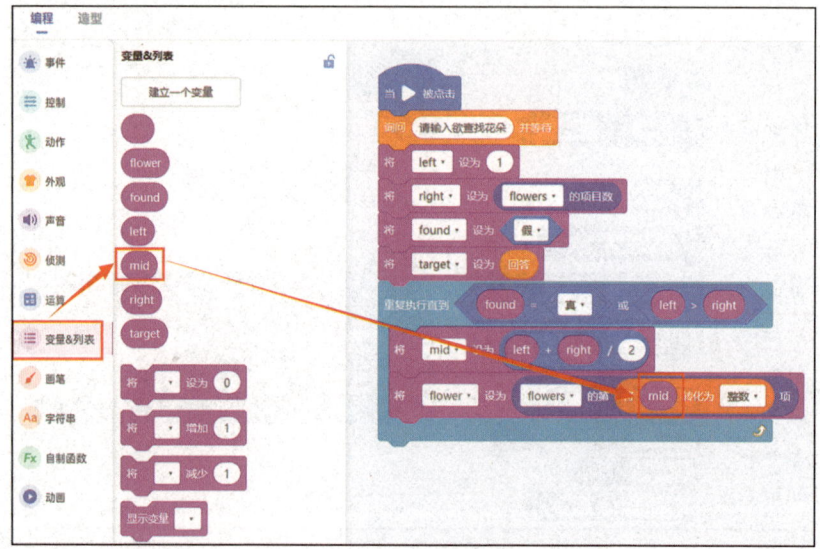

图9-52 拼接"mid 变量"积木

29)在"控制"类积木中找到  并把它拖曳至编程区

将 flower 设为 flowers 的第 将 mid 转化为 整数 项 的下方,如图 9-53 所示。

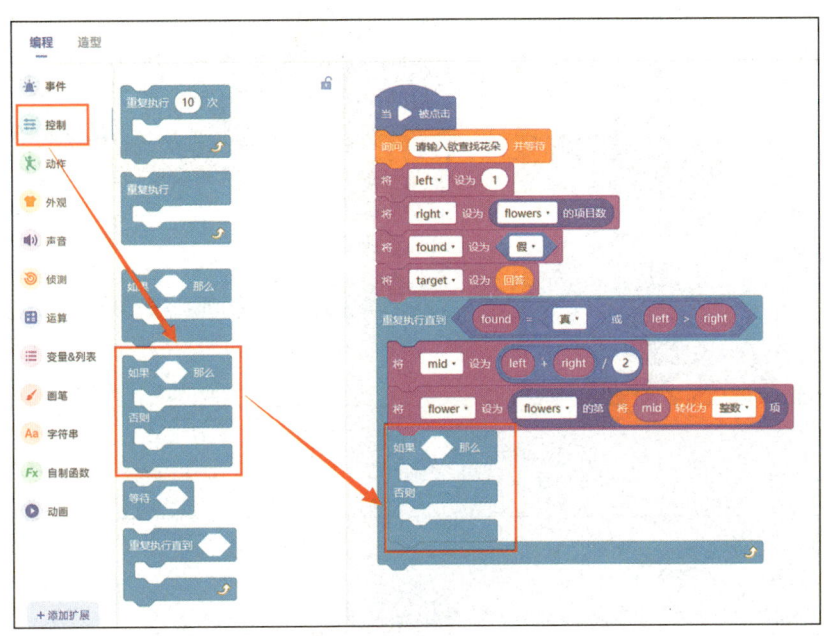

图 9-53 拼接"如果……那么……否则……"积木

30)在"运算"类积木中找到 ⬡=50 并把它拖曳至编程区 如果 那么 否则 中的六边形框中,如图 9-54 所示。

31)在"变量 & 列表"类积木中找到 flower 和 target 并分别把它们拖曳至编程区 ⬡=50 中的两个白框中,如图 9-55 所示。

32)在"变量 & 列表"类积木中找到 将 ▾ 设为 0 并把它拖曳至编程区

如果 flower = target 那么 否则 的中间。单击白框中的向下箭头,选择变量 found,如图 9-56 所示。

学编程 3：动植物发现小创客

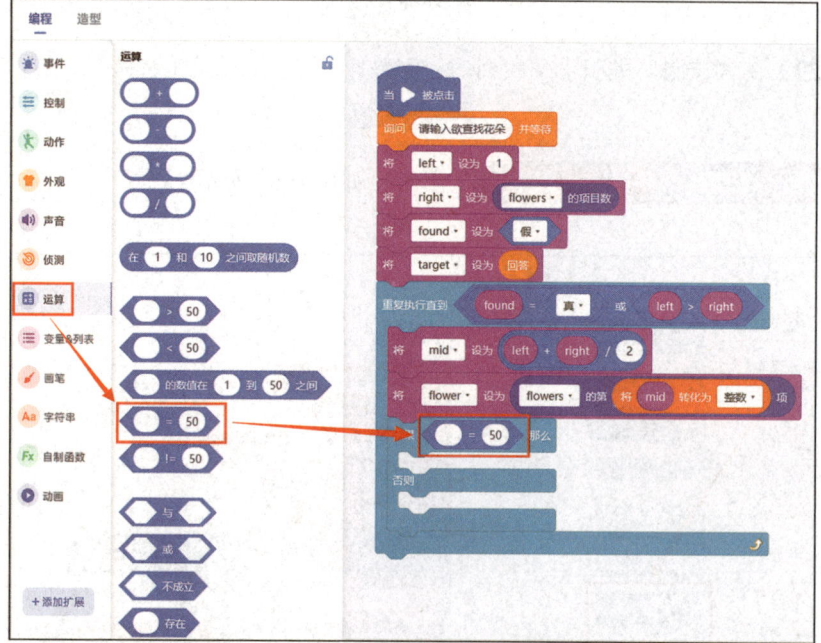

图 9-54　拼接"等于"积木

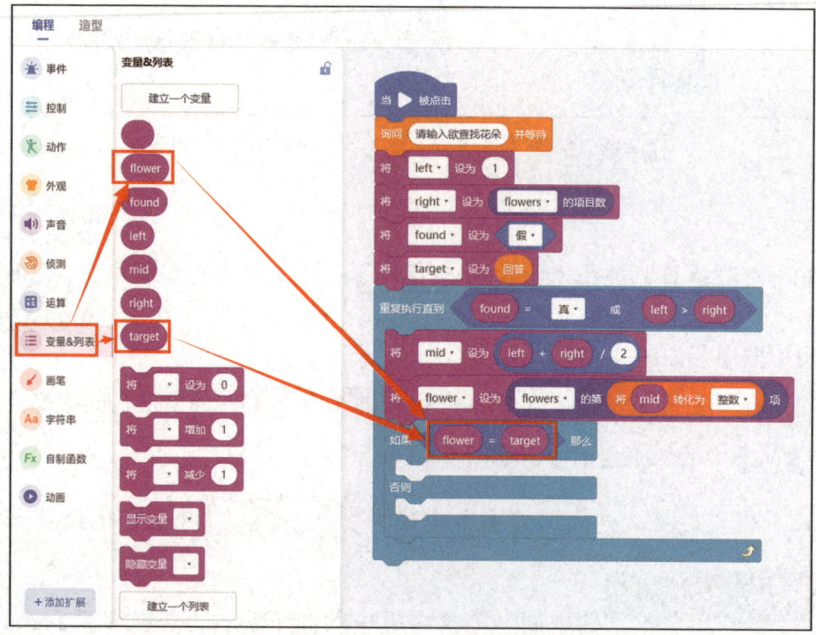

图 9-55　拼接 flower、target 变量积木

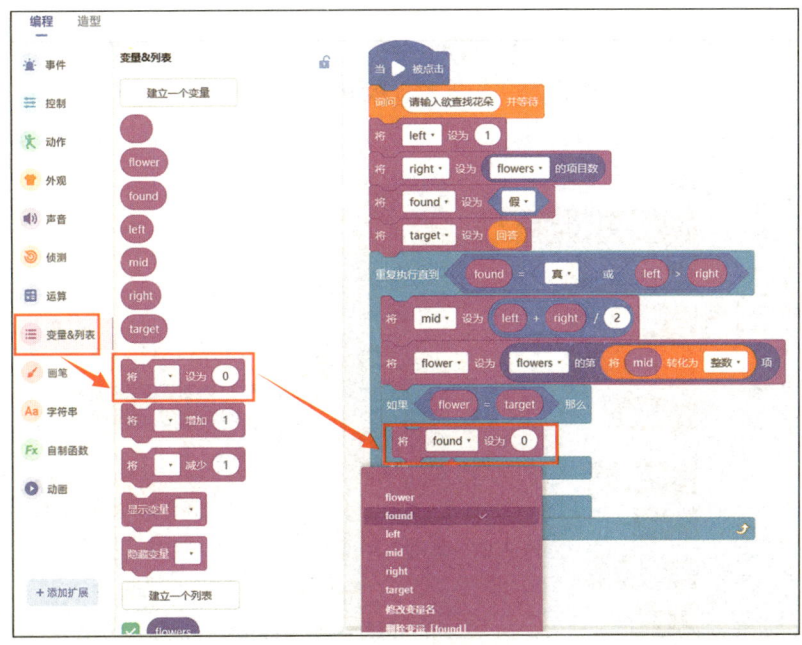

图 9-56 拼接"将变量设为"积木

33)在"运算"类积木中找到 真，并把它拖曳至编程区 将 found · 设为 0 中数值"0"的位置，如图 9-57 所示。

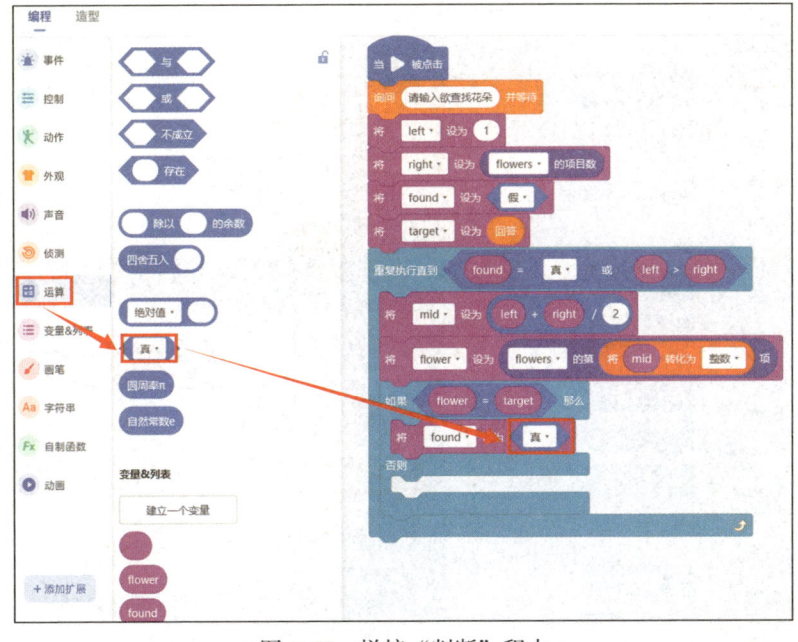

图 9-57 拼接"判断"积木

第 9 章　万花丛识花

265

34）在"外观"类积木中找到 说 你好! 并把它拖曳至编程区 将 found 设为 真 的下方。将其中的文字修改为"恭喜你，找到啦！"，如图 9-58 所示。

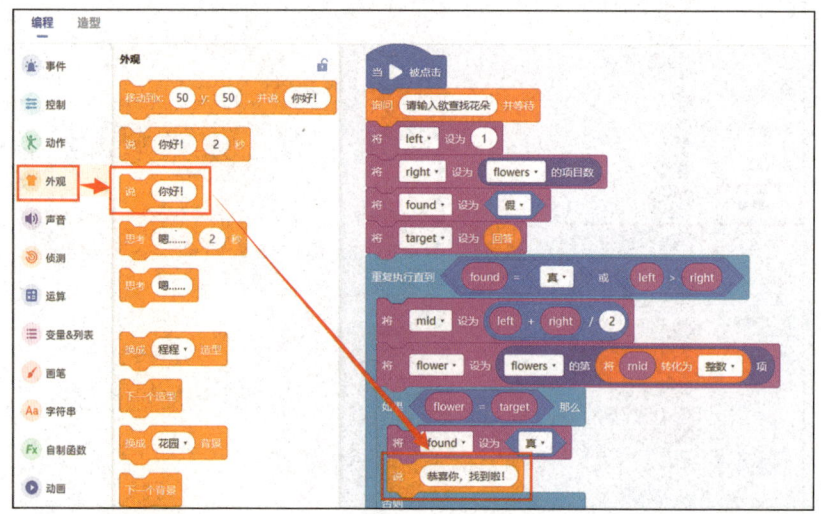

图 9-58 拼接"说"积木

35）在"事件"类积木中找到 广播 消息1 并把它拖曳至编程区 说 恭喜你，找到啦! 的下方，如图 9-59 所示。

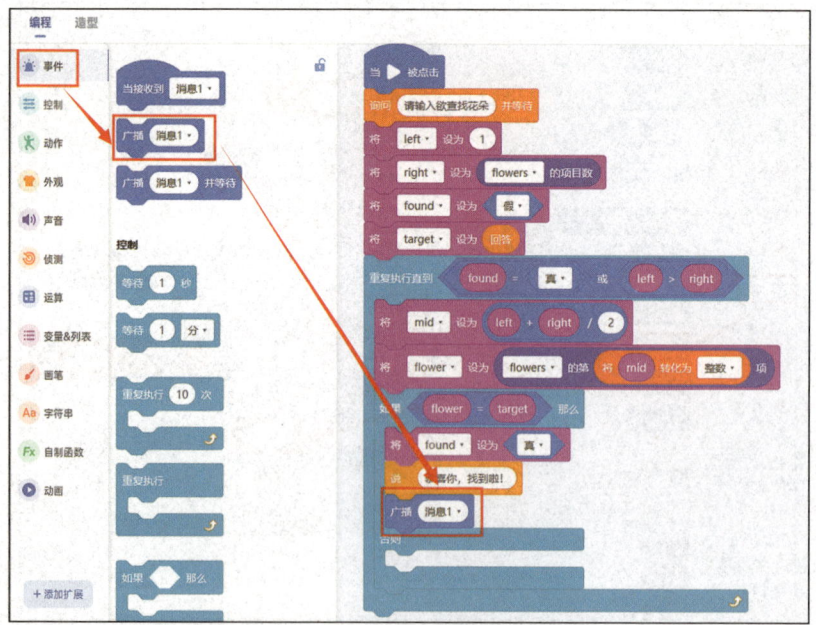

图 9-59 拼接"广播消息"积木

36）在"控制"类积木中找到 ![如果那么否则] 并把它拖曳至编程区 ![] 的中间，如图 9-60 所示。

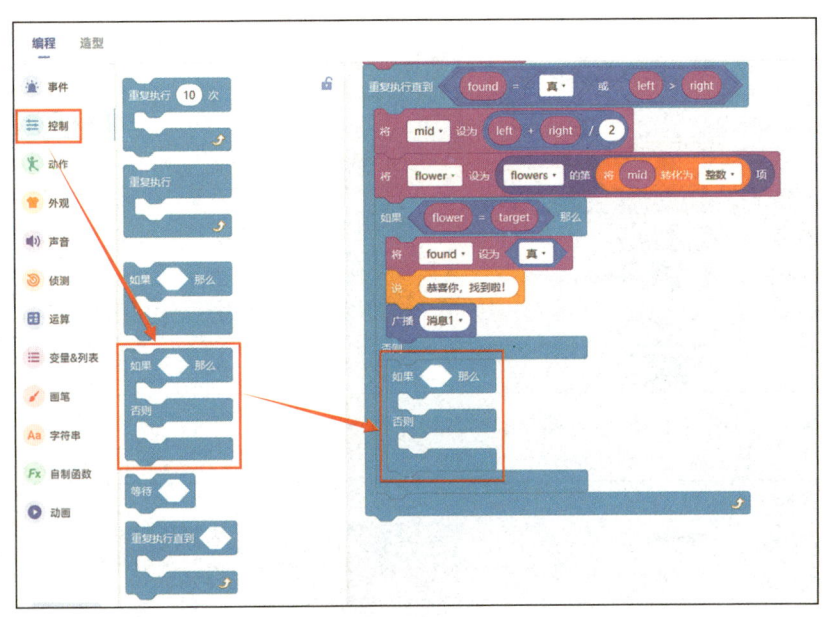

图 9-60　拼接"如果……那么……否则……"积木

37）在"运算"类积木中找到 ![○<50] 并把它拖曳至编程区 ![如果那么否则] 的六边形框中，如图 9-61 所示。

38）在"变量 & 列表"类积木中找到 ![flower] 和 ![target] 并分别把它们拖曳至编程区 ![○<50] 的两个白框中，如图 9-62 所示。

39）在"变量 & 列表"类积木中找到 ![将○设为0] 并把它拖曳至编程区 ![如果 flower<target 那么 否则] 的中间。单击白框中的向下箭头，选择变量 left，如图 9-63 所示。

学编程 3：动植物发现小创客

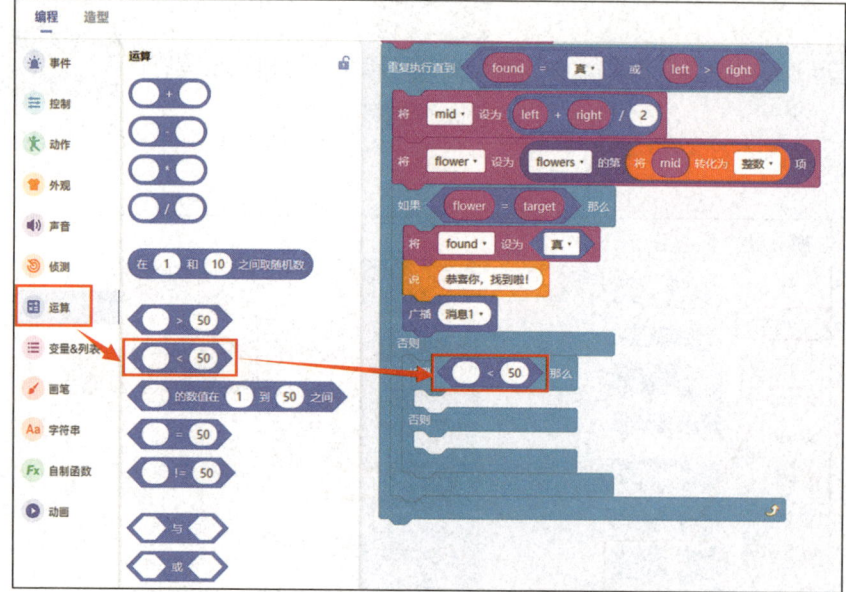

图 9-61 拼接"小于"积木

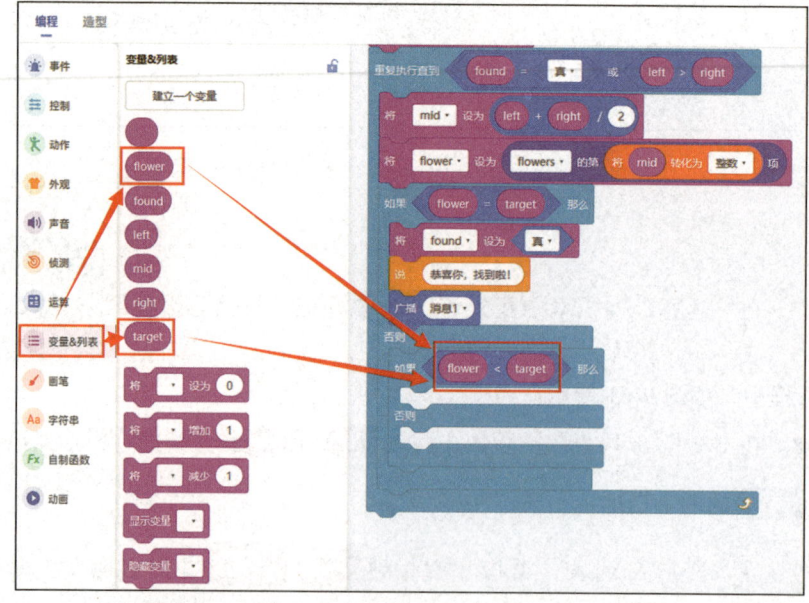

图 9-62 拼接"flower 变量""target 变量"积木

40）在"运算"类积木中找到 ⬡+⬡ 并把它拖曳至编程区 将 left▾ 设为 0 中数值"0"的位置。在积木 ⬡+⬡ 的第二个白框中输入数值"1"，如图 9-64 所示。

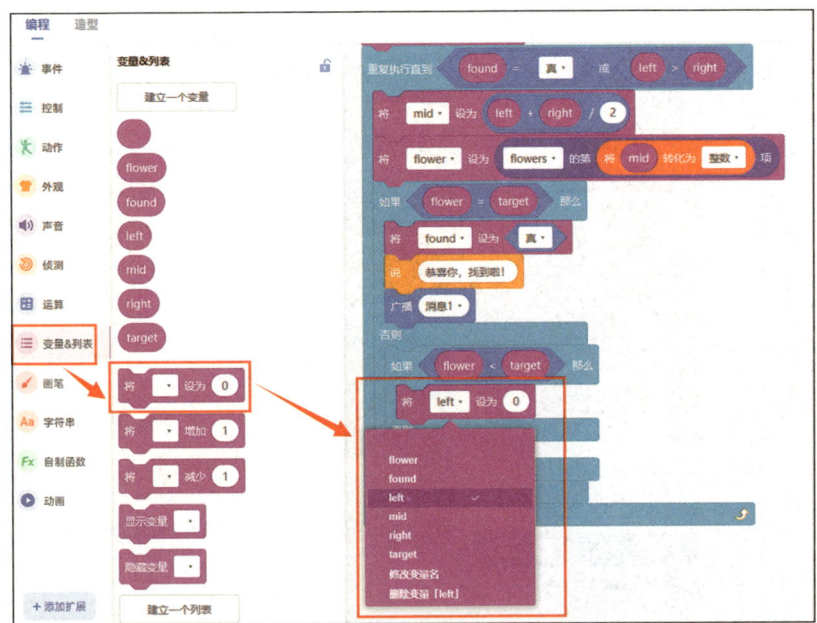

图 9-63 拼接"将变量设为"积木

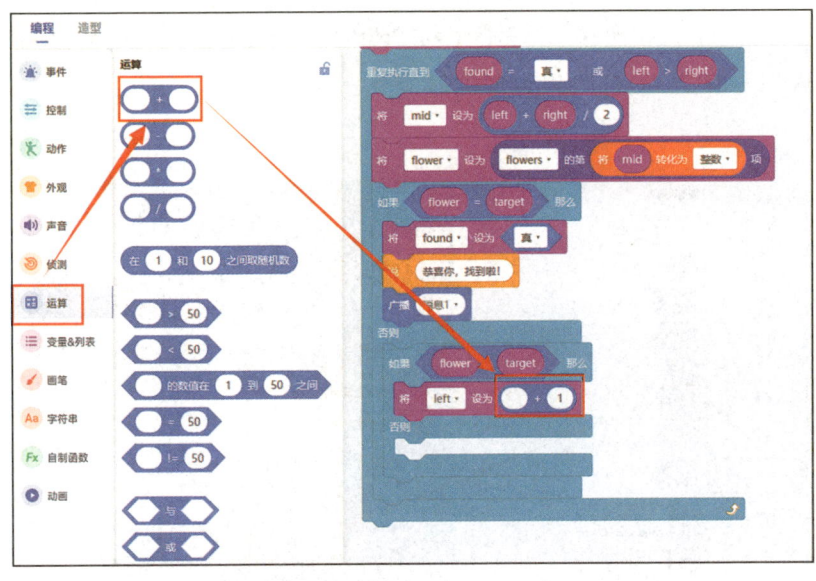

图 9-64 拼接"加法"积木

41）在"字符串"类积木中找到 并把它拖曳至编程区 中第一个白框的位置。单击"浮点数"旁边的向下箭头，选择"整数"，如图 9-65 所示。

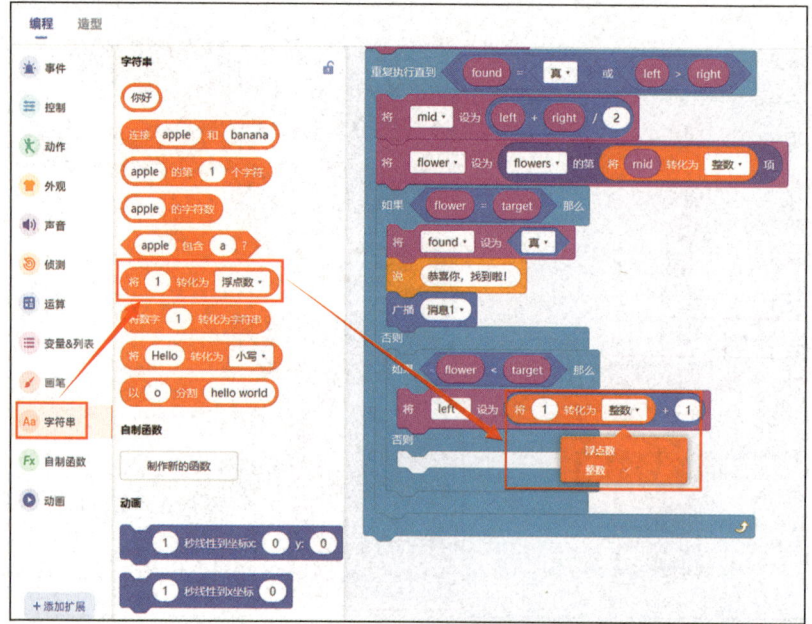

图 9-65 拼接"转化"积木

42）在"变量&列表"类积木中找到 mid 并把它拖曳至编程区中数值"1"的位置，如图 9-66 所示。

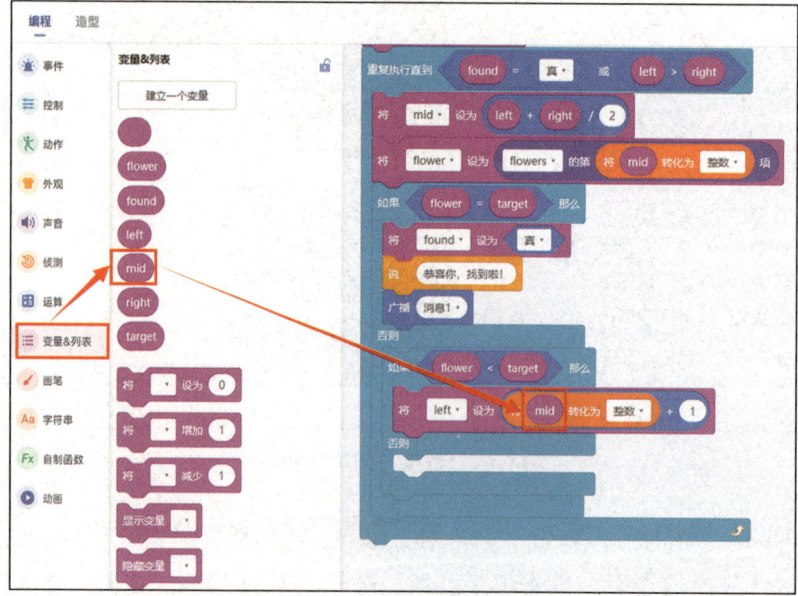

图 9-66 拼接 mid 变量积木

43）在"变量&列表"类积木中找到  并把它拖曳至编程区

"否则"的中间。单击白框中的向下箭头，选择变量 right，如图 9-67 所示。

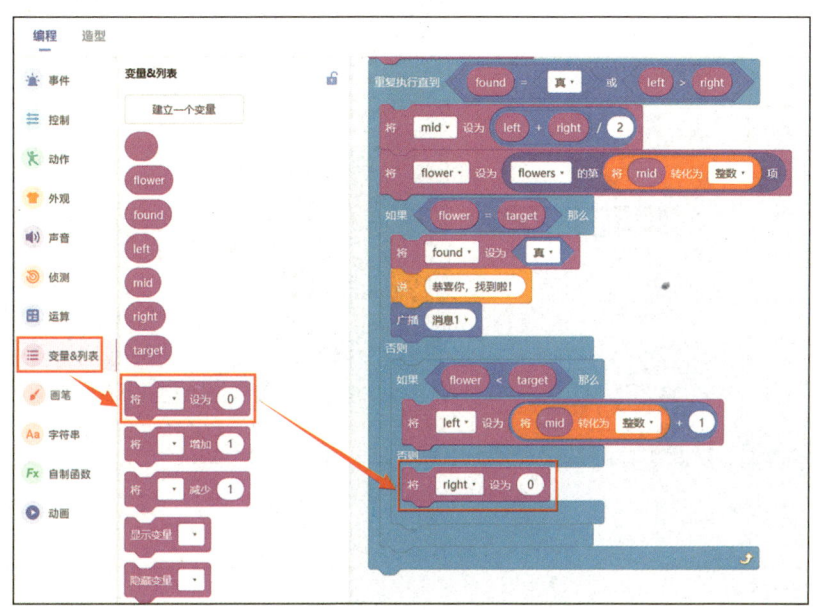

图 9-67　拼接"将变量设为"积木

44）在"运算"类积木中找到○<○并把它拖曳至编程区 将 right▼ 设为 0 中数值"0"的位置。在积木 ○<○ 的第二个白框中输入数值"1"，如图 9-68 所示。

45）在"字符串"类积木中找到 将 1 转化为 浮点数▼ 并把它拖曳至编程区 ○<1 中第一个白框的位置。单击"浮点数"旁边的向下箭头，选择"整数"，如图 9-69 所示。

46）在"变量&列表"类积木中找到 mid 并把它拖曳至编程区 将 1 转化为 整数▼ 中数值"1"的位置，如图 9-70 所示。

47）在"控制"类积木中找到 如果◇那么 并把它拖曳至编程区上一段积木的下方，如图 9-71 所示。

学编程3：动植物发现小创客

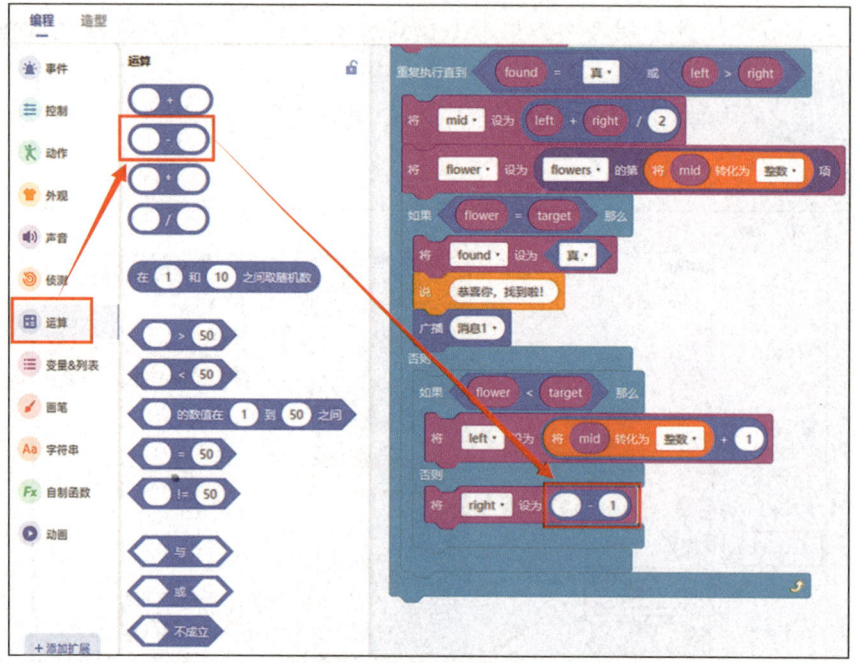

图 9-68　拼接"减法"积木

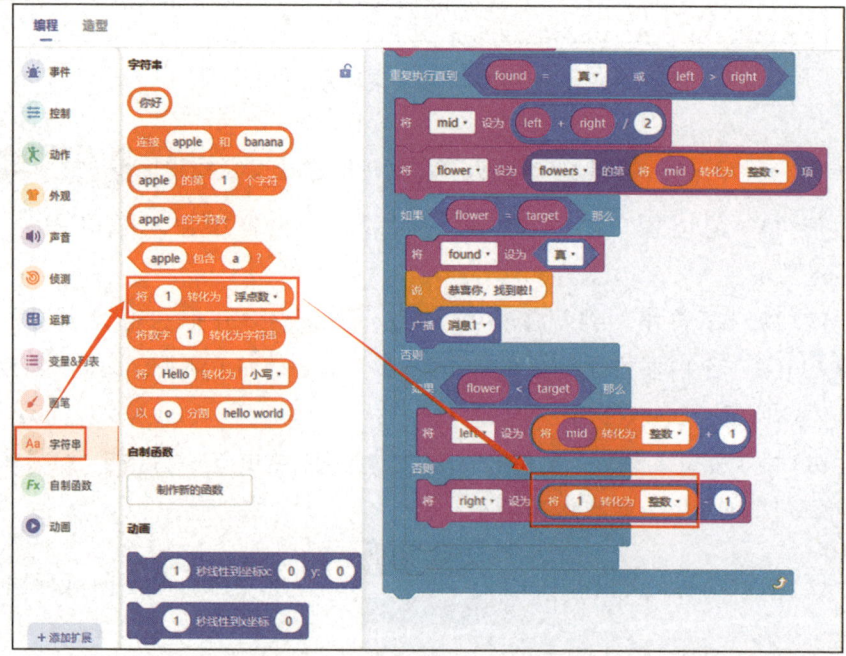

图 9-69　拼接"转化"积木

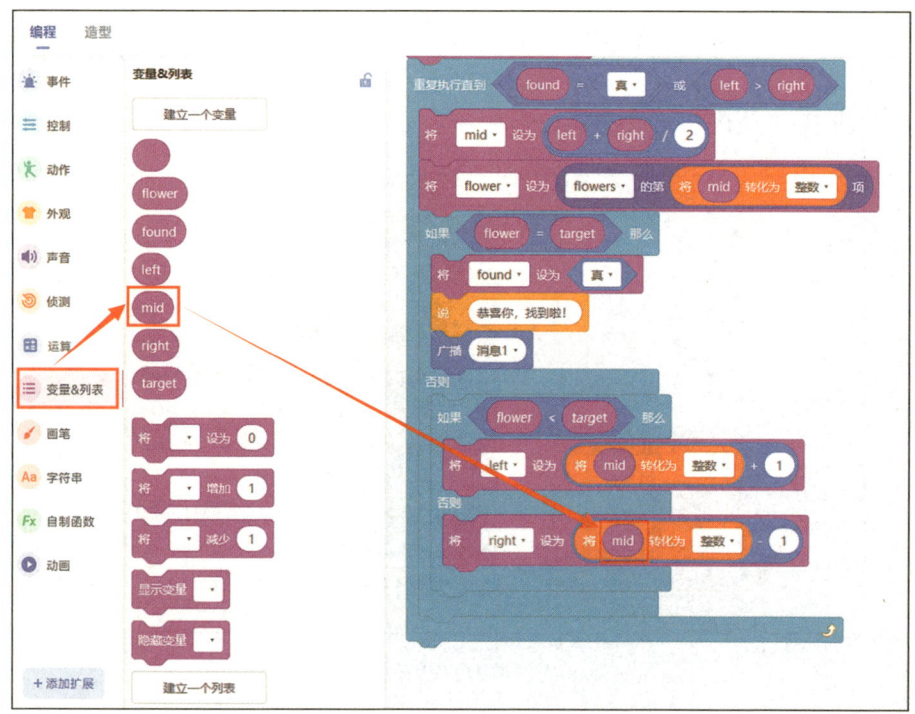

图 9-70 拼接 mid 变量积木

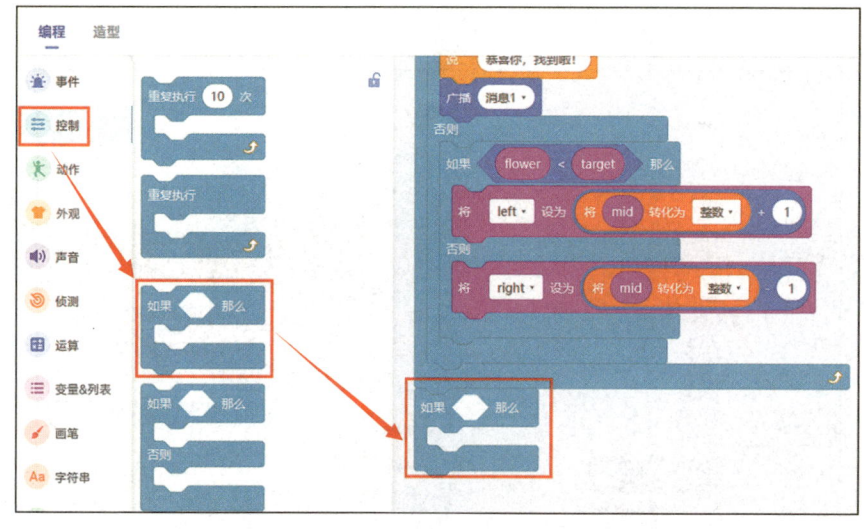

图 9-71 拼接"如果……那么……"积木

48）在"运算"类积木中找到 ⬡=⬡50 并把它拖曳至编程区 如果⬡那么 的六边形框中，如图9-72所示。

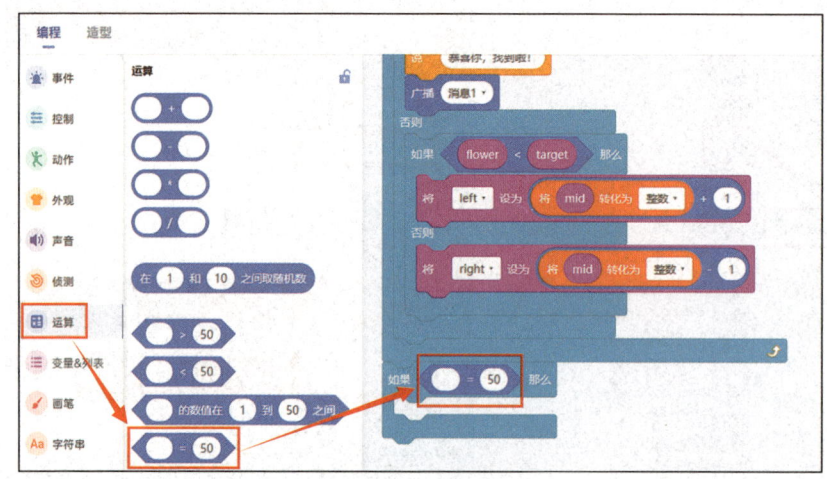

图9-72 拼接"等于"积木

49）在"变量&列表"类积木中找到 found 并把它拖曳至编程区 ⬡=⬡50 的第一个白框中，如图9-73所示。

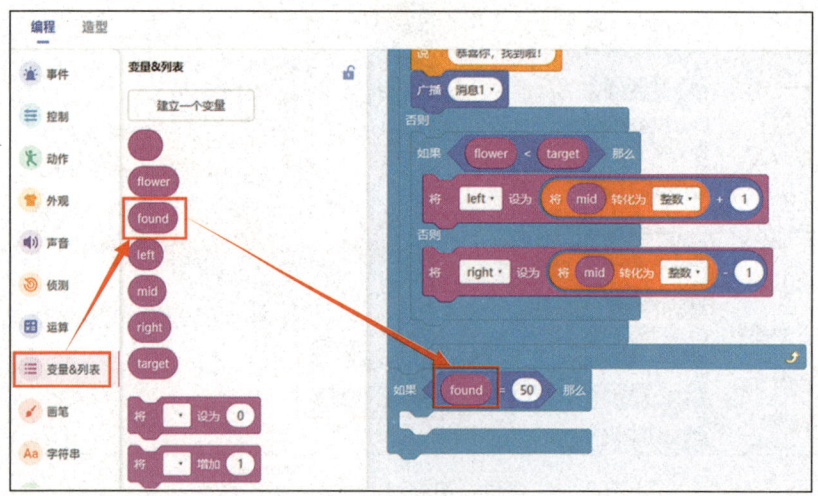

图9-73 拼接found变量积木

50)在"运算"类积木中找到 并把它拖曳至编程区 的第二个白框中。单击白框中的向下箭头,选择"假",如图9-74所示。

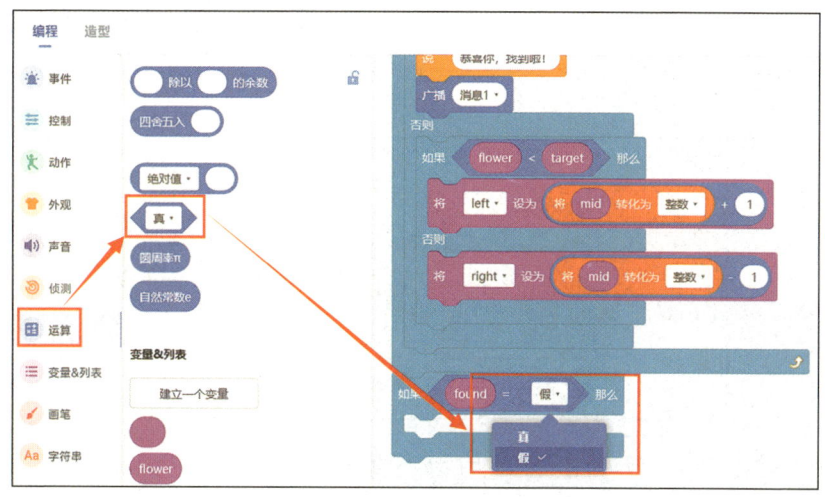

图9-74 拼接"判断"积木

51)在"外观"类积木中找到 并把它拖曳至编程区

的中间。将其中的文字修改为"很抱歉,没有找到该花朵",如图9-75所示。

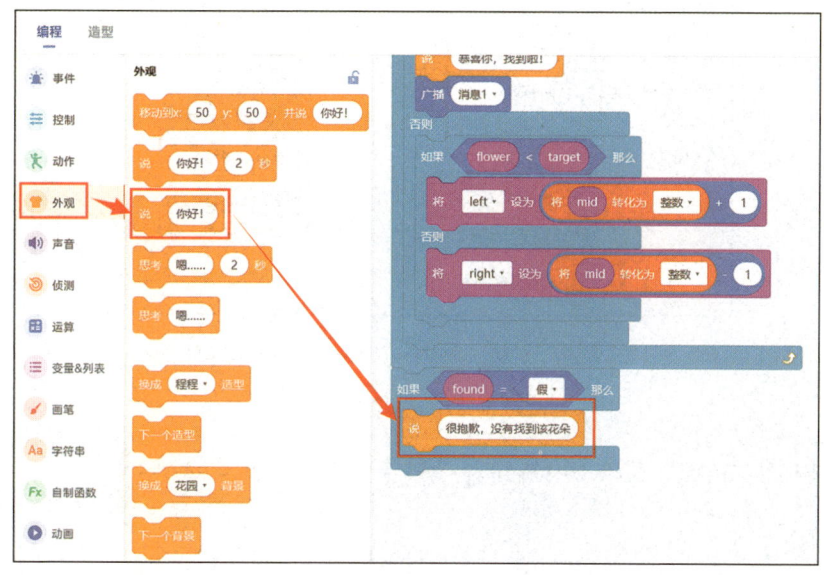

图9-75 拼接"说"积木

4. 显示搜索结果

1）单击积木区中的"编程"切换到编程选项卡。点选"角色背景区"的"1 海棠花"角色图标，在"事件"类积木中找到 ![当接收到消息1] 并把它拖曳至编程区，如图 9-76 所示。

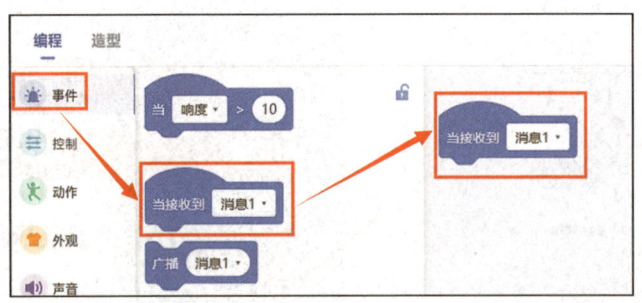

图 9-76 拼接"当接收到消息"积木

2）在"控制"类积木中找到 ![如果那么] 并把它拖曳至编程区 ![当接收到消息1] 的下方，如图 9-77 所示。

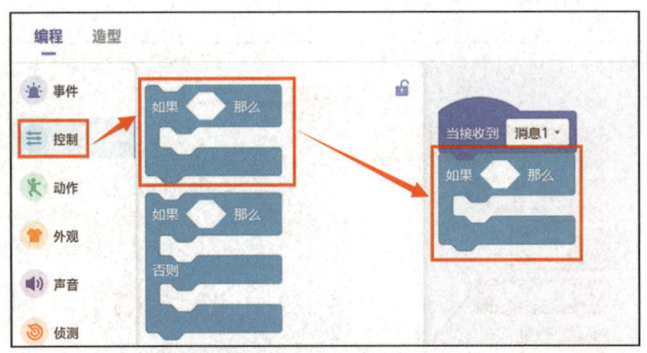

图 9-77 拼接"如果……那么……"积木

3）在"运算"类积木中找到 ![= 50] 并把它拖曳至编程区 ![如果那么] 的六边形框中，如图 9-78 所示。

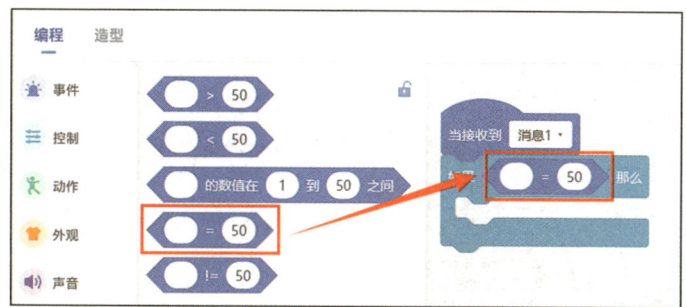

图 9-78 拼接"等于"积木

4)在"变量&列表"类积木中找到 flower 并把它拖曳至编程区 ◯=50 的第一个白框中,如图 9-79 所示。

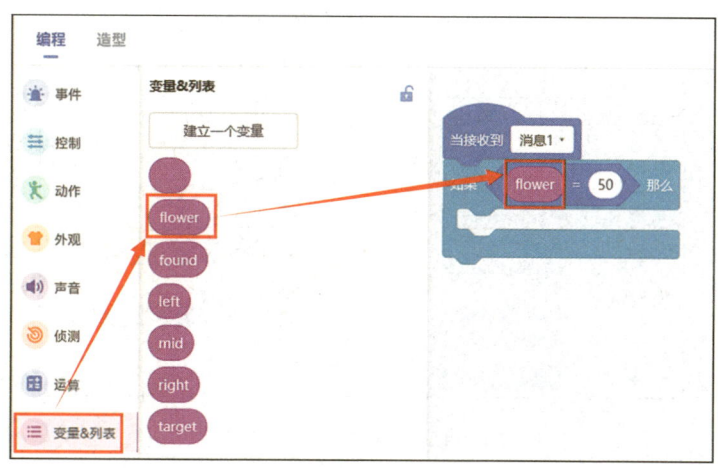

图 9-79 拼接 flower 变量积木

5)在"字符串"类积木中找到 你好 并把它拖曳至编程区 flower=50 中的第二个白框中,将其中的文字修改为"1海棠花",如图 9-80 所示。

6)在"控制"类积木中找到 等待1秒 并把它拖曳至编程区 如果 flower=1海棠花 那么 的中间,如图 9-81 所示。

7)在"外观"类积木中找到 将大小增加10% 并把它拖曳至编程区 等待1秒 的下方。将其中的数值修改为"30",如图 9-82 所示。

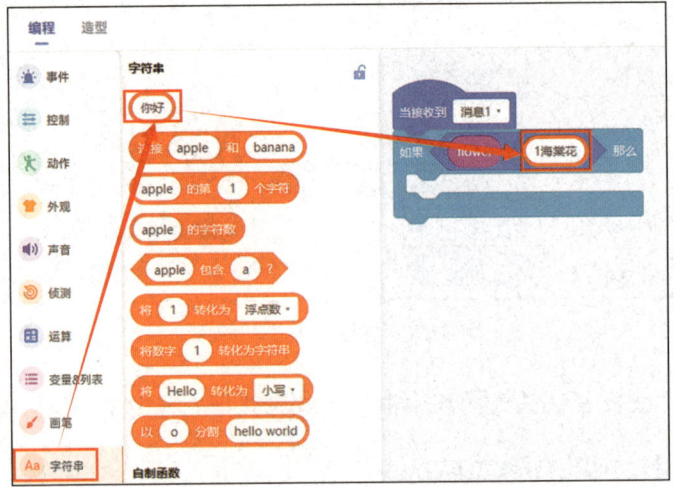

图 9-80 拼接"你好"积木

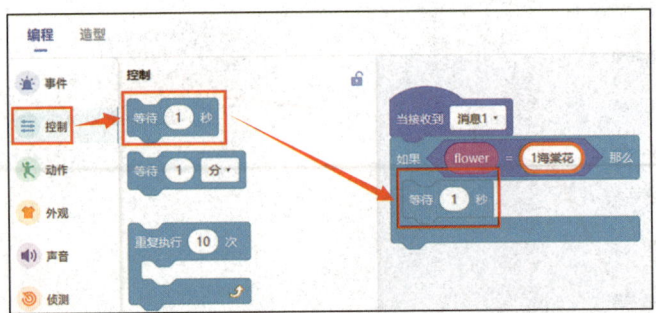

图 9-81 拼接"等待"积木

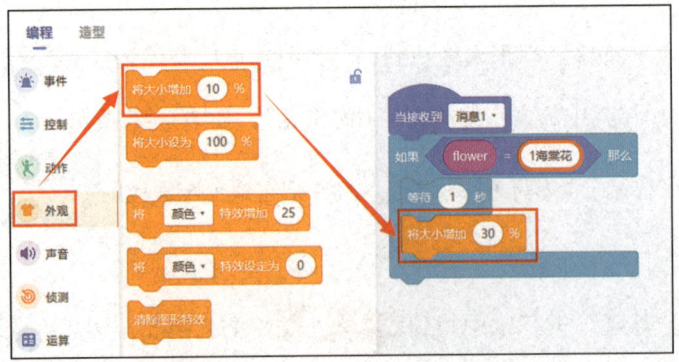

图 9-82 拼接"将大小增加"积木

8）重复上述步骤，拼接找到其他4种花朵的积木，如图9-83～图9-86所示。

图9-83　拼接找到"2菊花"的积木

图9-84　拼接找到"3牵牛花"的积木

学编程 3：动植物发现小创客

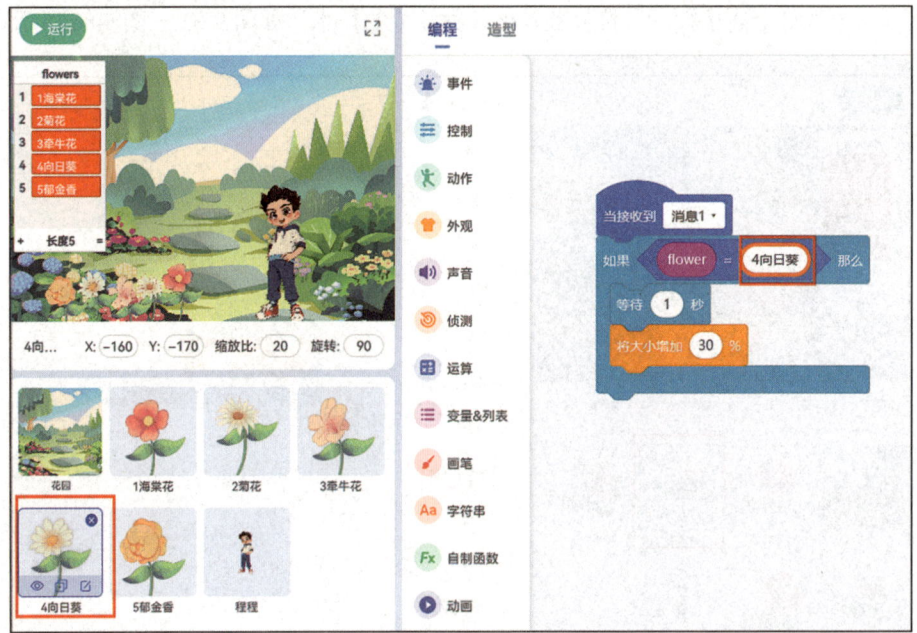

图 9-85　拼接找到"4 向日葵"的积木

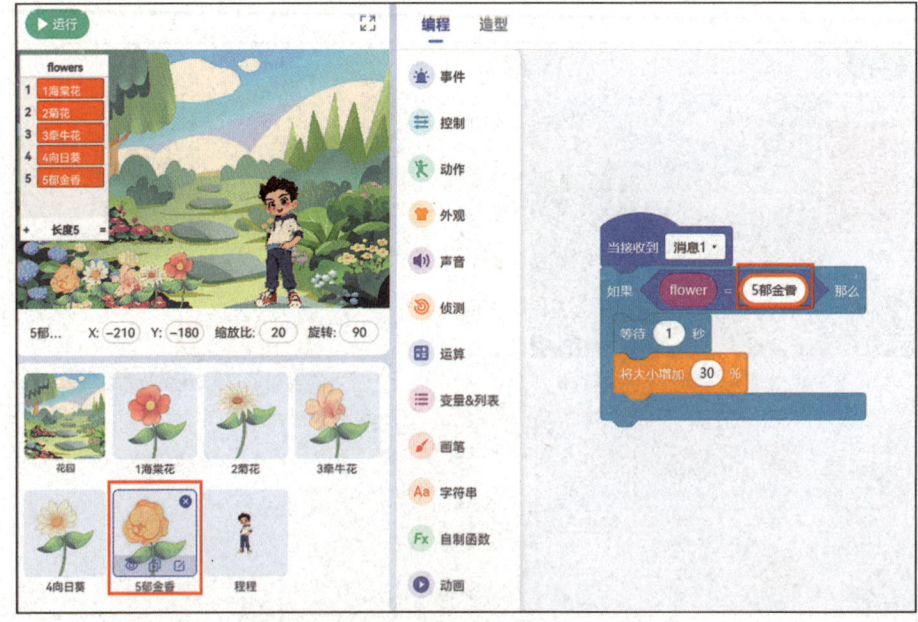

图 9-86　拼接找到"5 郁金香"的积木

9.4.3 动动手：保存作品

参考之前的作品保存方式，将这个新作品导出到计算机的专属文件夹中。

9.5 理一理：编程思路

"万花丛识花"程序的编写思路如图 9-87 所示。

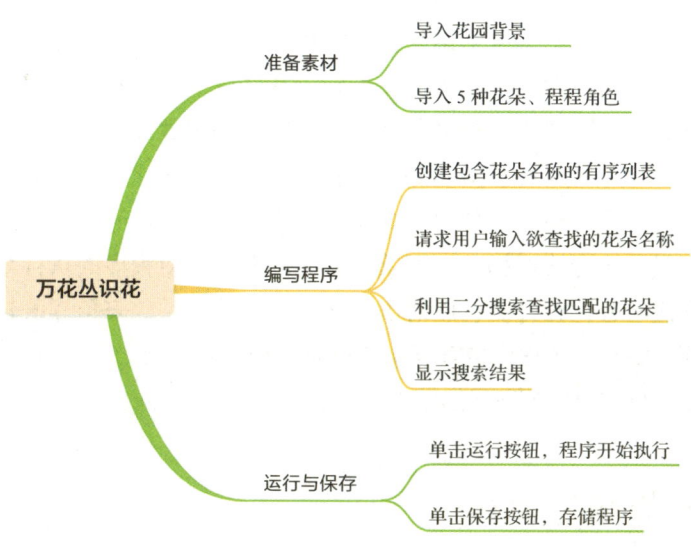

图 9-87 "万花丛识花"程序的编写思路

9.6 学做小小程序员

1. 二分搜索算法（编程能力等级 GESP 三级）

二分搜索算法又称为二分查找或折半查找算法，是一种适用于顺序存储的有序表的查找过程。二分搜索算法通过不断缩小查找范围来提高查找速度，每一次比较之后查找范围都会变为原来的一半，这就是折半查找名称的由来。二分搜索算法的过程如下。

找到待查找列表的中间元素，用查找目标与这个中间元素进行比较，如果相同则查找成功。如果查找目标小于中间元素，则后半列表被舍弃，下次只需在列表的前半中进行查找。反之，如果查找目标大于中间元素，则前半列表被舍弃，下次只需在列表的后半中进行查找。第二次比较的过程与第一次相同，依然用查找目标与当前列表的中间元素进行比较，直到找到目标或所有中间元素都比较过为止。由于每次只需要与当前列表的中间元素进行比较，因此比较的次数就会很少，从而提高了查找的速度。

2. 复杂的逻辑结构（编程能力等级 GESP 三级）

在程序设计中，常用的逻辑结构有三种，分别是顺序结构、选择结构和循环结构。顺序结构是指程序语句按照从前到后的顺序依次执行，每条语句只执行一次。选择结构也称为分支结构，是指程序语句根据条件选择不同的分支执行，当条件成立时，执行对应的分支语句，其他分支都不执行。循环结构也称为重复结构，是指一段程序根据条件或事先定义的次数反复执行多次。这三种结构在一个程序中经常都会被用到，而且还会存在结构之间的嵌套。比如，在一个循环结构的循环体中还使用了分支结构，或者在一个分支结构的某个分支中又使用了另一个分支结构。这种结构之间的嵌套会使程序的执行顺序变得非常复杂，在进行程序设计时，厘清语句之间的逻辑关系，安排好语句的逻辑顺序至关重要。如果一个程序包含复杂的逻辑结构，就需要设计人员不断地调试，直到程序能够得到令用户满意的结果为止。

9.7 走近信息科技

查找是我们日常生活中经常要用到的操作，比如在全班同学的名单中查找特定的一名同学，在一个电话本中查找特定的电话号码等。那么，同学们是否思考过查找结果是如何得到的？首先，必须有一个查找目标，如姓名、电话号码等。其次，需要有一个查找范围，也就是说在哪里进行查找，查找范围通常会被保存为一个列表。确定了目标和查找范围后，我们就可以开始查找操作了。常见的查找可以分为两类，一类叫作顺序查找，另一类叫作二分法查找。下面我们以在学生名单中查找指定学生为例来说明这两类查找过程。

1. 顺序查找

顺序查找也被称为线性查找，它采用穷举策略，是一种原始暴力的查找方法。具体过程如下。将全班同学的姓名保存在一个列表中，用查找目标与这个列表中的元素一一比较，通常从第一个元素开始。如果第一个元素与目标相同，那么查找成功，后面的元素无须再进行比较了。如果第一个元素与查找目标不同，就再与第二个元素比较，以此类推，直到查找成功或将所有元素都比较一遍没有找到目标为止。通过上述过程我们不难看出，使用顺序查找，最少的比较次数是1，这时列表的第一个元素就是目标，最多的比较次数就是此时的列表长度，这时列表的最后一个元素是目标或目标不在列表中。因此，当列表长度很长时，查找的速度会比较慢。

2. 二分法查找

为了提高查找速度，人们发明了另外一种查找算法，即二分法查找，也被称为折半查找。二分法查找是一种效率较高的查找算法，它属于有序查找。所谓有序查找，是指被查找的列表中的元素必须是按照某种依据排好顺序的。此外，二分法查找要求列表必须采用顺序存储结构。因此，二分法查找只适用于顺序存储的有序表。

还以在学生名单中查找指定学生为例，我们首先需要对姓名列表进行排序，比如按照姓氏笔画数从小到大排序，查找过程如下。先找到姓名列表的中间元素，用这个元素与查找目标进行比较，如果相同则查找成功，如果不同，就需要比较目标与中间元素的姓氏笔画数。若目标的姓氏笔画数小于中间元素，那么它肯定不会出现在后半列表中（因为已经按笔画数从小到大排序），这时只需要在前半列表中查找。继续与前半列表的中间元素比较，直到找到目标或都比较之后没有找到目标为止。通过上述过程我们不难看出，因为每一次比较之后查找范围都会缩小一半，所以比较的次数会很少。因此，二分法查找是一种比较快速的查找算法。

第 10 章

智能茶饮机

10.1 去观察

在一个美丽的春日下午,柚子老师带领同学们来到了一座茶园。蓝天白云、鸟语花香,茶树在微风中轻轻摇曳,仿佛在招手欢迎这些即将见证绿茶制作过程的小探险家们。

走进茶园,同学们目不转睛地注视着茶树上青翠的叶片,还可以闻到清新的茶香。柚子老师笑着告诉他们:"在采摘前,我们先来了解一下茶叶的制作过程。"他们来到了采茶区域,柚子老师指着鲜嫩的嫩芽说:"孩子们,茶叶的制作始于这里。只有最嫩的嫩芽才能用于制作高品质的茶叶。"同学们纷纷拿起剪刀,谨慎地剪下一片片嫩芽,放入篮子里。

接下来,他们来到了采摘结束后的处理区域。老师解释道:"采摘的嫩芽需要经过一系列的加工步骤才能成为我们熟悉的茶叶。首先是'杀青',这是用高温迅速停止嫩芽的发酵过程,从而保留茶叶的清新味道。"同学们看着工人们将嫩芽倒入巨大的锅中,在高温下轻轻翻动,这样一片片嫩芽逐渐变成了碧绿色的茶叶。

然后,他们观察到工人们将处理好的茶叶传送到滚筒机上轻轻揉捻,这个步骤为后续口感和香气的形成打下基础。工人们仔细掌握时间和力度,确保茶叶揉捻得均匀。

之后,他们观察到工人们将茶叶传送到烘干机上进行干燥。通过高温处理茶叶,使其水分完全蒸发,同时激发出特定的香气和风味。

最后,经过精心制作的茶叶会经过分级和包装等环节,成为市场上的各种绿茶产品。学生们喜滋滋地品尝着沏好的新茶,兴奋地分享他们在这个小探险中学到的知识。

10.2 看程序

扫描二维码，按以下方法操作，可以看到本案例的呈现效果。

1）单击 ▶运行 按钮，启动程序。

2）观察到在用户选择某些茶饮后，智能茶饮机计算订单总价并显示订单信息，如图10-1和图10-2所示。

图10-1 用户输入

图10-2 显示订单信息

10.3 设计思路

此程序主要涉及"列表"与"字符串",具体实现方法如下。
1)定义茶饮菜单、价格、订单列表。
2)记录用户选择,将其添加到订单列表并计算总价。
3)显示订单信息。

10.4 动手编程

10.4.1 动动手:布置舞台

准备好本章所需资源"智能茶饮机",如图 10-3 所示。

图 10-3 素材图片

1)进入图形化编程环境,单击"文件"菜单,选择"新建作品"命令,如图 10-4 所示。

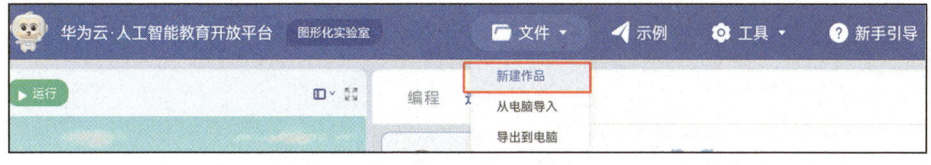

图 10-4 新建作品

2)添加背景。

①新建的作品默认为空白背景。将背景图修改为"智能茶饮机"文件夹中的"茶饮机"图片。在角色背景区,单击"空白背景"图标,然后单击"背景"切换到"背景"选项卡。单击最下方的 ➕ 按钮,如图 10-5 所示。

学编程3：动植物发现小创客

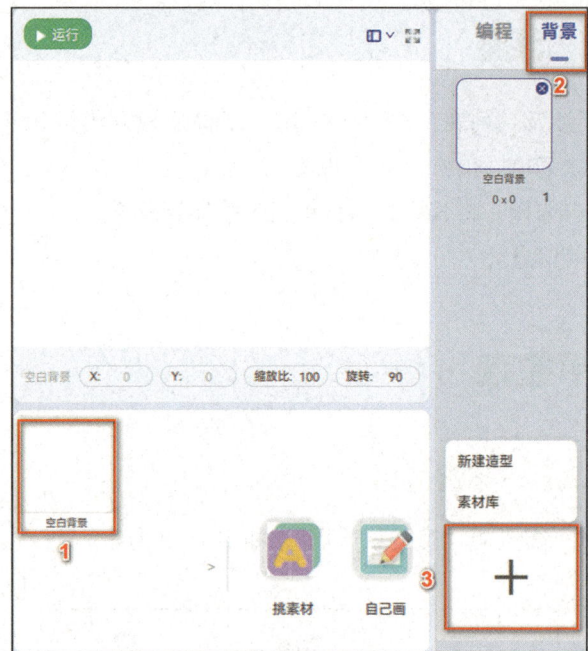

图 10-5　添加背景

②选择"素材库"选项，在弹出的"素材库"窗口中，选择左侧"自有素材"下面的"背景"选项，单击 + 按钮，上传自有素材中的背景，如图 10-6 所示。

图 10-6　背景上传界面

③选中"茶饮机"图片,单击"打开"按钮进行上传,如图10-7所示。

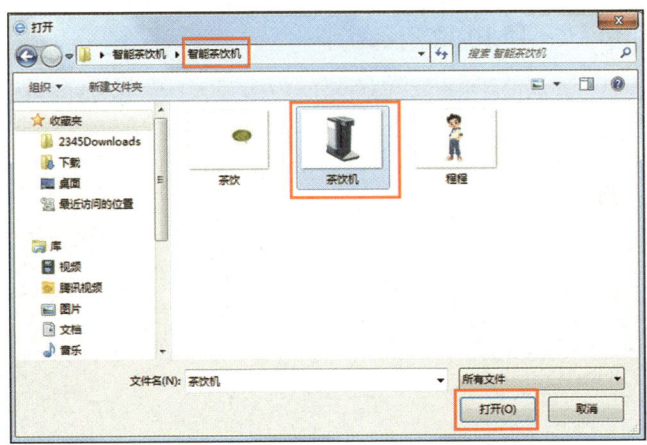

图10-7 上传"茶饮机"图片

④稍等片刻就可以在"历史上传素材"中看到已经上传的背景图。选择"茶饮机"图片,单击"添加"按钮即可完成添加,如图10-8所示。

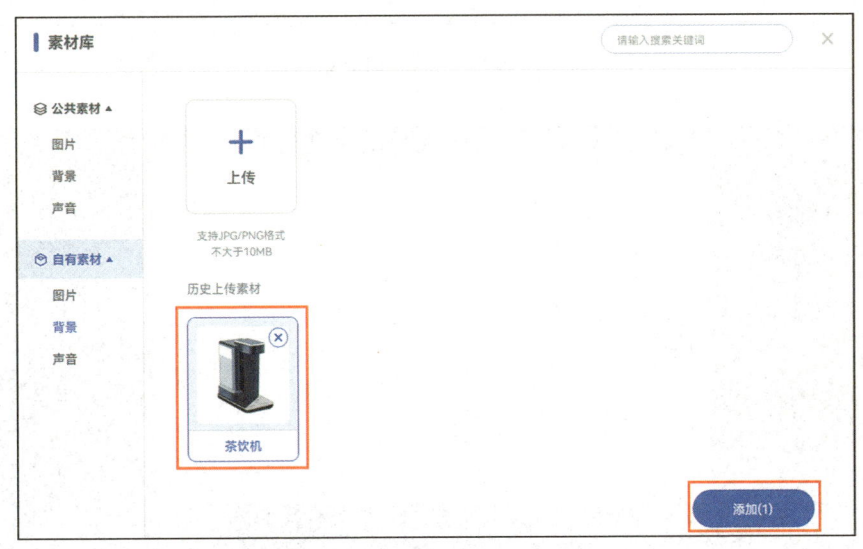

图10-8 添加"茶饮机"背景

3)将默认的空白背景删除,如图10-9所示。

4)添加角色。

①新建"茶饮"角色。单击角色背景区右下方的"挑素材"按钮。选择

"素材库"选项,在"自有素材"下的"图片"中,上传"智能茶饮机"文件夹中的"茶饮"图片。上传成功后选择新上传的素材,单击"添加"按钮即可添加角色,如图10-10～图10-12所示。

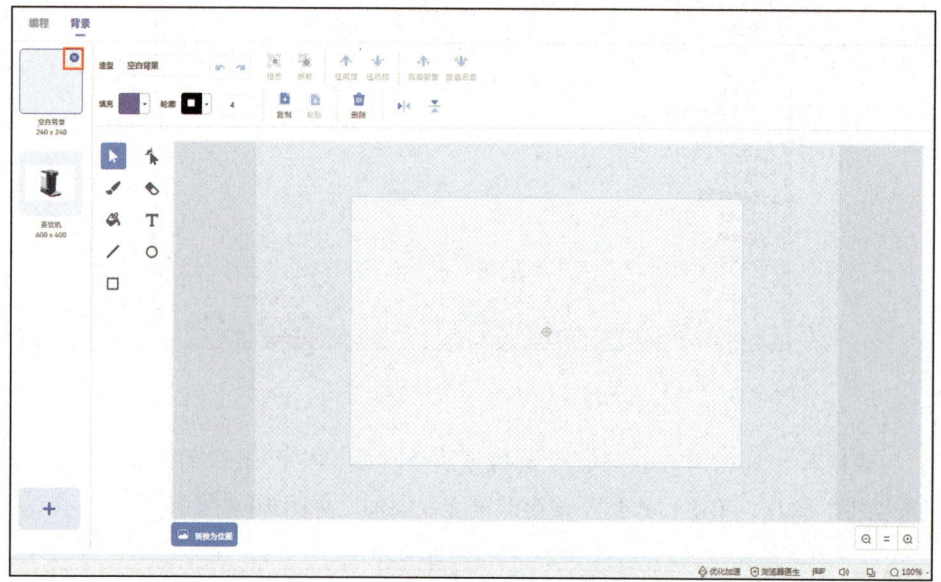

图10-9　删除空白背景

图10-10　图片上传界面

②调整角色的位置与大小。将"茶饮"角色的位置坐标修改为X: 0, Y: −100,将缩放比修改为20,如图10-13所示。

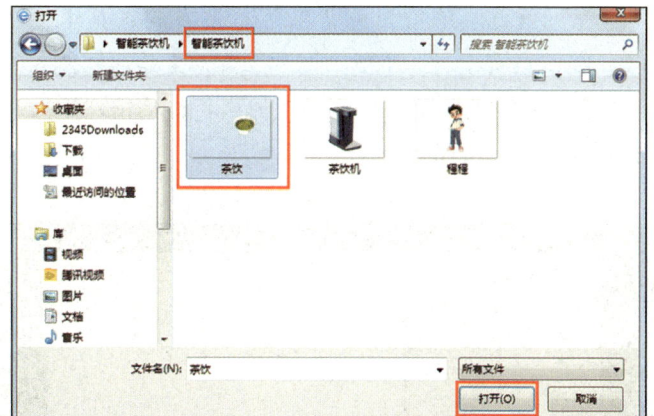

图 10-11 上传"茶饮"角色

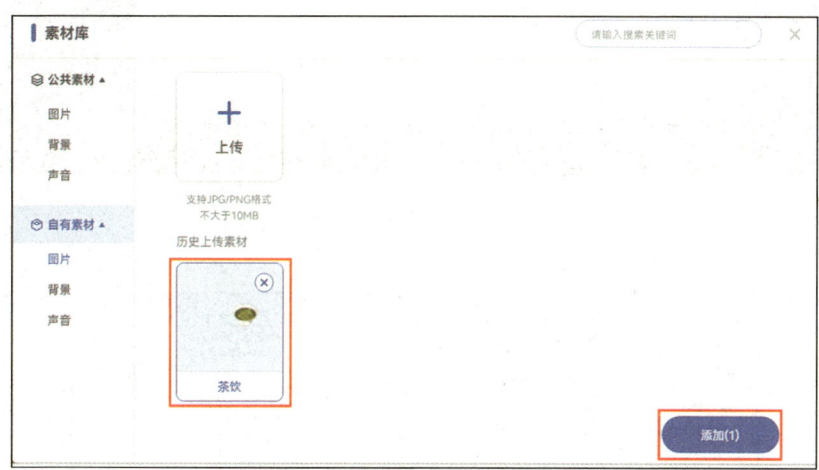

图 10-12 添加"茶饮"角色

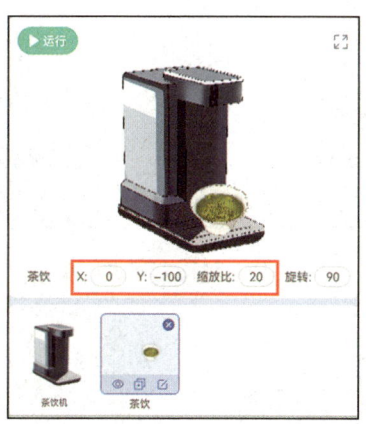

图 10-13 调整"茶饮"角色的位置与大小

③新建"程程"角色。单击角色背景区右下方的"挑素材"按钮。选择"素材库"选项,在"自有素材"下的"图片"中,上传"智能茶饮机"文件夹中的"程程"图片。上传成功后选择新上传的素材,单击"添加"按钮即可添加角色,如图10-14～图10-16所示。

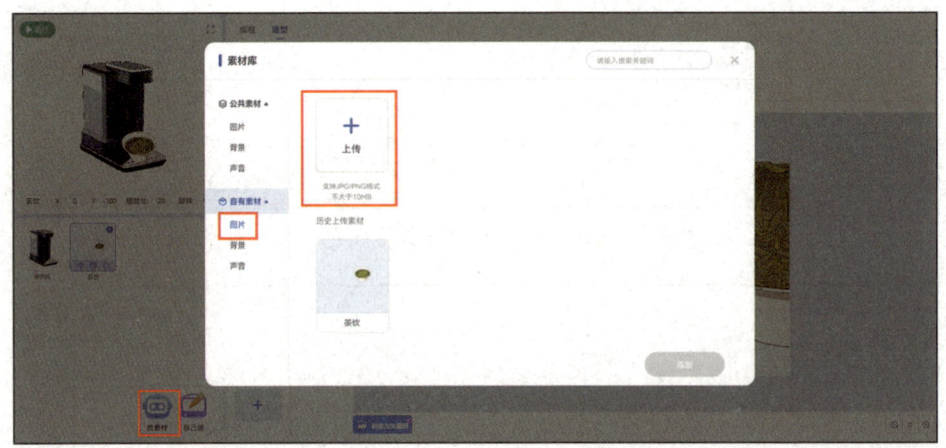

图10-14 图片上传界面

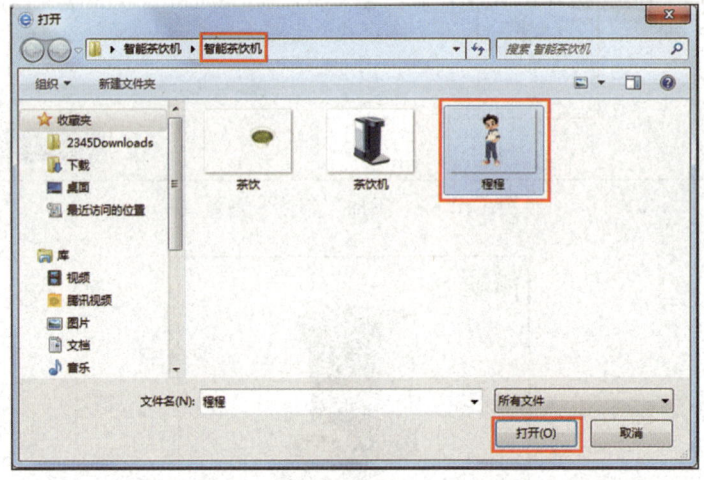

图10-15 上传"程程"角色

④调整角色的位置与大小。将"程程"角色的位置坐标修改为 X: 200, Y: –50,将缩放比修改为30,如图10-17所示。

图 10-16 添加"程程"角色

10.4.2 动动手：搭积木

"搭积木"实际上是"编写操作指令"，操作步骤如下。

1. 定义茶饮菜单、价格、订单列表

1）单击积木区中的"编程"切换到"编程"选项卡。点选"角色背景区"的"程程"角色图标，在"事件"类积木中找到 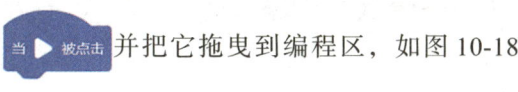 并把它拖曳到编程区，如图 10-18 所示。

图 10-17 调整"程程"角色的位置与大小

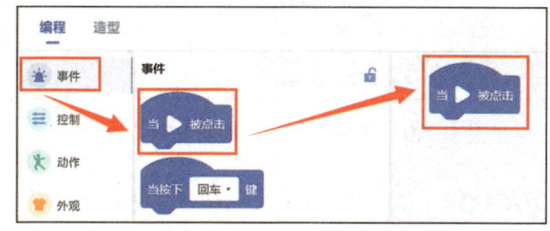

图 10-18 拼接"当运行被点击"积木

2）在"变量&列表"类积木中找到 建立一个列表 ，单击新建"茶饮菜单"列表，如图 10-19 所示。

学编程3：动植物发现小创客

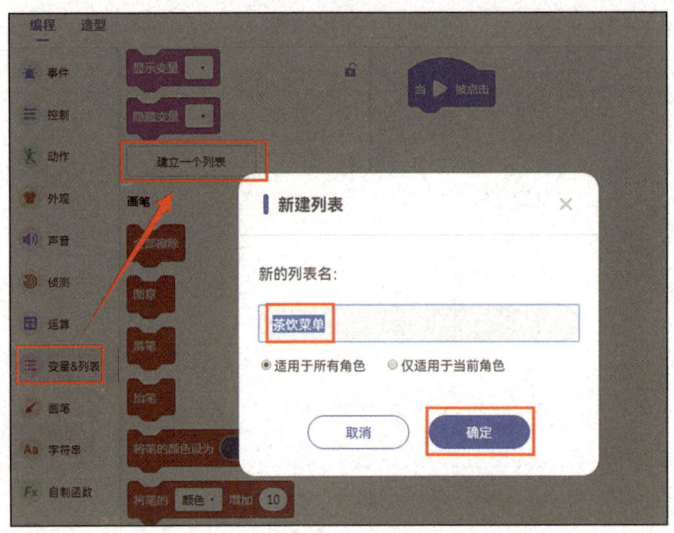

图 10-19　新建"茶饮菜单"列表

3）在"变量&列表"类积木中找到 ![将 东西 加入 茶饮菜单] 并把它拖曳至编程区 ![当▶被点击] 的下方。将其中的文字修改为"绿茶"，如图 10-20 所示。

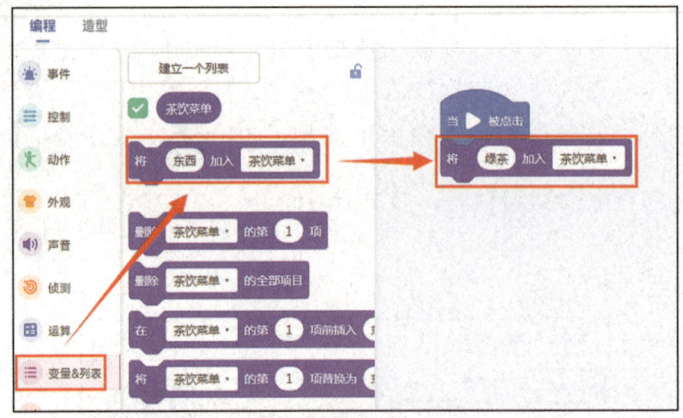

图 10-20　拼接"将 ×× 加入列表"积木

4）按上述步骤继续将"红茶""乌龙茶"加入"茶饮菜单"列表，如图 10-21 所示。

5）在"变量&列表"类积木中找到 ![删除 茶饮菜单 的全部项目] 并把它拖曳至编程区 ![当▶被点击] 的下方，用于初始化列表，如图 10-22 所示。

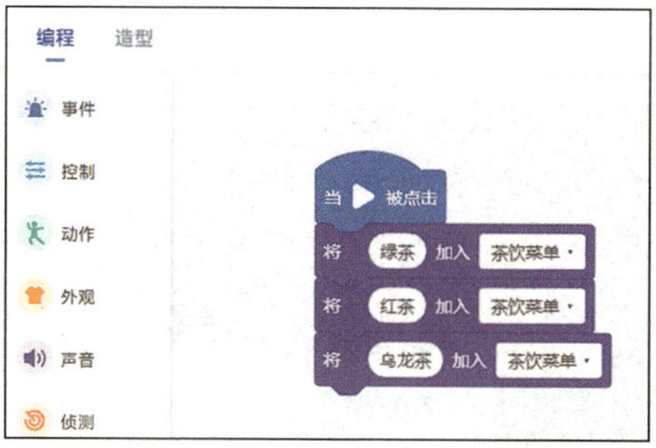

图 10-21 拼接其他"将××加入列表"积木

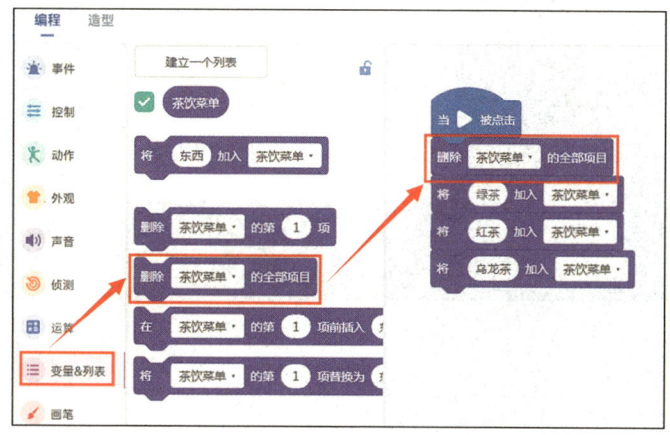

图 10-22 拼接"删除列表的全部项目"积木

6)在"事件"类积木中找到 当▶被点击 并把它拖曳到编程区,如图 10-23 所示。

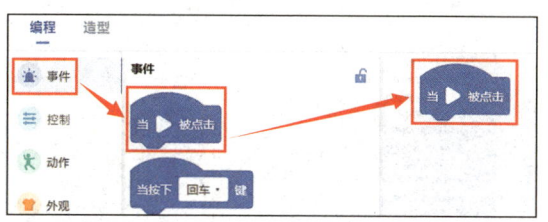

图 10-23 拼接"当运行被点击"积木

7)在"变量&列表"类积木中找到 建立一个列表 ,单击新建"价格"列表,如图 10-24 所示。

8)在"变量&列表"类积木中找到 将 东西 加入 茶饮菜单▾ 并把它拖曳至编程区 当▶被点击 的下方。将其中的文字"东西"修改为"10",单击右侧长方形白框中的向下箭头，选择"价格"列表，如图 10-25 所示。

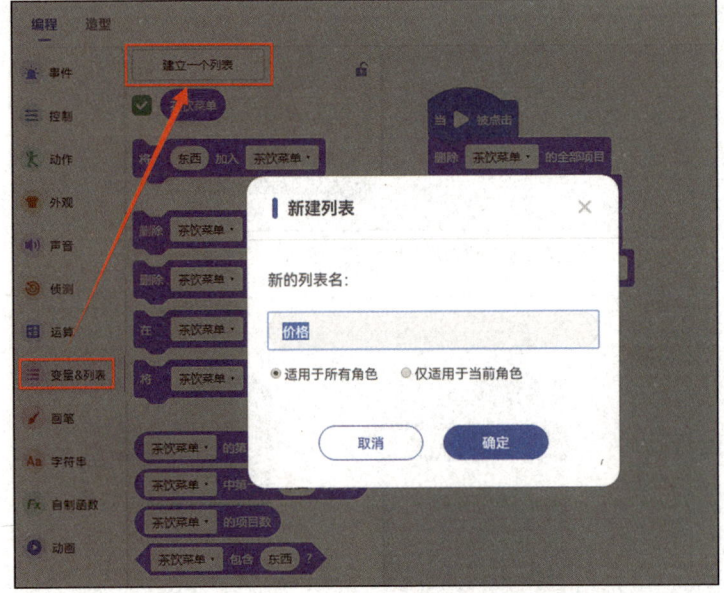

图 10-24　新建"价格"列表

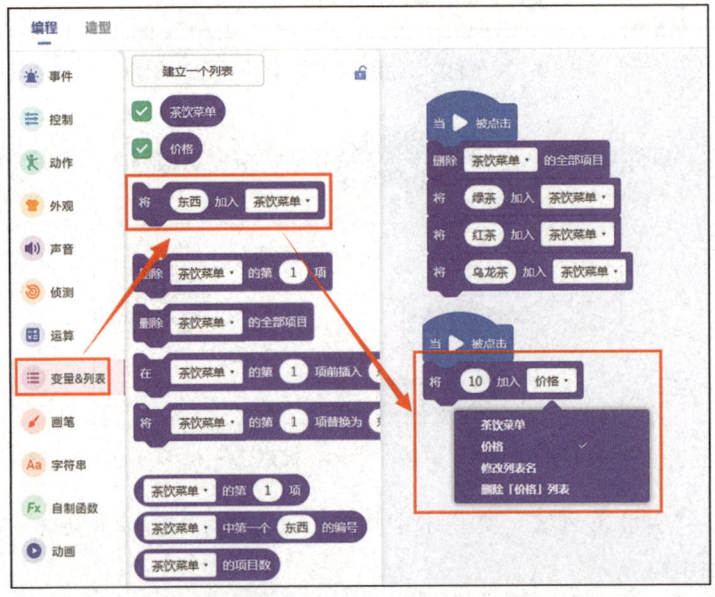

图 10-25　拼接"将 ×× 加入列表"积木

9）按上述步骤继续将"15""20"加入"价格"列表，如图 10-26 所示。

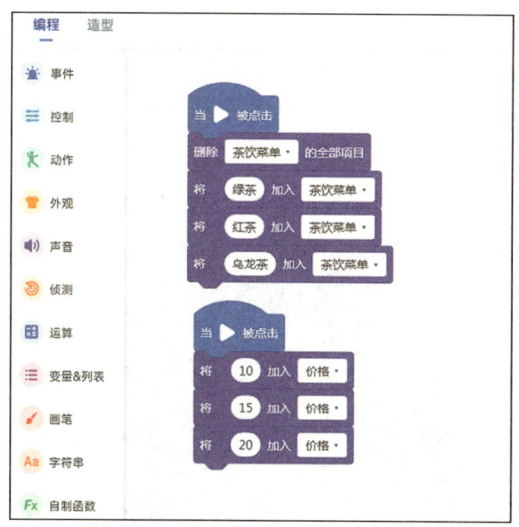

图 10-26 拼接其他"将××加入列表"积木

10）在"变量&列表"类积木中找到 删除 茶饮菜单▼ 的全部项目 并把它拖曳至编程区 当 ▶ 被点击 的下方，单击长方形白框中的向下箭头，选择列表"价格"，如图 10-27 所示。

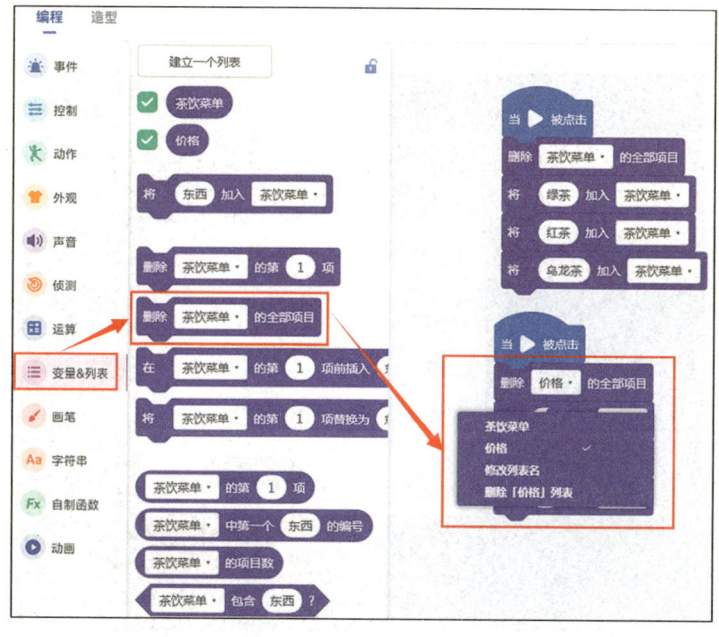

图 10-27 拼接"删除列表全部项目"积木

11）在"变量&列表"类积木中，找到 ![隐藏列表 茶饮菜单] 并把它拖曳至编程区 ![当被点击] 的下方。单击长方形白框中的向下箭头，选择"价格"列表，如图 10-28 所示。

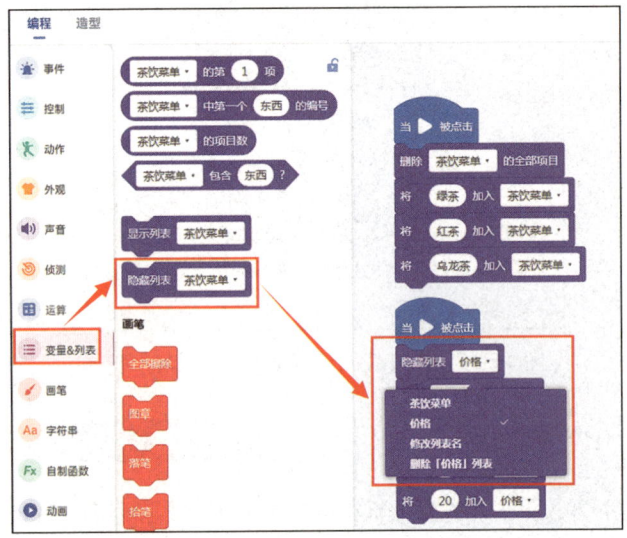

图 10-28　拼接"隐藏列表"积木

12）在"变量&列表"类积木中找到 ![建立一个列表]，单击新建"订单"列表，如图 10-29 所示。

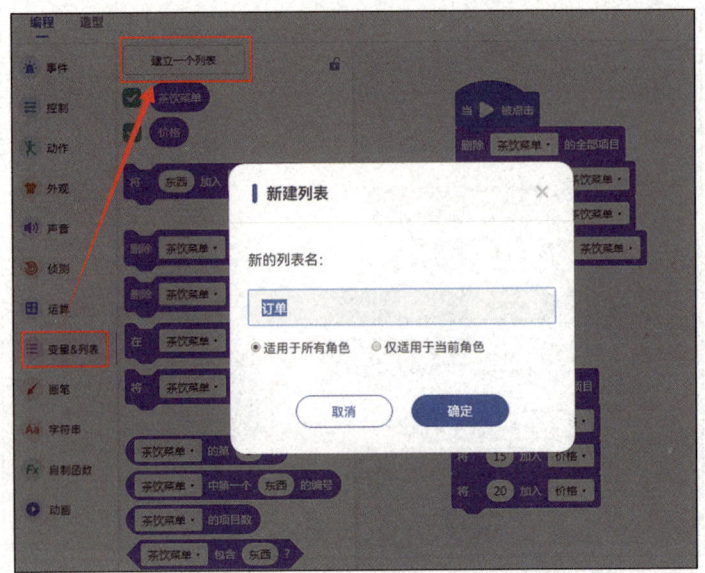

图 10-29　新建"订单"列表

2. 记录用户选择，将其添加到订单列表并计算总价格

1）在"事件"类积木中找到 ▶被点击 并把它拖曳至编程区，如图10-30所示。

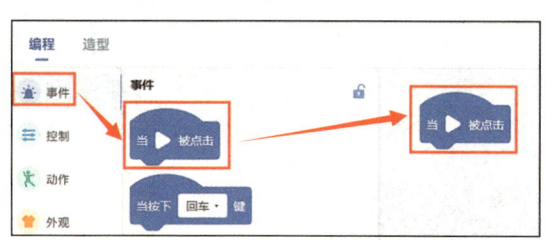

图10-30　拼接"当运行被点击"积木

2）在"变量&列表"类积木中找到 隐藏列表 茶饮菜单· 并把它拖曳至编程区 当▶被点击 的下方。单击长方形白框中的向下箭头，选择列表"订单"，如图10-31所示。

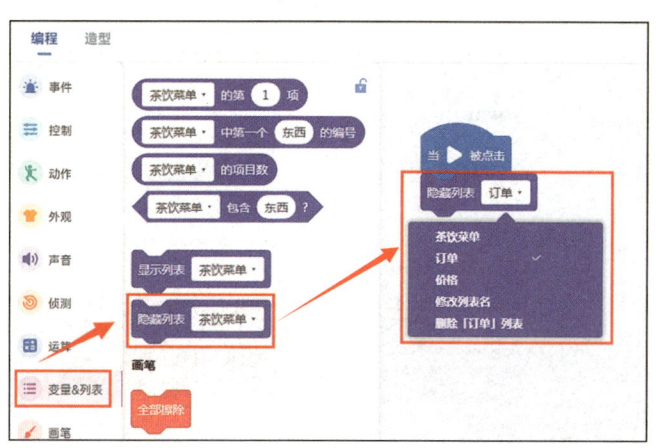

图10-31　拼接"隐藏列表"积木

3）在"变量&列表"类积木中找到 建立一个变量 ，单击建立变量"总价格"，如图10-32所示。

4）在"变量&列表"类积木中找到 将 ▼ 设为 0 并把它拖曳至编程区

隐藏列表 订单 的下方。单击长方形白框中的向下箭头，选择变量"总价格"，如图 10-33 所示。

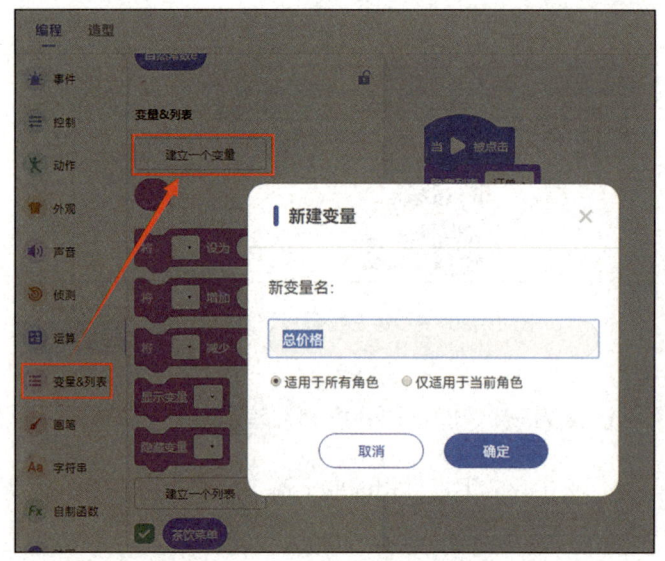

图 10-32　新建"总价格"变量

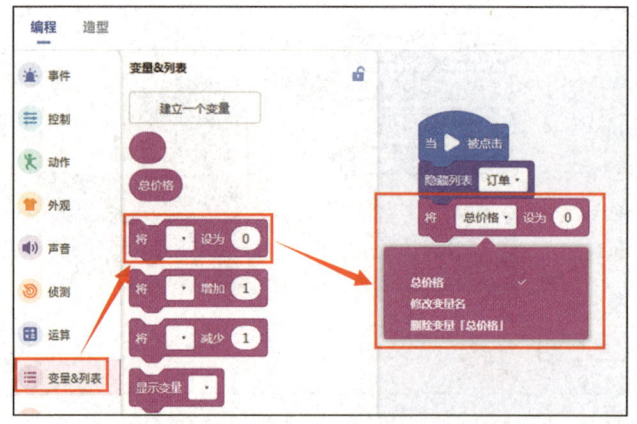

图 10-33　拼接"将变量设为"积木

5）在"变量&列表"类积木中找到 删除 茶饮菜单 的全部项目 并把它拖曳至编程区 将 总价格 设为 0 的下方。单击长方形白框中的向下箭头，选择列表"订单"，如图 10-34 所示。

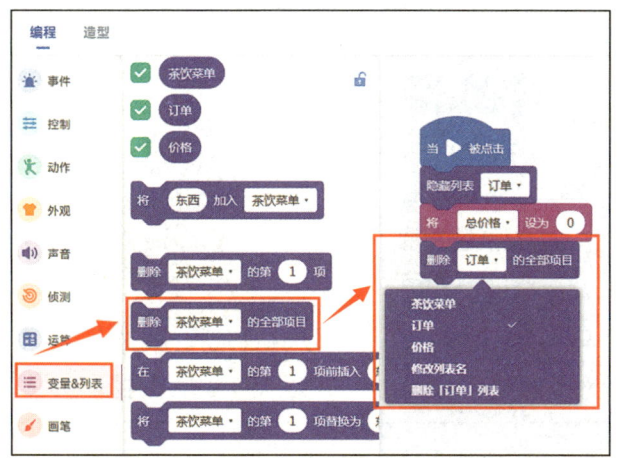

图 10-34 拼接"删除列表的全部项目"积木

6)在"侦测"类积木中找到 ![询问你叫什么名字并等待] 并把它拖曳至编程区 ![删除订单的全部项目] 的下方。将其中的文字修改为"您好,请输入您想要的茶饮",如图 10-35 所示。

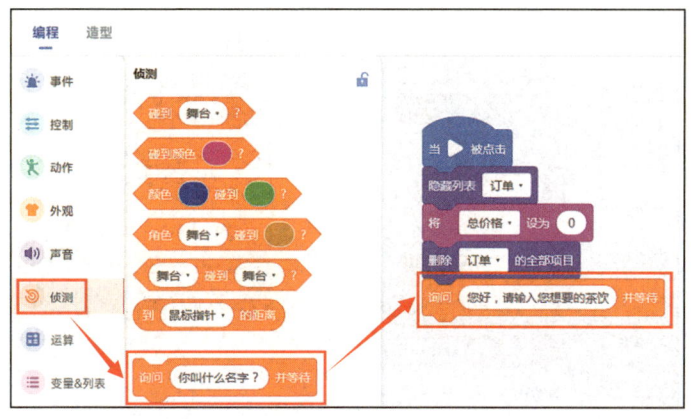

图 10-35 拼接"询问并等待"积木

7)在"控制"类积木中找到 ![如果那么] 并把它拖曳至编程区 ![询问您好,请输入您想要的茶饮并等待] 的下方,如图 10-36 所示。

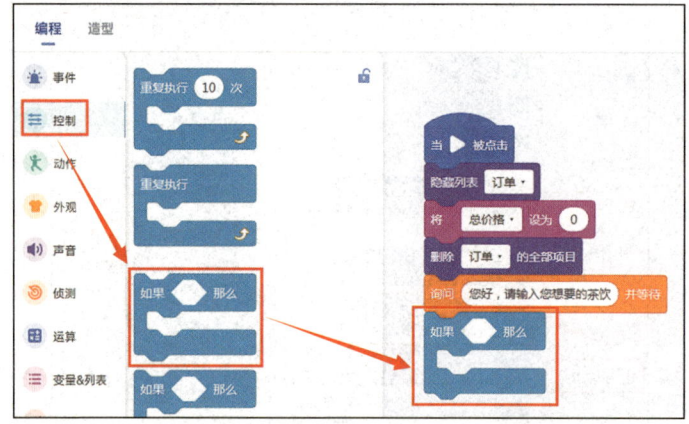

图 10-36　拼接"如果……那么……"积木

8）在"字符串"类积木中找到  并把它拖曳至编程区的六边形框中。将第二个白框中的文字修改为"绿茶",如图 10-37 所示。

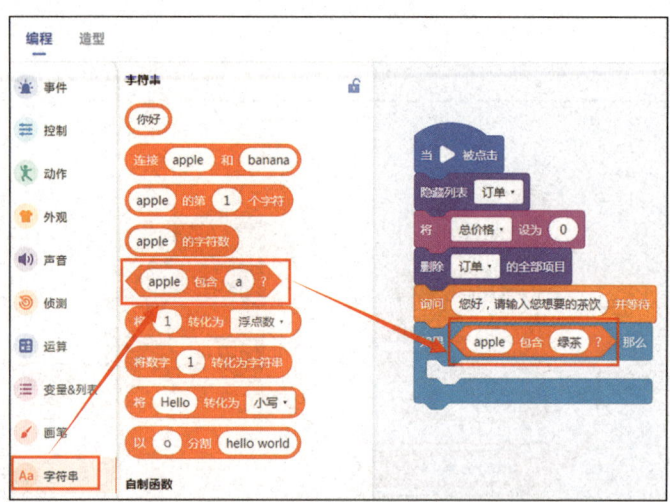

图 10-37　拼接"包含"积木

9）在"侦测"类积木中找到 回答 并把它拖曳至编程区 apple 包含 绿茶 ? 的第一个白框中,如图 10-38 所示。

10）在"变量&列表"类积木中找到 将 东西 加入 茶饮菜单 ,并把它拖曳至编

程区  的中间。单击长方形白框中的向下箭头,选择列表"订单",如图 10-39 所示。

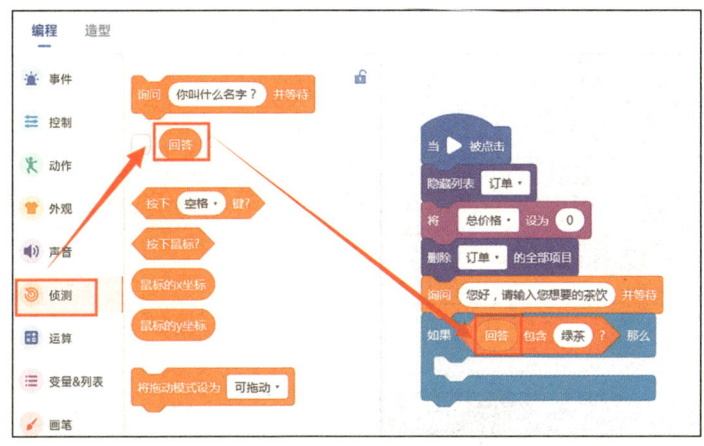

图 10-38 拼接"回答"积木

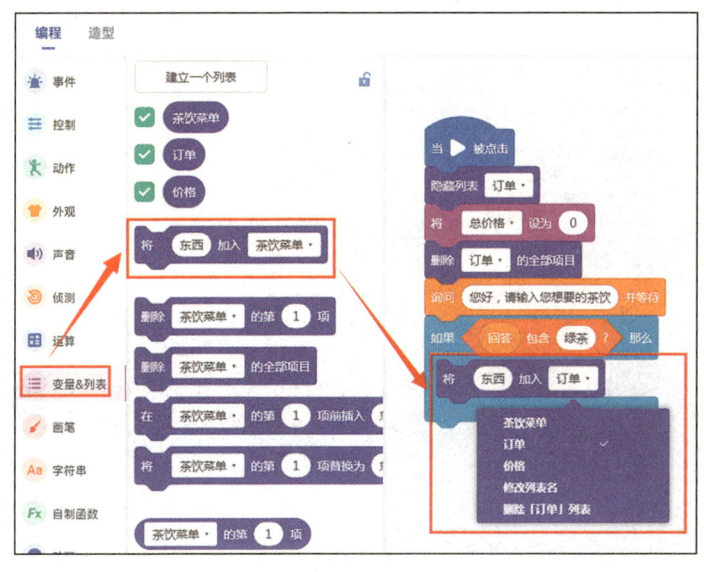

图 10-39 拼接"将 ×× 加入列表"积木

11)在"字符串"类积木中找到 连接 apple 和 banana 并把它拖曳至编程区 将 东西 加入 订单 中"东西"的位置。这里使用两个 连接 apple 和 banana 积木实现 3 个字符串的连接,如图 10-40 所示。

学编程3：动植物发现小创客

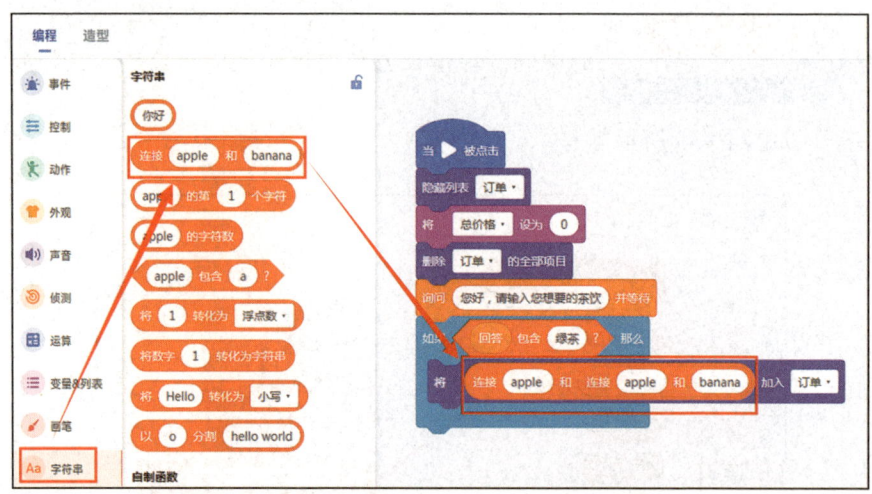

图 10-40　拼接"连接"积木

12）将积木 连接 apple 和 连接 apple 和 banana 中前两个白框中的文字分别修改为"绿茶"和"¥"，如图 10-41 所示。

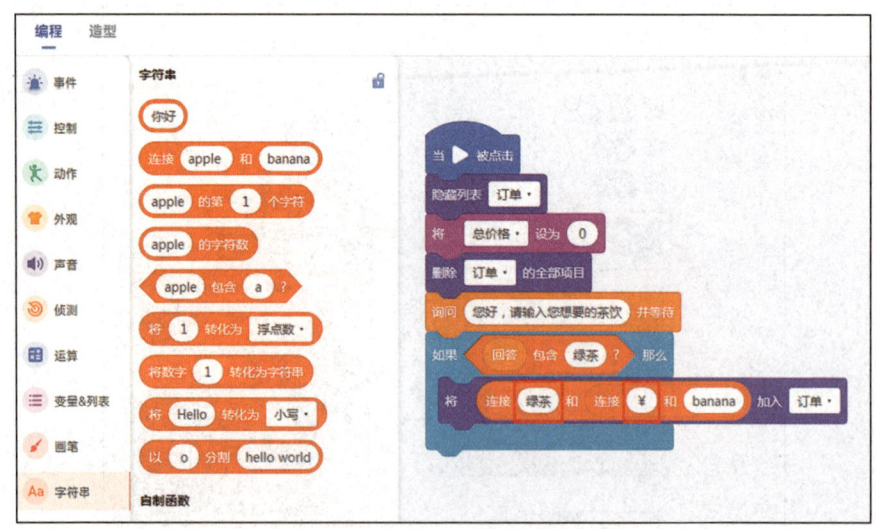

图 10-41　修改文字

13）在"变量&列表"类积木中找到 茶饮菜单 的第 1 项 并把它拖曳至编程区 连接 绿茶 和 连接 ¥ 和 banana 的最后一个白框中。单击积木 茶饮菜单 的第 1 项 中白框中的向下箭头，选择列表"价格"，如图 10-42 所示。

304

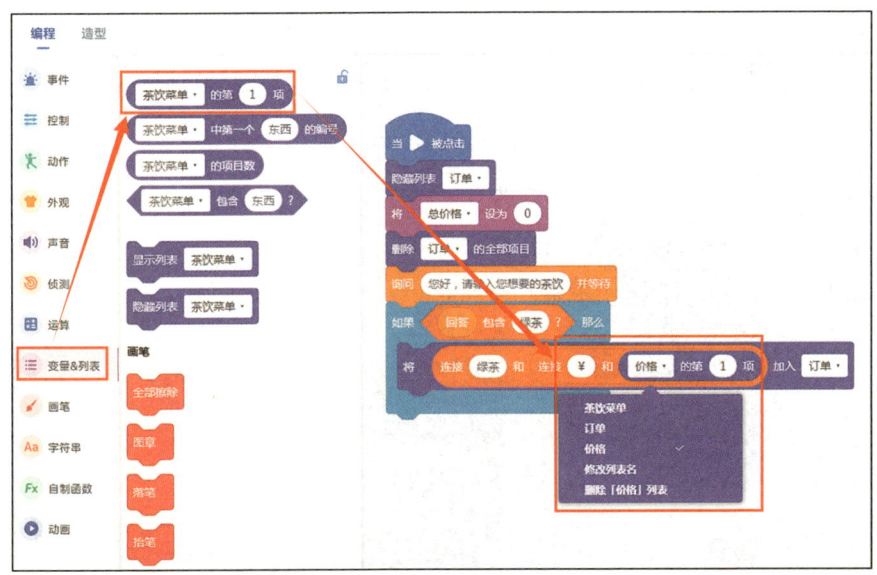

图 10-42　拼接"列表第 1 项"积木

14）在"变量＆列表"类积木中找到 ![积木]，并把它拖曳至编程区 ![积木] 的下方。单击长方形白框中的向下箭头，选择变量"总价格"，如图 10-43 所示。

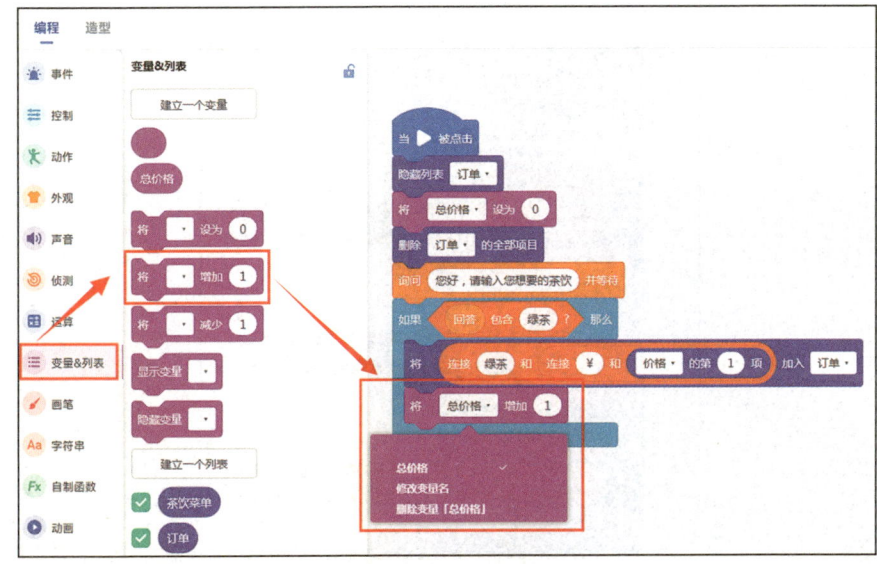

图 10-43　拼接"将变量增加"积木

15）在"变量&列表"类积木中找到 茶饮菜单·的第 1 项 并把它拖曳至编程区 将 总价格·增加 1 中数值"1"的位置。单击积木 茶饮菜单·的第 1 项 中长方形白框中的向下箭头，选择列表"价格"，如图10-44所示。

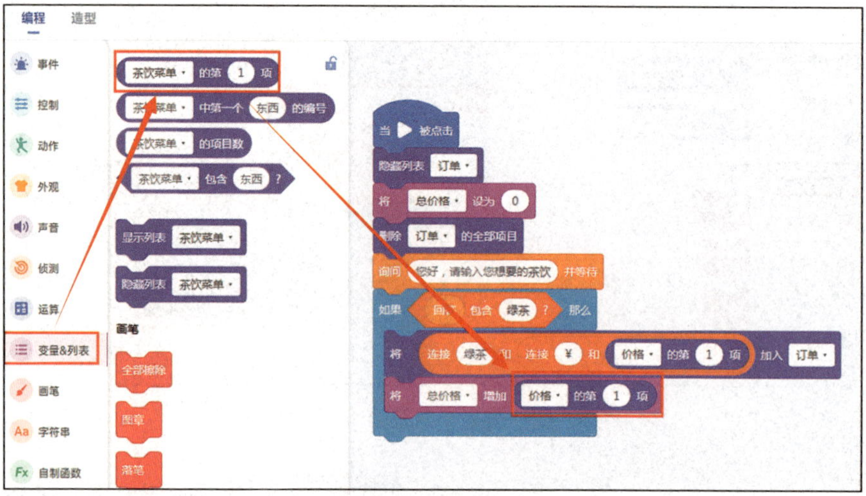

图10-44 拼接"列表第1项"积木

16）重复步骤7～15，编写当"回答"包含其他两种茶饮时，将其增加到"订单"列表，并计算总价格，如图10-45所示。

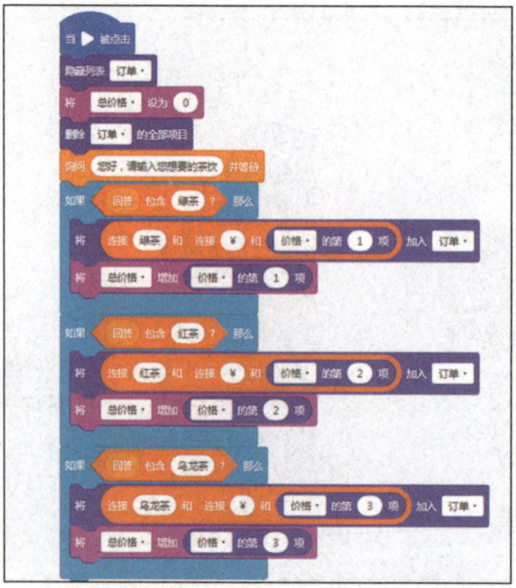

图10-45 加入"订单"列表并计算总价格

3. 显示订单信息

1）在"变量&列表"类积木中找到 `显示列表 茶饮菜单`，并把它拖曳至编程区之前拼接积木的下方。单击长方形白框中的向下箭头，选择"订单"列表，如图 10-46 所示。

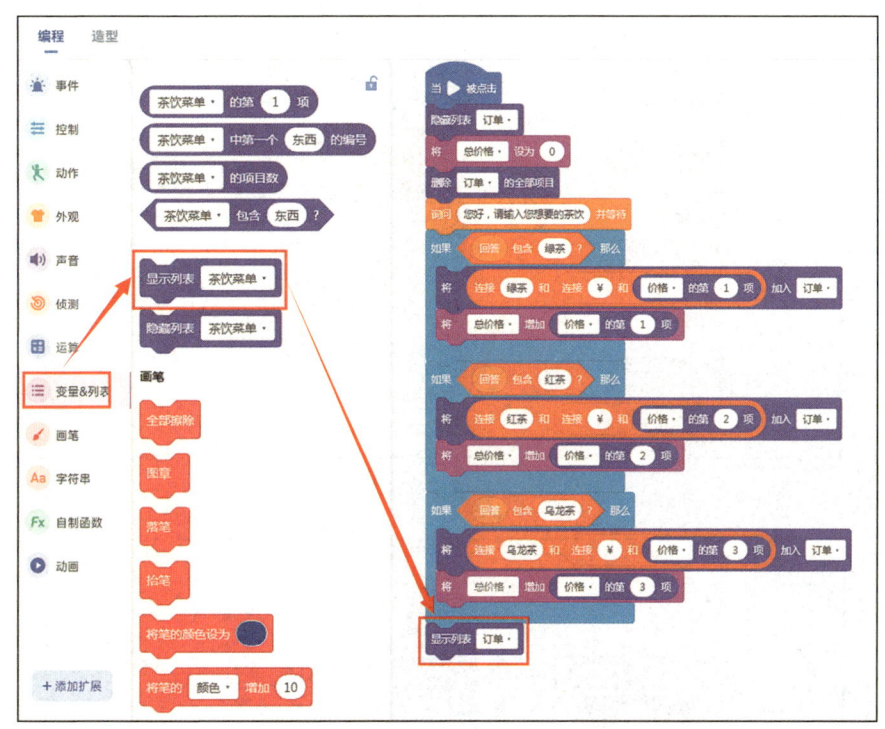

图 10-46　拼接"显示列表"积木

2）在"外观"类积木中找到 `说 你好!` 并把它拖曳至编程区 `显示列表 订单` 的下方，如图 10-47 所示。

3）在"字符串"类积木中找到 `连接 apple 和 banana` 并把它拖曳至编程区 `说 你好!` 的白框中。将其第一个白框中的内容修改为"您的订单总价格为：¥"，如图 10-48 所示。

4）在"变量&列表"类积木中找到 `总价格` 并把它拖曳至编程区 `连接 您的订单总价格为:¥ 和 banana` 的第二个白框中，如图 10-49 所示。

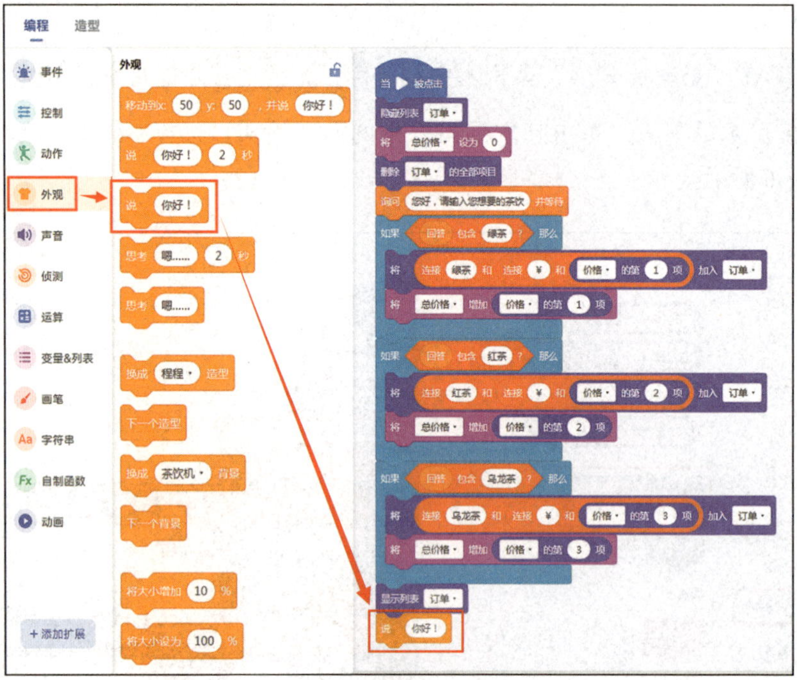

学编程3：动植物发现小创客

图 10-47　拼接"说"积木

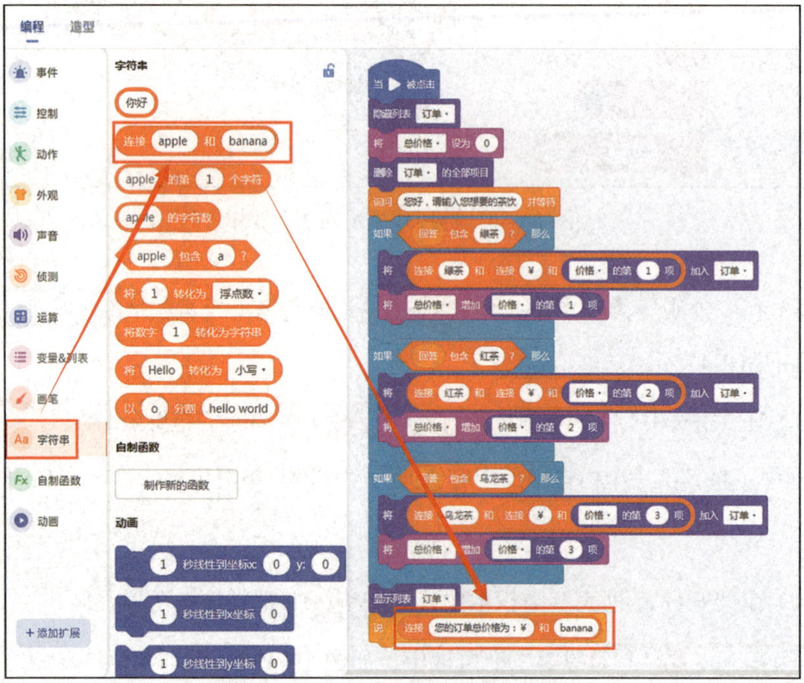

图 10-48　拼接"字符串连接"积木

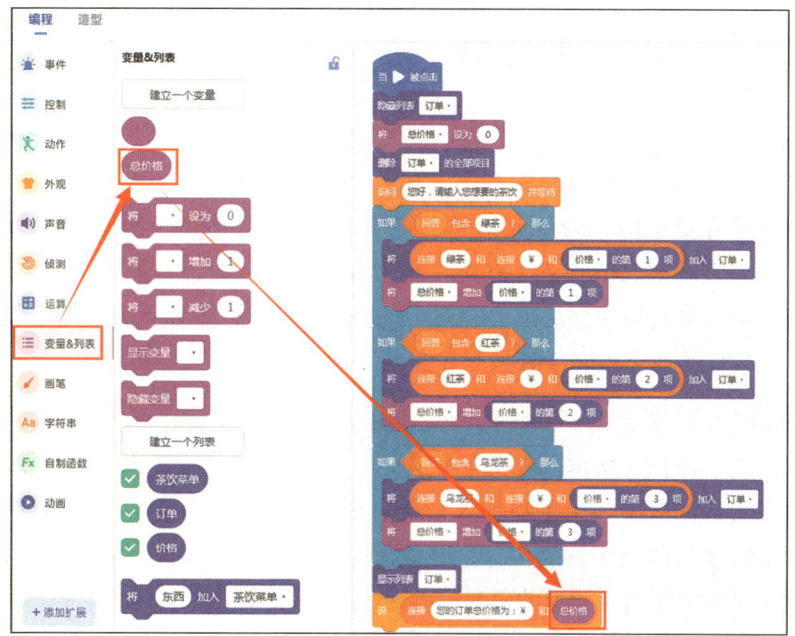

图 10-49 拼接"总价格"积木

10.4.3 动动手：保存作品

参考之前的作品保存方式，将这个新作品导出到计算机的专属文件夹中。

10.5 理一理：编程思路

"智能茶饮机"程序的编写思路如图 10-50 所示。

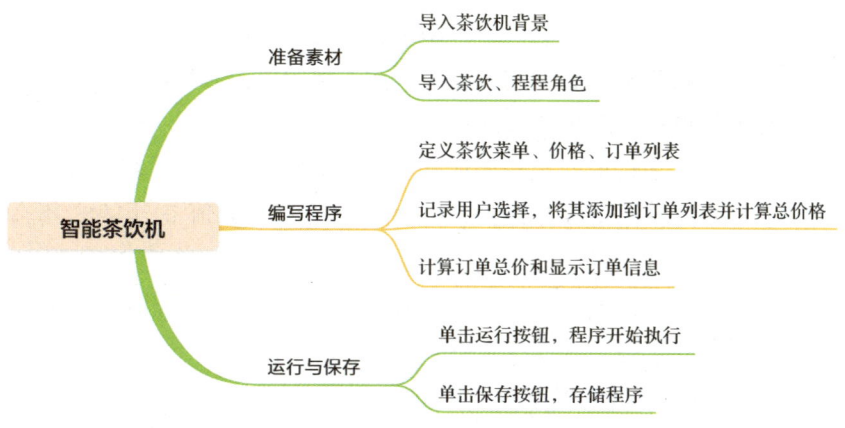

图 10-50 "智能茶饮机"程序的编写思路

10.6 学做小小程序员

1. 二维列表（编程能力等级 GESP 三级）

如果一个列表的元素也是列表，那么这个列表就叫作二维列表。在本案例中，用于保存订单的列表的元素是字符串，如果将字符串看作字符列表的话，那么这个列表就是二维列表。在对二维列表进行处理时，首先要构建作为元素的列表，然后将其加入外层列表。对于外层列表的处理，如元素的增、删、改、查等，都与普通列表相同，只是元素变成了列表而已。

2. 数据加和的计算（编程能力等级 GESP 三级）

对于数字加和的操作，首先需要定义一个变量并将它的初始值设置为 0，然后将需要累加的数字一个个地加入这个变量中，最后这个变量保存的就是累加和。如果需要加的数字特别多，这时就需要将这些数字存放到一个列表中，然后用循环操作实现列表元素的累加。

10.7 走近信息科技

数字的累加操作是一种常用的计算，例如计算全班同学某一门课程成绩的总和，计算一个学生所有课程的总成绩等。对于这种累加操作，用编程实现的方法有很多种，最简单的做法就是用顺序结构将数字一个个地加起来，每加一个数字就需要一条加法语句。显然，当需要累加的数字特别多的时候，这种方法就不太适用了。事实上，编程实现数字累加一般都是通过一个循环结构来实现的。首先，需要定义一个用来保存累加和的变量，并为这个变量赋初始值 0，因为 0 不会改变加法结果；然后，将要累加的数字保存为一个列表；最后定义一个循环，每一次循环都将列表中的一个数字加入保存累加和的变量中，循环结束后，数字累加和就计算完成了。

除了累加和，有的时候也需要计算一组数字的连乘积。计算方法与计算累加和类似，区别在于，要为用于保存连乘积的变量赋初始值 1，因为 1 不会改变乘法结果。